国家出版基金项目
NATIONAL PUBLICATION FOUNDATION

"十四五"时期国家重点出版物出版专项规划项目

新时代地热能高效开发与利用研究丛书

总主编　庞忠和

地热钻完井工艺技术

Drilling and Completion Technology of Geothermal Well

查永进　叶宏宇　赵彤　孙文超　等　著

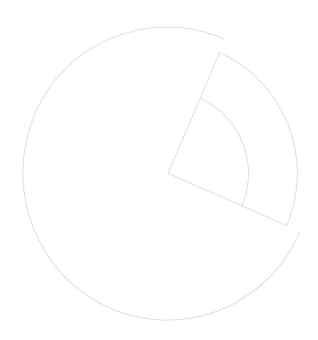

华东理工大学出版社
EAST CHINA UNIVERSITY OF SCIENCE AND TECHNOLOGY PRESS

·上海·

图书在版编目（CIP）数据

地热钻完井工艺技术/查永进等著. —上海：华东理工大学出版社，2023.3
（新时代地热能高效开发与利用研究丛书/庞忠和总主编）
ISBN 978－7－5628－6421－9

Ⅰ.①地…　Ⅱ.①查…　Ⅲ.①地热井—完井　Ⅳ.①P314

中国版本图书馆 CIP 数据核字（2022）第 205802 号

内 容 提 要

本书系统性阐述了中浅层、中深层、超高温等不同温度条件下的地热系统的钻完井技术，储层保护与增产技术，增强型地热钻完井技术，固井套管与水泥技术，超高温的轨迹测控技术，地热钻完井 HSE 技术，设计与施工管理要求，主要复杂情况与事故的预防与处理等，还给出了典型的中低温地热、超高温地热等钻完井实例。

本书可供地热钻完井相关技术人员参考使用，指导不同条件下地热钻完井施工，提高地热钻完井技术水平，也可作为关心、热爱地热事业人员学习掌握地热钻完井技术参考书，使更多人学习、掌握地热钻完井的理论与方法。

项目统筹/ 马夫娇　李佳慧
责任编辑/ 李佳慧
责任校对/ 石　曼
装帧设计/ 周伟伟
出版发行/ 华东理工大学出版社有限公司
　　　　　地址：上海市梅陇路 130 号,200237
　　　　　电话：021－64250306
　　　　　网址：www.ecustpress.cn
　　　　　邮箱：zongbianban@ecustpress.cn
印　　刷/ 上海雅昌艺术印刷有限公司
开　　本/ 710 mm×1000 mm　1/16
印　　张/ 22.75
字　　数/ 430 千字
版　　次/ 2023 年 3 月第 1 版
印　　次/ 2023 年 3 月第 1 次
定　　价/ 238.00 元

新时代地热能高效开发与利用研究丛书 编委会

顾　问

汪集暘　中国科学院院士

马永生　中国工程院院士

多　吉　中国工程院院士

贾承造　中国科学院院士

武　强　中国工程院院士

总主编　庞忠和　中国科学院地质与地球物理研究所,研究员

编　委(按姓氏笔画排序)

马静晨　北京市工程地质研究所,正高级工程师

许天福　吉林大学,教授

李宁波　北京市地质矿产勘查院,教授级高级工程师

赵苏民　天津地热勘查开发设计院,教授级高级工程师

查永进　中国石油集团工程技术研究院有限公司,教授级高级工程师

龚宇烈　中国科学院广州能源研究所,研究员

康凤新　山东省地质矿产勘查开发局,研究员

戴传山　天津大学,研究员

总序一

地热是地球的本土能源,它绿色、环保、可再生;同时地热能又是五大非碳基能源之一,对我国能源系统转型和"双碳"目标的实现具有举足轻重的作用,因此日益受到人们的重视。

据初步估算,我国浅层和中深层地热资源的开采资源量相当于 26 亿吨标准煤,在中东部沉积盆地中,中低温地下热水资源尤其丰富,适宜于直接的热利用。在可再生能源大家族里,与太阳能、风能、生物质能相比,地热能的能源利用效率最高,平均可达 73%,最具竞争性。

据有关部门统计,到 2020 年年底,我国地热清洁供暖面积已经达到 13.9 亿平方米,也就是说每个中国人平均享受地热清洁供暖面积约为 1 平方米。每年可替代标准煤 4100 万吨,减排二氧化碳 1.08 亿吨。近 20 年来,我国地热直接利用产业始终位居全球第一。

做出这样的业绩,是我国地热界几代人长期努力的结果。这里面有政策因素、体制机制因素,更重要的,就是有科技进步的因素。即将付印的"新时代地热能高效开发与利用研究丛书",正是反映了技术上的进步和发展水平。在举国上下努力推动地热能产业高质量发展、扩大其对于实现"双碳"目标做出更大贡献的时候,本丛书的出版正是顺应了这样的需求,可谓恰逢其时。

丛书编委会主要由高等学校和科研机构的专家组成,作者来自国内主要的地热研究代表性团队。各卷牵头的主编以"60后"领军专家为主体,代表了我国从事地热理论研究与生产实践的骨干群体,是地热能领域高水平的专家团队。丛书总主编庞忠和研究员是我国第二代地热学者的杰出代表,在国内外地热界享有广泛的影响力。

丛书的出版对于加强地热基础理论特别是实际应用研究具有重要意义。我向丛书各卷作者和编辑们表示感谢,并向广大读者推荐这套丛书,相信它会受到我国地热界的广泛认可与欢迎。

中国科学院院士

2022 年 3 月于北京

总序二

党的十八大以来,以习近平同志为核心的党中央高度重视地热能等清洁能源的发展,强调因地制宜开发利用地热能,加快发展有规模、有效益的地热能,为我国地热产业发展注入强大动力、开辟广阔前景。

在我国"双碳"目标引领下,大力发展地热产业,是支撑碳达峰碳中和、实现能源可持续发展的重要选择,是提高北方地区清洁取暖率、完成非化石能源利用目标的重要路径,对于调整能源结构、促进节能减排降碳、保障国家能源安全具有重要意义。当前,我国已明确将地热能作为可再生能源供暖的重要方式,加快营造有利于地热能开发利用的政策环境,可以预见我国地热能发展将迎来一个黄金时期。

我国是地热大国,地热能利用连续多年位居世界首位。伴随国民经济持续快速发展,中国石化逐步成长为中国地热行业的领军企业。早在 2006 年,中国石化就成立了地热专业公司,经过 10 多年努力,目前累计建成地热供暖能力 8000 万平方米、占全国中深层地热供暖面积的 30% 以上,每年可替代标准煤 185 万吨,减排二氧化碳 352 万吨。其中在雄安新区打造的全国首个地热供暖"无烟城",得到国家和地方充分肯定,地热清洁供暖"雄县模式"被国际可再生能源机构(IRENA)列入全球推广项目名录。

我国地热产业的健康发展,得益于党中央、国务院的正确领导,得益于产学研的密切协作。中国科学院地质与地球物理研究所地热资源研究中心、中国地球物理学会地热专业委员会主任庞忠和同志，多年深耕地热领域，专业造诣精深，领衔编写的"新时代地热能高效开发与利用研究丛书"，是我国首次出版的地热能系列丛书。丛书作者都是来自国内主要的地热科研教学及生产单位的地热专家，展示了我国地热理论研究与生产实践的水平。丛书站在地热全产业链的宏大视角，系统阐述地热产业技术及实际应用场景，涵盖地热资源勘查评价、热储及地面利用技术、地热项目管理等多个方面，内容翔实、论证深刻、案例丰富，集合了国内外近 10 年来地热产业创新技术的最新成果，其出版必将进一步促进我国地热应用基础研究和关键技术进步，推动地热产业高质量发展。

特别需要指出的是，该丛书在我国首次举办的素有"地热界奥林匹克大会"之称的世界地热大会 WGC2023 召开前夕出版，也是给大会献上的一份厚礼。

中国工程院院士　马永生

2022 年 3 月 24 日于北京

丛书前言

20 世纪 90 年代初,地源热泵技术进入我国,浅层地热能的开发利用逐步兴起,地热能产业发展开始呈现资源多元化的特点。到 2000 年,我国地热能直接利用总量首次超过冰岛,上升到世界第一的位置。至此,中国在 21 世纪之初就已成为名副其实的地热大国。

2014 年,以河北雄县为代表的中深层碳酸盐岩热储开发利用取得了实质性进展。地热能清洁供暖逐步替代了燃煤供暖,服务全县城 10 万人口,供暖面积达 450 万平方米,热装机容量达 200 MW 以上,中国地热能产业实现了中深层地热能的规模化开发利用,走进了一个新阶段。到 2020 年年末,我国地热清洁供暖面积已达 13.9 亿平方米,占全球总量的 40%,排名世界第一。这相当于中国人均拥有一平方米的地热能清洁供暖,体量很大。

2020 年,我国向世界承诺,要逐渐实现能源转型,力争在 2060 年之前实现碳中和的目标。为此,大力发展低碳清洁稳定的地热能,以及水电、核电、太阳能和风能等非碳基能源,是能源产业发展的必然选择。中国地热能开发利用进入了一个高质量、规模化快速发展的新时代。

"新时代地热能高效开发与利用研究丛书"正是在这样的大背景下应时应需地出笼的。编写这套丛书的初衷,是面向地热能开发利用产业发展,给从事地热能勘查、开发和利用实际工作的工程技术人员和项目管理人员写的。丛书基于三横四纵的知识矩阵进行布局：在横向上包括了浅层地热能、中深层地热能和深层地热能；在纵向上，从地热勘查技术，到开采技术，再到利用技术，最后到项目管理。丛书内容实现了资源类型全覆盖和全产业链条不间断。地热尾水回灌、热储示踪、数值模拟技术，钻井、井筒换热、热储工程等新技术，以及换热器、水泵、热泵和发电机组的技术，丛书都有涉足。丛书由 10 卷构成，在重视逻辑性的同时，兼顾各卷的独立性。在第一卷介绍地热能的基本能源属性和我国地热能形成分布、开采条件等基本特点之后，后面各卷基本上是按照地热能勘查、开采和利用技术以及项目管理策略这样的知识阵列展开的。丛书体系力求完整全面、内容力求系统深入、技术力求新颖适用、表述力求通俗易懂。

在本丛书即将付梓之际，国家对"十四五"期间地热能的发展纲领已经明确，2023年第七届世界地热大会即将在北京召开，中国地热能产业正在大步迈向新的发展阶段，其必将推动中国从地热大国走向地热强国。如果本丛书的出版能够为我国新时代的地热能产业高质量发展以及国家能源转型、应对气候变化和建设生态文明战略目标的实现做出微薄贡献，编者就甚感欣慰了。

丛书总主编对丛书体系的构建、知识框架的设计、各卷主题和核心内容的确定，发挥了影响和引导作用，但是，具体学术与技术内容则留给了各卷的主编自主掌握。因此，本丛书的作者对书中内容文责自负。

丛书的策划和实施，得益于顾问组和广大业界前辈们的热情鼓励与大力支持，特别是众多的同行专家学者们的积极参与。丛书获得国家出版基金的资助，华东理工大学出版社的领导和编辑们付出了艰辛的努力，笔者在此一并致谢！

2022 年 5 月 12 日于北京

前　言

钻完井是勘探与开采地下矿产的重要技术途径,特别是对于人工挖掘难以达到的深部地下流体资源开发来说,运用钻井技术建立地下流体向地面的产出通道是唯一的技术手段。在地热开发方面,钻完井技术的进步、钻完井技术实现的开发效果也将是地热发展的最关键环节,并在一定程度上决定了地热可开发的规模与效益。水热型地热开发钻完井技术按温度高低,可以分为中低温地热钻完井技术与高温地热钻完井技术。

长期以来,地热钻完井大多数沿用地矿系统钻完井技术或油气钻完井技术,但地热开发有自身的特点,其钻完井技术与地矿系统及油气钻完井技术相比存在显著的差异。本书力图探索这些差异,突出地热钻完井的特点,介绍适用于地热开发的钻完井技术,内容涵盖钻完井不同领域,对于推进地热事业的发展,促进地热钻完井技术进步具有积极的作用。

本书内容包括各种不同温度、不同类型的地热钻井技术,套管与固井技术,储层保护技术,钻完井 HSE 技术,设计与施工管理要求,主要复杂情况与事故预防与处理,以及应用实例等。其中,绪论由查永进、叶宏宇编写;第 1 章为中低温地热钻完井装备与工艺,由叶宏宇、张海林编写;第 2 章为超高温地热钻完井技术,由查永进、宋先知、杨迎新、查斐等编写;第 3 章为热储层保护与增产技术,由孙文超、张彦龙、卓鲁斌等编写;第 4 章为增强型地热钻完井技术,由查永进、祝效华、叶宏宇、查斐等编写;

第5章为地热井固井技术,由孙文超、王兆会、叶宏宇、张兴国等编写;第6章为高温钻井轨迹测控,由赵彤、邹灵战、查斐、卓鲁斌等编写;第7章为设计、施工管理与HSE,由赵彤、查永进等编写;第8章为地热井主要复杂情况与事故,由查永进、叶宏宇、赵彤等编写;第9章为钻完井实例,由叶宏宇、查永进、苏园、张海林编写。查永进、叶宏宇、赵彤、张培丰、杨忠彦对全书进行了统稿与审稿,庞忠和研究员对全书进行了审定。

在本书撰写过程中,中国石油集团工程技术研究院有限公司、北京泰利新能源科技发展有限公司、长城钻探工程公司提供了大量的资料,对编写工作给予了大量的支持,在此向他们表示衷心的感谢!本书编写过程中大量参考了西南石油大学、中国石油大学(北京)的学位论文,在此也向论文作者及其指导教师表示感谢!

由于本书是首次编写地热方面钻完井技术的专著,而目前地热钻完井技术在我国也正处于从中低温、中深与浅层向高温、深层发展的前期,因此技术成熟度相对较低,同时限于作者的知识、能力,书中难免存在疏漏与不足之处,敬请同行与读者批评指正。

查永进

2022年7月于北京

目　录

绪　论

钻完井是勘探与开采地下矿产的重要技术途径,特别是对于人工挖掘难以达到的深部地下流体资源开发来说,运用钻井技术手段,建立地下液体矿产向地面的产出通道是唯一的技术手段。

地热是地球内部演化过程中产生,并不断向外扩散的资源。地热开采一般分为水热型地热开采与干热岩型地热开采。水热型地热需要通过钻完井技术建立地下热水产出通道,并按环境保护要求采取回灌措施,避免对环境产生不利影响。干热岩型地热则需要通过钻完井技术建立地下热交换系统,通过一定的介质在高温岩体中进行热交换,采出地下热能。一般来说,真正的干热岩更多在学术层面,目前世界上尚没有真正商业应用的干热岩系统。具备商业可行的技术路线是采用干热岩开发技术思路,依靠人工手段改造地下热储,产生更高的采热效率,这就是增强型地热系统(Enhanced Geothermal Systems,EGS)。

地热是地球本身就存在的能源,是真正清洁、最接近于零排放的能源,而且在大地热流情况下,地热资源也不断向地表、大气散发,而开发地热资源可以将这种散发的能源截流利用,减少能源流失。地热资源开发具有风能、太阳能等非常规能源无可替代的持续稳定特点,一般来说风电、光电难以产生稳定的电能,对电网要求高,且须建立备份燃煤电厂,在我国超高压运输情况下,发展受到更多的限制,而地热发电能产生高层级稳定电能,易于接入电网,开发与利用过程中产生的污染更小,因此对于国家节能减排具有更加重要的意义。但地热开发一方面受资源品位限制,另一方面钻完井成本占地热开发总成本的50%以上,钻完井的成本与效果决定了资源可开发的潜力。在美国页岩气革命形成前,美国的页岩油气、致密油气都算是不可利用的资源,但页岩气革命后,这些资源都相继投入了大规模开发,美国也由石油天然气进口国变为出口国。在地热开发方面,钻完井技术的进步、钻完井技术实现的开发效果也将是地热发展的最关键环节,并在一定程度上决定了地热开发的应用领域、规模与效益。

1. 地热钻完井技术的发展

中国是世界上开发利用地热能资源最早的国家之一,20 世纪 50 年代,中国开始规模化利用温泉,相继建立 160 多家温泉疗养院。20 世纪 70 年代初,中国地热能资源开发利用开始进入温泉洗浴、地热能供暖、地热能发电等多种利用方式阶段。浅层地热能的利用在 20 世纪末得到快速发展。2000 年,利用浅层地热能供暖(制冷)建筑面积仅为 10^5 m^2。伴随绿色奥运、节能减排和应对气候变化行动,浅层地热能利用进入快速发展阶段。截至 2017 年底,中国地源热泵装机容量达 $2×10^4$ MW,位居世界第一,年利用浅层地热能折合 $1900×10^4$ t 标准煤,实现供暖(制冷)建筑面积超过 $5×10^8$ m^2,主要分布在北京、天津、河北、辽宁、山东、湖北、江苏及上海等省市的城区,其中京津冀开发利用规模最大,水热型地热能利用持续增长。

从事地热钻完井的施工队伍大都是水文地质队伍,利用较为低廉的钻井装备积极开展地热钻完井业务。近几年,一些公司针对地热井探索了空气潜孔锤钻井技术,在硬地层取得了良好的提速降成本效果。

我国地热发电起步于 20 世纪 70 年代,当时以开发中低温地热能为主要发展方向,在江西、广东等地区先后建立了多个地热发电示范基地。1977 年,我国开始涉足中高温地热发电,在西藏羊八井成功建成了第一个中高温地热发电站,先后钻成用于生产地热的井口 16 口,平均井口压力为 0.137 MPa,平均井口温度为 118℃,每口井的流量为 80~120 t/h。开发初期的平均井口压力为 0.35 MPa,平均井口温度为 145℃。

但由于当时与国际学术交流较少,未能与国际上高温地热井钻完井技术同步发展,在随后很长一段时间,我国地热发电几乎停滞不前。近几年,我国地热发电才逐渐受到重视,多个地热发电项目正在建设推进中。台湾、藏南、滇西和川西是我国高温水热型地热资源主要分布的地区,也是未来地热发电的潜力区。我国干热岩资源丰富,但干热岩地热发电(增强型地热发电)技术长期落后于发达国家。相信在不久的将来,通过各项技术的研究突破,我国地热发电技术将取得新的进展。

目前,地热发电已成为地热能利用的重要方式。截至 2019 年 7 月底,全球地热发电装机容量约为 14.9 GW。其中,美国、印度尼西亚、菲律宾、土耳其、新西兰的地热发电装机容量已经超过 1000 MW。美国作为全球地热发电第一大国,自 2008 年以来地热发电装机容量年均增长 2.3%。此外,随着肯尼亚发电公司新地热发电厂第一台机组的运行,肯尼亚地热发电装机容量已经超过冰岛,进入全球地热装机国家前 10 名。

美国是世界上地热井钻探技术最先进的国家,也是拥有地热井钻机制造商和承包商最多的国家,在地热钻完井方面处于领先地位。2018 年美国能源部投入 1450 万美元,用于研发地热钻井技术,从而促进地热能源技术创新,加快地热产业发展。此外,日本和新西兰的地热钻完井技术也比较成熟。欧盟也高度重视地热资源的钻完井技术开发,欧盟地热资源开发中钻井成本占到总成本的 50%~70%,包括传统的地热资源开发和增强型地热系统开发。

日本、新西兰、冰岛等国家已开发形成了系列设备、仪器和井下工具,研发了钻井液循环漏失诊治技术、硬地层破岩钻头、高温测量、数据无线遥测技术、小口径钻井技术等。中国石油开展多年的肯尼亚高温钻井服务和专项技术研发,其高温地热钻井技术总体与国际先进水平相当,耐高温 PDC 钻头处于国际领先水平,但高温测试仪器耐温性和井下稳定性还存在差距,配套耐高温的 MWD 工具和井下测试工具须进一步完善。

中国从 20 世纪 90 年代后期开始将石油钻完井工艺与相关地热施工结合,优选钻头和机械参数,积极推广和采用喷射钻井,引进近平衡钻井和完井液概念,有目的地使用细分散、不分散低固相聚合物钻井液、抗高温钻井液、泡沫钻井液等,较大程度地提高了钻井效率,缩短了建井周期,已具备施工 5000 m 深度的地热完井技术。目前,中国石油集团长城钻探工程有限公司走在了高温地热钻井技术的前列,经过多年的钻井实践和持续的技术攻关,初步形成了地热钻完井配套技术,并在地热钻井过程中的井下复杂情况处理、洗井携岩、地热优快钻井、长寿命金刚石钻头、井下口及套管井筒腐蚀等方面持续攻关技术难题。

2. 地热钻完井技术构成

水热型地热开发钻完井技术按温度高低,可以分为中低温地热钻完井技术与高温地热钻完井技术。

中低温地热钻完井技术是指地层温度小于国际钻井承包商协会(International Association of Drilling Contractors, IADC)规定的高温钻完井临界温度 150℃ ,并且钻完井过程中循环到地面的流体温度不可能达到水的汽化温度,此时对钻完井无特殊要求,钻完井难度较小。这类地热对钻完井要求较低,可以采用低于石油钻完井的安全标准进行施工。这类井通常会选择配置较低的队伍,采用较为简单的工艺进行钻完井。为提高开发效果,通常也会采用水平井、分支井等技术。

高温地热钻完井技术是指地层温度大于 150℃ ,或循环出地面的流体温度达到或超过该流体在井口的饱和蒸气压下的温度,这种情况下对钻完井技术要求相对较高,甚至需要采用高于石油钻完井的安全标准。其关键技术问题包括以下几项。

（1）高温对钻井液、水泥浆、压裂液的影响，确保钻完井工作液能经受高温乃至超高温的考验。

（2）高温对井下工具、测量仪器的影响，确保井下钻头、井下动力钻具、测控仪器、完井工具、其他工具等能经受高温的考验，满足安全、顺利、高质量钻完井的要求。

（3）高温对安全控制的影响，超高温条件下循环出地面的流体将有可能达到汽化状态，这对井控安全提出了新的挑战，需要形成一套监控循环温度、保障井控安全的配套技术与装备，防止高温蒸汽喷出造成伤害。

（4）高温对井筒完整性的影响，高温条件下为提高开发效果，须考虑管柱的保温、导热问题，还需要考虑套管、水泥石的热影响问题。此外，高温条件下井筒完整性更易于失效，而此时修复会更为困难。因此，井筒完整性更为重要。而钻井过程中温度变化显著，导致维持井眼稳定性更为困难。

在超高地层温度情况下，循环流体到达地面时温度可能会达到水的沸点以上，特别是在西藏高海拔地区钻井时，由于大气压的降低，在 4000 m 以上的高海拔地区，水的沸点温度仅为 80 ℃ 左右。传统的做法是采用较高密度的钻井液进行循环，但这会对热储层造成严重的污染和损害，而且不能保证钻井过程的安全，因此需要有特殊的温度控制措施。

图 1　干热岩地热系统示意图

传统的干热岩钻完井技术包括在地下高温干热岩体上，按照合理的井距钻两口深度相当的井，并通过压裂造缝的方式将这两口井连接，建立两口井的换热工质（一般为水）循环通道，从其中一口井注入换热工质，通过压裂的裂缝与地层换热后，从另一口井采出来。干热岩地热系统示意图如图 1 所示。

国际上较为公认的干热岩系统发电商业化应达到的标准包括：井口采热流体温度为 150~200 ℃，循环排量为 50~100 L/s，注入流体的损失率小于 20%。但达到这一标准需要地层温度更高，而温度更高时面临的钻完井、压裂问题更为突出，成本也将更高。

为提高干热岩开采效率，可以采用更为先进的钻完井技术，如多分支井技术、成对水平井压裂连通井技术、单井循环换热技术及直井与水平井连通技术等。

另外,如果水热型地热地层本身热水产能低(如地下水补充不足),难以达到商业产能,也可以利用干热岩技术体系,在充分改造地层热储的同时,提高地层的热交换能力。如依靠压裂(酸压)增渗技术提高地层采水速度与回灌速度,在充分利用地层本身的地下热水资源的同时,从注入井(回灌井)人工注入冷水到热储层进行热交换,从而达到提高采热效率的目的。

水热型地热系统与增强型地热系统在钻完井过程中不可避免地会对热储层造成损害,特别是以膨润土为基础的水基钻井液体系。膨润土在高温条件下去水化,在热储层形成较弱的胶结物,从而对热储层产生永久性损害。因此与油气开发钻完井一样,地热钻完井应充分重视热储层保护的问题。

地热井固井技术须适应地热开发对固井的特殊需求,更多采用半程固井或穿鞋戴帽固井技术,而高温地热固井须考虑温度对水泥浆性能的影响。此外,还须考虑高温下水泥石的蜕变导致强度降低,从而导致密封完整性损害的问题。

中低温地热井的轨迹设计和测控技术与常规钻井没有不同。在高温地热条件下,须解决高温带来的定向与测控难题,并通过技术手段解决电子仪器耐温不足的问题。

地热资源开发属于新兴产业,不仅需要在其发展的过程中不断探索、发展和完善地热钻完井过程 HSE 管理体系,还要建立政府监控体系,保证该行业健康发展。在施工管理方面也应适应有利于行业健康发展的要求,毕竟地热是为了清洁能源而发展的新兴产业,不能因为地热的开发利用对环境造成破坏,产生负面影响。

第 1 章
中低温地热钻完井装备与工艺

本书所描述中浅层低温地热井系指成井深度小于 2500 m 的低温地热井。中浅层低温地热井在各种类型地热井中,相对而言,其技术难度最低、施工工艺最成熟、钻井装备最简单。根据开发用途不同,中浅层低温地热井主要分为两类,一类是以供暖、温室种植、水产养殖为主的地热能源用途,另一类是以温泉洗浴、康养、保健、旅游等为主的地热矿水资源用途。不同用途的中浅层低温地热井对地热水的水量、温度、水质等要求不同。地热能源用途的地热井期望水量越大越好、温度越高越好、矿物质越低越好,而地热矿水资源用途地热井则优先考量地热温泉水质指标,期望有益矿物质元素含量越高越好。不同开发用途的中浅层低温地热井设计的井身结构不同,选择的钻井工艺不同,进而导致采用的钻井装备不同。

1.1 浅层、中低温钻井装备

与石油钻井工艺不同,中浅层低温地热井采用的钻井工艺多种多样,不同钻井工艺配备的钻井装备大不相同,因此中浅层低温地热井钻井装备的分类方式也与石油钻井装备的分类方式不同。中浅层低温地热井的基础钻井装备是钻机,其具备钻具旋转和起升能力,只要满足相同钻深能力的各种形式的钻机都可作为中浅层低温地热井施工用钻机,且是否是最优的钻机类型取决于所采用的钻井工艺。中浅层低温地热井的关键钻井装备是钻井液循环装备,配备何种钻井液循环装备也取决于所选择的钻井工艺。此外,其他配套钻井装备选择得当与否对中浅层低温地热井钻井效率影响也至关重要。由于不同钻井工艺只有钻机可以通用,大部分其他钻井装备不通用,因此本节只介绍钻井装备中的钻机部分,其他装备在不同钻井工艺章节中做详细介绍。

1.1.1 常用钻机类型

随着近些年地热行业的快速发展,在原有地勘系统的基础上,煤田系统、有色金属系统、水利系统、石油系统等行业队伍及相关装备纷纷进军地热行业。因此目前地热行业,尤其是中浅层低温地热井领域,所采用的钻机五花八门。本书着重介绍目前市场上使用较多的几种钻机类型供地热行业单位参考。

由于中浅层低温地热井钻井施工技术门槛相对较低,施工难度相对较小,因此早期未对钻井装备做过多要求,大多钻机都是从水井行业的水源系列钻机演化而来的。

因此普遍存在"小马拉大车"现象,钻机的提升力普遍偏低、钻井泵排量和压力普遍偏小。随着地热行业规模的不断发展壮大,对钻井装备的需求越来越大,要求也越来越高。由于石油系列钻机具有更高的可靠度和复杂事故处理能力,地热钻机市场逐渐由以水源系列钻机为主演变为以石油系列钻机为主。随着空气潜孔锤钻井新技术的飞速发展,其钻深能力不断提高,因其具有极高的钻井效率,越来越被地热行业所青睐,由此也促进了全液压动力头空气潜孔锤钻机的快速发展。

目前市场上主流的中浅层低温地热钻机主要分为以下几类。

1. 水源系列钻机

中浅层低温地热井钻井市场早期以水源系列钻机为主,是在钻深能力较低的水文井施工用钻机基础上演化而来的,基本采用电机驱动形式。该系列钻机提升能力普遍较低、配套钻具拧卸工具简单、一层平台简易且低矮、一般不配备鼠洞、接单根效率低下、配套钻井泵排量小、泵压低。目前地热钻井市场上应用较多的水源系列钻机是水源3000型钻机,不建议使用水源3000型以下型号的水源系列钻机施工中高温地热井。

地热钻井市场上大部分水源3000型钻机的基础性能参数见表1-1。

表1-1 水源3000型钻机基础性能参数一览表

钻 机 型 号	提升能力/t	钻塔高度/m	钻机/钻井泵功率/kW	驱动形式
水源3000型(四角塔式井架)	110	27.5	180/260	电机驱动
水源3000型(A型井架)	110	28.5	180/260	电机驱动
水源3000型(K型井架)	125	34	180/260	电机驱动

水源系列钻机的优点包括:① 施工占地少,场地长度不小于50 m、宽度不小于30 m即可,对井场要求不高;② 设备重量相对较小,运输成本较低。

水源系列钻机的缺点包括:① 提升能力和旋转能力较石油钻机低,井下复杂事故处理能力较石油钻机差;② 拧卸钻具配套工具设备简单,起下钻速度慢;③ 无鼠洞,接单根速度慢;④ 钻机一层平台高度低,不具备加装井控设备的条件。

2. 石油系列钻机

石油系列钻机是目前中浅层低温地热井钻井市场的主流钻机,分为固定形式石油钻机和车载形式石油钻机两大类,以固定形式石油钻机为主,如图1-1所示。石油系列钻机一般采用油、电双驱动形式,该系列钻机提升能力强,配套钻具拧卸工具齐全高效,一层平台标准且较高,具备加装井控设备条件,均配备有鼠洞,接单根效率高,配套钻井泵排量大、泵压高。

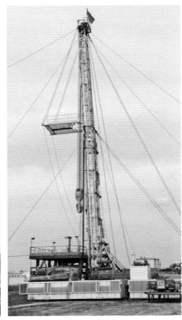

图 1-1　石油 30 型钻机与车载(修井)钻机

常用石油系列钻机基础性能参数见表 1-2。

表 1-2　常用石油系列钻机基础性能参数一览表

钻 机 型 号	提升能力 /t	钻塔高度 /m	钻机/钻井 泵功率/kW	驱动形式
石油 20 型(K 型井架)	135	34	410/956	油电混合驱动
石油 30 型(K 型井架)	175	41	550/956	油电混合驱动
车载(修井)石油 20 型	120	35	480/380	柴油机驱动

石油系列钻机的优点包括:① 提升能力和旋转能力强,井下复杂事故处理能力强;② 钻塔高度高,立柱长,起下钻速度快;③ 配套工具与鼠洞配合,接单根速度快;④ 钻机一层平台高度较高,具备加装井控设备的条件。

石油系列钻机的缺点包括：① 施工场地需求大，场地长度一般不小于 80 m，宽度不小于 50 m，若场地过小则无法使用；② 设备动力消耗大，单位进尺动力费用偏高；③ 设备重量大，运输成本高，用于短平快的地热井施工不经济。

3. 空气潜孔锤钻机

空气潜孔锤钻机在国内投入水井钻探市场已有 20 余年历史，国内很多厂家都能生产 1500 m 以下深度的空气潜孔锤钻机。市场上应用较多的该类型钻机主要产自张家口市宣化区和徐州工程机械集团有限公司，部分厂家能够生产钻井深度为 1500~3000 m 的空气潜孔锤钻机。近几年空气潜孔锤钻机投入基岩裂隙温泉井一开、二开钻探施工的情况越来越多，部分厂商开始加大投入研发钻深能力更强的空气潜孔锤钻机。目前，对于井深小于 1500 m 的基岩裂隙型地热井，空气潜孔锤钻机已较成熟；对于钻深能力超过 1500 m，甚至超过 2500 m 的钻机正处于研发改进阶段，相信未来 3~5 年即可发展成熟并得到大规模推广。

空气潜孔锤钻机是专门针对以空气为介质的冲击回转钻井工艺而研发的（图 1-2），其冲击回转钻井工艺钻效极高。该系列钻机都采用全液压控制方式，强调操作的便捷性与高效性。为缩短接单根时间，该系列钻机设计采用液压驱动动力头旋转形式，拧卸钻具操作简便、快速，钻进时钻压、转速等都采用液压控制，操作非

图 1-2　空气潜孔锤钻机外观

常简便。为配合"短平快"钻井施工特点,空气潜孔锤钻机具有自行行走功能和自行
调平、稳固功能。

常用空气潜孔锤钻机基础性能参数见表 1-3。

表 1-3　空气潜孔锤钻机基础性能参数一览表

钻机型号	钻深能力/m	提升能力/t	适用钻杆/m	钻机功率/kW	驱动形式
潜孔钻机 1000 型	1000	50	9.6	175	柴油机驱动
潜孔钻机 1500 型	1500	60	9.6	220	柴油机驱动
潜孔钻机 2000 型	2000	80	9.6	260	柴油机驱动

空气潜孔锤钻机的优点包括:① 施工占地极小,场地长度不小于 20 m,宽度不小
于 15 m 即可,对井场要求很低;② 设备动力消耗很小,单位进尺动力费用很低;③ 采
用动力头驱动,起下钻速度快,接单根速度快;④ 采用全液压动力头驱动形式,生产人
员配备少,单位进尺人工成本很低;⑤ 设备重量轻,运输成本很低,用于井下工况不复
杂的地热井施工非常经济。

空气潜孔锤钻机的缺点包括:① 提升能力略弱;② 钻塔高度低导致起下钻平台
低,大部分机型不具备加装井控工具的条件。

1.1.2　钻机选型

钻机选型应遵循以下原则:① 首先要与钻井工艺相匹配,其次要与井场条件、地
热井类型相匹配;② 既要保证满足钻深能力要求,又要避免钻机功率与能力过剩;
③ 优选与钻井工艺匹配度高的钻机;④ 在满足施工要求的前提下,尽可能使设备简
单化、小型化,拆装运输方便。

根据施工经验,推荐钻机选型匹配具体如下。

(1) 以供暖、温室种植等能源用途开发为主的中浅层低温地热井,因其要求出水
量大,井眼直径普遍偏大,套管重量偏大,要求钻机提升能力强、钻井泵排量大,因此
一般匹配石油系列钻机;以医疗保健、洗浴等地热矿水资源用途开发为主的中浅层低
温地热井,优选空气潜孔锤钻机和石油系列钻机,次选水源系列钻机。

（2）采用空气潜孔锤冲击回转钻井工艺时，优选空气潜孔锤钻机和石油系列钻机，次选水源系列钻机；采用井下动力钻井液正循环回转钻井工艺时，优选石油系列钻机，次选水源系列钻机；采用地面动力钻井液正循环回转钻井工艺时，优选石油系列钻机，次选水源系列钻机；采用气举反循环回转钻井工艺时，优选石油系列钻机，次选水源系列钻机。

（3）井场面积较大时，可考虑石油系列钻机；井场面积偏小时，优选潜孔钻机和水源系列钻机；钻井工期偏紧时，优选石油钻机和潜孔钻机。

1.2　浅层中低温地热井钻井工艺

地热行业应用到的钻井工艺有很多种，本书主要列举主流钻井工艺和近年来新兴的先进钻井工艺。为了区别钻头旋转所需要动力的来源，我们这里将钻井液正循环回转钻井工艺拆分为"地面动力驱动"钻井液正循环回转钻井工艺和"井下动力驱动"钻井液正循环回转钻井工艺。"地面动力驱动"钻井液正循环回转钻井工艺是应用最广泛、最成熟、地质条件适用性最强的一种中浅层低温地热钻井工艺；"井下动力驱动"钻井液正循环回转钻井工艺是对岩性相对较软的地层而言经济性最高、钻效较高的一种中浅层低温地热钻井工艺；气举反循环回转钻井工艺是一种储层保护较好、效率较高且较为成熟的中浅层低温地热钻井工艺；空气潜孔锤正循环冲击回转钻井工艺是近年来新兴起并逐渐成熟的一种效率最高、储层保护最好的、针对基岩井的中浅层低温地热钻井工艺。

本节针对上述钻井工艺的原理、适用地质条件、工艺优缺点、主要配套设备、钻井工艺参数、储层保护、钻井复杂情况处理等方面分别展开阐述。

1.2.1　"地面动力驱动"钻井液正循环回转钻井工艺

"地面动力驱动"钻井液正循环回转钻井工艺是应用最广泛、最成熟，且地质条件适用性最强的一种中浅层低温地热钻井工艺。地面动力驱动形式主要有转盘驱动和动力头驱动（顶驱）两种，选用不同类型的钻探设备，其动力驱动形式不同。

1. 钻井工艺原理描述

利用钻机转盘或动力头旋转，带动井内钻杆及钻铤旋转，钻头在钻铤的压力和钻具的扭矩作用下，以冲击剪切或切削剪切机理碎岩。通过钻井泵将钻井液经钻具内环空传输至井底,在冷却钻头的同时,利用其较强的携岩能力将井底岩屑通过钻具与井眼之间的环空携带出地表,经地面固控设备处理后,钻井液再次通过钻井泵、钻具输送至井底携岩,周而复始实现持续钻进。该工艺一般配备牙轮钻头和聚晶金刚石复合片(Polycrystalline Diamond Compact,PDC)钻头,在岩性相对较硬的地层钻进时选择牙轮钻头,在岩性较软的地层钻进时选择 PDC 钻头。该钻井工艺原理如图 1-3 所示。

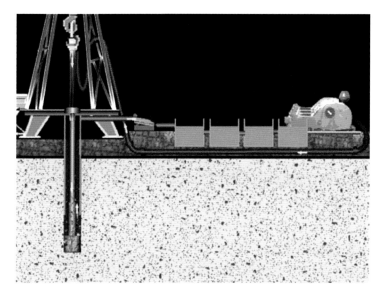

图 1-3　"地面动力驱动"钻井液正循环回转钻井工艺原理示意图

2. 钻井工艺适用地质条件

该钻井工艺适用条件极为广泛,几乎所有地质条件都适用;但在漏失、破碎、坍塌严重等复杂地层钻进时,须高度重视钻井液性能的调配。尤其在热储层钻进时,须严格控制钻井液固相含量,以最大限度降低对储层的污染程度。

3. 钻井工艺的优缺点

(1) 该钻井工艺的优点包括:① 适应能力强;② 几乎适合所有地质条件;③ 技术难度低;④ 该钻井工艺是最传统、最常用、最成熟的钻井工艺,技术难度相对较低。

(2) 该钻井工艺的缺点包括:① 容易污染储层,该钻井工艺属于过平衡钻井技术,在热储层钻进过程中始终对地热储层造成污染,对钻井液性能要求较高,钻井液使用不当有可能严重污染或堵塞热储层,降低地热井产水量;② 钻探效率低,该钻井工艺是最常用的钻井工艺,与其他先进钻井工艺相比,钻探效率相对较低;③ 能量损耗大、钻具磨损大,由于驱动力在地面,必须借助钻具传递扭矩,而钻具在井眼内是围绕井壁做旋转运动的,势必与井壁之间产生很大的摩擦力,井眼深度越深,能量损耗越大,当井眼达到一定深度以后,地面输出的能量传递到井底时已衰减了大部分。另外,在传递动力过程中钻具磨损严重。

4. 主要钻井装备与工具

(1) 主要配套设备

该钻井工艺的主要配套设备为钻井泵。当钻头将井底新鲜岩面破碎后,钻井液能否将全部破碎岩屑第一时间携带至地表,对钻效影响巨大;而当钻井液性能确定后,其携岩能力高低只与钻井泵排量有关,钻井泵排量大则钻井液携岩能力强,钻井泵排量小则钻井液携岩能力弱,携岩能力变弱后岩屑将无法被及时带离井底新鲜岩面,导致岩屑二次研磨而降低钻效并加速钻头磨损。不同类型钻机配备的钻井泵性能有很大区别,一般石油钻机配备的钻井泵排量和压力较大,而水源钻机配备的钻井泵排量和压力较小。

目前地热钻井市场上主流的钻井泵主要有 3NB1300 型、3NB1000 型和 3NB350 型钻井泵,其主要性能参数如表 1-4~表 1-6 所示。

表 1-4 3NB1300 型钻井泵主要性能参数表

柴油机转速/(r/min)	泵速/(冲/分)	理论排量/(L/s)					输入功率/kW
		φ140	φ150	φ160	φ170	φ180	
1500	120	28.16	32.32	36.78	41.52	46.54	
1400	112	26.28	30.17	34.32	38.75	43.44	
1300	104	24.40	28.01	31.87	36.00	40.34	
1200	96	22.53	25.86	29.42	33.21	37.24	956
1100	88	20.65	23.70	26.97	30.44	34.13	
1000	80	18.77	21.55	24.52	27.68	31.03	
额定工作压力/MPa		31	27	24	21	19	

表 1-5 3NB1000 型钻井泵主要性能参数表

柴油机转速/(r/min)	泵速/(冲/分)	理论排量/(L/s)						输入功率/kW
		$\phi130$	$\phi140$	$\phi150$	$\phi160$	$\phi170$	$\phi180$	
1300	110	19.93	23.11	25.63	30.19	34.08	38.21	735
1200	101	18.3	21.22	23.53	27.72	31.27	35.08	
1100	93	16.85	19.54	21.67	25.52	28.81	32.30	
1000	85	15.4	17.86	19.81	23.33	26.33	29.53	
额定工作压力/MPa		34	29	25	22	20	18	

表 1-6 3NB350 型钻井泵主要性能参数表

泵速/(冲/分)	理论排量/(L/s)						输入功率/kW
	$\phi110$	$\phi120$	$\phi130$	$\phi140$	$\phi150$	$\phi160$	
135	11.5	13.7	16	18.7	21.5	24.4	260
115	9.8	11.7	13.7	15.9	18.2	20.8	
额定工作压力/MPa	20	16.8	14.5	12.5	10.8	9.5	

（2）辅助配套设备

由于该钻井工艺依靠钻井液携带岩屑，而钻井液需要反复循环利用，携岩后的钻井液再次进入井内时，其各项性能能否满足使用要求非常重要。因此该钻井工艺辅助配套设备主要为钻井液固相处理相关设备，统称"固控系统"，主要有振动筛、除砂器等。主流辅助配套设备外观如图 1-4 所示。

地热钻井市场上常用的振动筛为直线振动筛，可除去较粗颗粒固相。随着技术进步，振动筛筛网呈现越来越密的趋势，目前最密筛网可达 200 目[1]。由于振动筛在固相控制中的经济性与高效性，其在石油钻井中正逐步取代了除砂器与除泥器，常用的四级固相控制设备（振动筛+除砂器+除泥器+离心机）变为了两级固相控制设备。

---

① 1 目 = 1 平方英寸筛网面积上所具有的网孔个数。

(a) 振动筛   (b) 除砂器   (c) 除泥器

图 1-4　钻机辅助配套设备

目前钻井市场上主流的 ZS703 型直线振动筛基本性能参数如表 1-7 所示。

表 1-7　ZS703 型直线振动筛基本性能参数表

型　　号	ZS703
振动轨迹	直线
电机功率	2×1.5 kW
振动强度	≤7.5 G
振　幅	6.0~7.2 mm
处理量	120 m³/h
调节角度	−1°~5°
筛网规格	700 mm×1250 mm
筛网数量	3
电　制	380 V/50 Hz
噪　声	<85 dB
外形尺寸	2770 mm×1785 mm×1690 mm
理论重量	1550 kg
备　注	钻井液密度为 1.2 g/cm³、黏度为 45 s、筛网 60 目测得

（3）配套工具

为随时了解与调整钻井液性能,须配备钻井液密度计、漏斗黏度计等配套工具。此外,为了解钻头磨损导致的井眼直径变化,以防止新钻头卡钻现象发生,须配备钻头规,当旧钻头提出井口后须第一时间测量钻头外径。配套工具外观如图 1-5 所示。

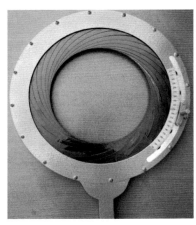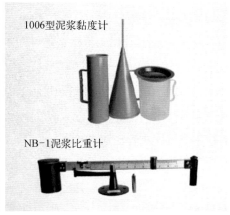

图 1-5　钻头规、钻井液密度计与漏斗黏度计

（4）配套钻头

该钻井工艺主要配备铣齿牙轮钻头和镶齿牙轮钻头,其中铣齿牙轮钻头用于岩性偏软地层钻进,镶齿牙轮钻头用于岩性较硬地层钻进。在有些中等硬度地层钻进时也配备 PDC 钻头。不同类型钻头外观如图 1-6 所示。

图 1-6　铣齿牙轮钻头、镶齿牙轮钻头与 PDC 钻头

5. 钻井工艺参数

（1）钻头选型

不同岩性、不同硬度地层，选用的钻头型号不同。钻头选型正确不仅能够提高钻探效率，还能够延长钻头寿命。因此，钻头选型非常重要。一般而言，PDC 钻头在适宜地层的机械钻速是牙轮钻头的数倍，而且近几年 PDC 钻头材料不断进步，其适应地层正从软地层向中硬地层、硬地层，甚至胶结致密的砾石层发展，PDC 钻头的应用越来越多。但高性能 PDC 钻头价格是普通 PDC 钻头的数倍甚至更高，在某些时候会让人觉得用 PDC 钻头投入产出比不佳。但通过对钻头、提速工具的高投入，进行系统性试验探索，取得经验后带动整体的速度提高，可以实现更好的提速降本效果。

① 牙轮钻头选型

软地层应选择兼有移轴、超顶、复锥、牙齿齿形大、齿数少的钢齿或镶齿钻头，以充分发挥钻头的剪切破岩作用。随着岩石硬度增大，移轴、超顶、复锥值应相应减小，牙齿应相应减短或加密。研磨性地层特别容易磨损牙轮的保径齿、背锥及牙掌尖，使钻头直径磨小，井眼缩径和密封失效，应选掌背加强的特殊保径结构。易斜地层防斜钻井，应选择不移轴或移轴量小的钻头，减少钻头在井底的滑移，防止井斜；软硬交替的地层，应选择地层中较硬岩石的钻头类型。

不同岩性、不同硬度地层的钻头选型可参照表 1-8。

表 1-8　常用地层岩性硬度与钻头选型参照表

地层岩性	地层硬度	钻头类型	常用钻头型号
泥岩、页岩、板岩	低	三牙轮	HA437/HJ437
砂岩、白云岩、灰岩	中等	三牙轮	HA437/HJ437
变质岩、片麻岩	中等	三牙轮	HJ517/FA517
硅质岩、花岗岩	高	三牙轮	GJ637/FA637

② PDC 钻头选型

PDC 钻头适应较高的转速，因此通常可以配合"井下动力驱动"钻井液正循环回转钻井工艺，详见"井下动力驱动"钻井液正循环回转钻井工艺 PDC 钻头选型描述。

（2）钻压与转速

① 牙轮钻头钻压与转速

牙轮齿对岩石的破碎作用有 3 种：压碎、冲击和剪切。压碎是牙轮在钻压的作用下对岩石的静力压碎作用，其效果主要取决于钻压的大小和岩石的硬度；冲击是牙轮滚动时牙轮齿交替作用于岩石，而使牙轮轴心产生上下往复振动，冲击作用与牙轮的齿数、转速和钻压有关，冲击力与齿数成反比，与转速和钻压成正比；剪切则是牙轮在岩石上滚动的同时，牙轮齿还有一定的滑移，从而对岩石进行剪切破碎。

钻压不同，牙轮齿破碎岩石将呈现出表面破碎（研磨性破碎）、疲劳破碎及体积破碎等不同的特征。当钻压过小时，牙轮齿在岩石表面作冲击、滑动、滚动复合研磨性破碎，产生点状微细裂纹或只产生塑性或弹性变形，其破碎效果极差。当钻压虽有增加但仍达不到所钻岩石的抗压强度极限值时，不能够形成体积破碎，只有在岩石表层经过多次往复交替破碎才能将部分岩石破碎分离，其钻进效果亦不理想。当钻压达到岩石抗压强度极限值后，才呈现体积破碎，这时钻进效率大幅提高。根据以上分析，牙轮钻头破碎岩石的过程是当钻压达到岩石抗压强度极限值后，发生突然压入破碎。因此在钻进时，应根据岩石性质，采取井底加压方式，以便有效破碎岩石。

牙轮钻头转速的高低关系到牙轮齿接触岩石的速度、对岩石的冲击作用和齿间交替纵振频率冲击破岩的作用，对钻进效率影响很大。当转速增加时，牙轮齿对岩石产生的冲击速度也增加，而冲击功也随着增加，可有效地提高钻进效率。若转速超过了钻头的额定转速，钻头的轴承、密封及锁定装置会加速磨损而提早失效。若转速偏低，则会影响钻进效率的提高。因而合理选用钻头转速能保护钻头并提高钻进效率。

牙轮钻头的牙齿会因长期正常破岩磨损而失效，也存在由于疲劳和应力过大而折断的现象。其磨损及损坏程度与冲击力和冲击速度有关，牙轮钻头直径越大，转速越高时，则冲击速度越大，产生的冲击力越大。所以过高的转速是影响牙轮钻头轮齿早期磨损及损坏的主要因素。

在给定的钻压及限定转速范围内增加转速可以增加牙轮冲击剪切岩石的作用力和次数，钻速随之提高；若超过一定极限转速范围，牙轮钻头纵向振频增加，岩石和牙轮齿的接触时间缩短，当小于破碎岩石所需的时间时，冲击能未达到充分利用钻头齿就离开了岩石，钻效提高则不明显，反而影响钻头使用寿命。因此，在地热井钻进过程中,要合理确定牙轮钻头的转速,必须综合考虑转速、钻压及岩石间的相互关系。在实际钻进中,应根据厂家推荐的钻压和转速允许值,结合所钻地层岩性特点,优选钻压和转速。

在钻进不同直径井眼、不同硬度地层时,考虑到井眼垂直度及井下钻铤数量有限等综合因素,推荐选用的牙轮钻头钻压及转速可参考表1-9。当井下钻具中钻铤的数量偏少时,钻压值取低值;当钻遇破碎带或其他复杂地层出现跳转现象时,要适当降低钻压与转速。

表1-9   “地面动力驱动”钻井液正循环回转
钻井工艺牙轮钻头推荐钻压及转速表

钻头直径/mm	地层相对硬度	推荐钻压/kN	推荐转速/(r/min)
311.2	硬度偏低	100~140	70~80
	中等硬度	140~160	60~70
	硬度偏高	160~200	50~60
215.9	硬度偏低	80~100	80~100
	中等硬度	100~120	60~80
	硬度偏高	120~140	50~60
152.4	硬度偏低	40~60	90~120
	中等硬度	50~80	70~90
	硬度偏高	80~100	60~80

② PDC 钻头钻压与转速

钻压选择与“井下动力驱动”钻井液正循环回转钻井工艺 PDC 钻头钻压参数相同,转速尽量用钻机最高速挡。

(3)泵压与泵量

钻井泵为钻井液循环提供动力,是钻井的心脏。目前地热井钻进中,主要存在泵压和泵量偏低及钻井液密度、黏度不协调等问题,无法满足钻进需要。

如何将岩屑有效地排出井口,保持井底清洁,主要应考虑以下几项必要条件。① 钻井液上返流速必须能够克服岩屑颗粒在循环液中的下沉速度;② 钻井液流量中含屑量不得大于钻井液的额定含屑量,由此可以确定钻井液循环排量。

采用正循环钻进方法时,要提高钻井液的上返速度及携岩能力。特别是在采用 PDC 钻头钻进时,随着排量提高,机械钻速与之成正相关增加。

在牙轮钻头钻井时,牙齿冲击地层产生破碎坑,同时会在周边产生更多的裂纹影响区。如果钻头处水力能量足够,可以有足够的射流冲击力与井底漫流速度,则会产生更多的裂纹影响区,导致岩石崩离,从而提高钻井速度。对于 PDC 钻头来说,钻头切削地层会在切削齿面产生挤压黏附层,从而影响钻井效果,这时如果流过刀翼的流速提高,则可以减少这种黏附层厚度,从而提高钻井速度。理论与实践均证明,水力作用不仅对软地层有辅助破岩作用,对硬地层同样有助于提高钻井速度,只是不同类型钻头工作方式不同而已。目前国内钻井速度普遍低于美国、加拿大,其根本原因在于钻井泵压存在差距。对于 7000 m 钻机,我国循环泵压基本在 20~25 MPa,而美国、加拿大则在 40~45 MPa。统计相同地层的对比表明,仅此一项机械钻速差两倍。

为提高钻进速度,可考虑如下几点:① 采用大泵量、高泵压钻井泵;② 尽可能实现小井径钻进,选用粗钻杆,减小井壁与钻杆之间的环状间隙;③ 选配优质钻井液,适当提高钻井液密度和黏度,采取相应的钻井液净化措施;④ 在钻硬岩时,冲洗液上返流速应尽可能满足如下的井口上返流速,清水钻进时流速为 1.0~1.5 m/s,钻井液钻进时流速为 0.5~1.2 m/s,最好不小于 0.8 m/s,大尺寸井眼要提高钻井液的切力,依靠切力提高携岩效果。具体可参考表 1-10。

表 1-10　高效钻进时推荐采用的钻井泵泵压与泵量参数表

井眼直径/mm	中止深度/m	施工排量/(L/s)	最大泵压/MPa	钻井泵配备
444.5	600	60	10	2 台 1300 钻井泵
311.2	2500	50~60	13~15	2 台 1300 钻井泵
215.9	2500	28~35	13~15	1 台 1300 钻井泵
152.4	2500	15~20	13~15	1 台 1300 钻井泵

(4)钻井液

钻井液除有清洗、冷却钻头,携带岩屑和辅助破岩的功用外,主要目的是保护井

壁。钻井液排量的大小,以及选用清水、钻井液还是乳化液等都对洗井效果产生很大
的影响。随着排量的增加,井底清洗岩屑和冷却钻头的能力增加,清洁的井底不仅能
提高钻进速度,而且可减少钻头的磨损。在比较松软的地层中钻进,一定钻头水眼喷
速下的钻井液可以起到喷射破岩的作用,即使在较硬的地层也能起到辅助破岩的作
用,一般采用大排量的钻井液是有益于钻进的。因此,钻井液参数存在优选的问题。
一般而言,井径越大、岩石可钻性越好、钻速越高,选用的钻井液排量应越大;钻井液
密度的增大可以使作用在井底岩面上的压力增大,能够增加破岩的困难从而降低钻
进速度;钻井液黏度增大时,井底流动的黏滞阻力会增大,对钻头切削齿的冷却不利,
也会导致钻速下降。一般使用清水比使用钻井液容易获得较高钻速。

钻井液正循环回转钻井工艺要求钻井液具有以下特性:① 低失水、低含砂、
适当的切力和 pH,能有效保护井壁、悬浮岩屑;② 低密度、低黏度,能降低循环系
统压力,减少功率损耗;③ 在低返速下能有效携带岩屑;④ 有良好的剪切稀释
特性。

不同的岩性在钻进时选用的钻井液类型及相关性能不同,其直接影响着钻压、转
速、水力参数的配合和钻头的失效形式。钻井液性能是钻头磨损的重要因素,钻井液
含砂对钻头流道冲蚀影响很大。此外钻井液的护壁作用是防止井眼发生垮塌的最关
键手段。

6. 钻井注意事项与复杂情况

(1) 黏附卡钻

在渗透性地层,因钻井液的失水在井壁上形成滤饼,使得钻具黏附在井壁上造成
卡钻;钻具长时间在井中静止时,钻井液柱压力与地层压力差使钻具压在井壁上造成
卡钻。这种卡钻本身不会对钻头产生损害,但活动钻具解卡的瞬间,由于悬重的突然
变化,钻头会受到很大的冲击力而损伤牙齿和轴承。

(2) 缩径卡钻

在渗透性、孔隙度良好的膨胀性地层井段,如果钻井液排量小、失水大、滤饼厚、
上返速度低,则井壁易形成很稠的胶糊状的物质,将黏土颗粒、岩屑和加重剂等黏附
在井壁上。泥页岩地层吸水膨胀等因素也会使井径缩小造成卡钻。这种卡钻位置固
定,泵压增大,上提困难,下放较容易,在上提钻具解卡的瞬间,由于悬重的突然变化,
钻头上部会受到很大的冲击力撞击井壁,造成钻头掌背、掌尖、轴承密封或牙轮背锥
的损伤。

（3）沉砂卡钻

在清水快速钻进中当循环停止时,岩屑大量下沉,堵塞环形空间,埋住钻头和部分钻具造成卡钻。这种卡钻在上提钻具时有拔活塞现象,会造成钻头轴承密封的损害,甚至有少量砂粒挤入,造成轴承的早期失效。

（4）地层坍塌卡钻

一般发生在吸水膨胀的页岩、泥岩,胶结不好的砾岩、砂岩等地层。在处理这类卡钻时,易造成钻头牙齿折断和掌背、掌尖、轴承密封、牙轮背锥的损伤,严重时会将三牙轮向内挤造成牙轮间相互咬合而制动。

（5）键槽卡钻

多发生在硬地层井斜角或井斜方位角变化大,形成急弯的井段。钻进时,由于钻杆的上下刮拉,在急弯井壁上磨出了一条细槽,它比钻杆接头稍大而小于钻头直径,起钻时钻头拉入了键槽就会发生卡钻,特点是钻具能下放不能上提。在处理这类卡钻时,易造成钻头掌背、掌尖、轴承密封和牙轮背锥的损伤,严重时会造成轴承失效或受力最大的牙轮落井事故。

（6）泥包卡钻

由于钻井泵上水效果差等造成干钻,在黏性大的泥岩地层钻进,钻井液排量不足、黏度高,造成钻头干钻,起钻到小井眼处遇卡。干钻和泥包都会引起钻头轴承密封烧伤,以及牙齿的热龟裂。泥包还会造成局部齿的严重磨损。

（7）井内落物引起的卡钻

由于操作不小心将卡瓦或其他小工具落入井中,卡于井壁与钻具之间。处理这类卡钻时,井内落物或多或少要落入井底造成钻头齿的损伤,若落物卡于钻头处,则会对钻头掌背、掌尖、轴承密封、牙轮背锥和外排齿的损伤。发生卡钻后,硬处理时一般均要上提、下压、下砸、倒划眼、倒扣,软处理时一般均为泡油、泡酸、清水循环、放喷解卡等。视具体情况,有时要软硬兼施,但均会造成钻头的不同程度的损害,应详细收集资料,具体分析。

（8）钻井液堵塞水层

钻井液正循环钻井工艺属于过平衡钻井工艺。由于钻井液的密度较大,环空钻井液液柱压力大于地层压力,导致地层的部分裂隙堵塞,影响最终的出水量。钻井过程中应加强固控设备运行,有效降低钻井液中的固相含量。钻井液中含有白土及含黏土成分的岩屑,反复研磨会增加钻井液中的泥质含量,导致井壁形成滤饼,堵塞出水通道。钻井过程中应适当短程起下钻,破坏井壁形成的滤饼。

1.2.2 "井下动力驱动"钻井液正循环回转钻井工艺

"井下动力驱动"钻井液正循环回转钻井工艺是对岩性相对较软地层而言经济性最好、钻效较高的一种中浅层低温地热钻井工艺,也属于过平衡类钻井工艺。目前地热行业使用的井下动力驱动形式主要为螺杆(也称"螺杆钻具"或"螺杆马达")。螺杆钻井液正循环钻井工艺是石油行业最常用的钻井工艺,在应对软岩地层时具有非常高的钻效。地热行业首先在古近系与新近系地热井施工时引入该钻井工艺,并逐渐推广到泥岩、页岩等岩性偏软的基岩地热井施工中。与地面动力驱动形式不同,该工艺动力输出设备为位于井底的螺杆。螺杆是一种把液体的压力能转换为机械能的能量转换装置。

1. 钻井工艺原理描述

与钻机动力头或转盘等地面驱动方式不同,该钻井工艺利用钻井泵输出的钻井液作为动力,通过螺杆转动驱动钻头旋转,钻头在钻铤的压力作用和螺杆的扭矩作用下,以切削剪切机理碎岩。该钻井工艺采用的钻井液与"地面动力驱动"钻井液正循环回转钻井工艺采用的钻井液完全相同,其钻井液驱动设备也是钻井泵,只是对钻井泵的排量和压力要求更高一些。钻井液通过钻井泵驱动,经钻具输送至井底钻头之上的螺杆处,高压钻井液进入螺杆使螺杆的转子在定子中转动(定子和转子组成了马达),马达产生的扭矩和转速通过万向轴传递到螺杆输出轴上,进而传递给钻头迫使钻头旋转;钻井液在驱动螺杆做功的同时,还起到冷却螺杆和钻头的作用,同时携带井底岩屑通过钻具与井眼之间的环空返出地表。经地面固控设备处理后,钻井液再次通过钻井泵、钻具输送至螺杆并流经井底携岩,周而复始实现持续钻进。"井下动力驱动"钻井液正循环回转钻井工艺原理如图 1-7 所示。

2. 钻井工艺适用地质条件

"井下动力驱动"钻井液正循环回转钻井工艺适用于软至中硬地层钻进,要求岩性软硬变化不能太大,尤其不能有大段破碎地层存在。

3. 钻井工艺优点

"井下动力驱动"钻井液正循环回转钻井工艺具有以下优点。

① 钻井效率高。在钻探硬度较低地层时,由于该钻井工艺具有较高的转速,使得钻井效率大幅提高。

② 单趟钻进尺多。由于该钻井工艺通常与 PDC 钻头结合使用,在应对硬度较低

图 1-7　"井下动力驱动"钻井液正循环回转钻井工艺原理示意图

地层时单个 PDC 钻头进尺一般可超过 1000 m,因此能够大幅降低起下钻频率,提高单趟钻的进尺。

③ 钻具磨损小、能量损耗小。该钻井工艺采用的钻压远低于"地面动力驱动"钻井液正循环回转钻井工艺所采用的钻压,且通常情况下钻具不旋转或转速较低,因此钻具磨损小、能量损耗小。

4. 钻井工艺缺点

"井下动力驱动"钻井液正循环回转钻井工艺具有以下缺点。

① 容易污染储层。该钻井工艺也属于过平衡钻井技术,在热储层钻进过程中始终对地热储层产生污染,对钻井液性能要求较高,钻井液使用不当有可能严重污染或堵塞热储层,降低地热井产水量。

② 对地层硬度敏感。虽然该钻井工艺一般只适用于软至中硬岩性的地层钻进,但如果软岩地层与中硬岩层频繁变化,也将导致金刚石复合片齿断裂,因此该钻井工艺对地层硬度非常敏感,若使用不当,钻效反而会降低。

③ 如果钻具不转动,则导致携岩效率降低,压差卡钻的风险增大。

5. 配套钻井装备与工具

"井下动力驱动"钻井液正循环回转钻井工艺主要配套设备为钻井泵和螺杆钻

具,主要专用钻井装备与工具包括以下几项:

(1) 大排量、高压力钻井泵

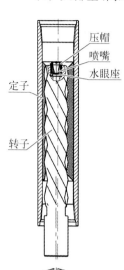

压帽
喷嘴
水眼座
定子
转子

图 1-8　螺杆钻具结
构原理图

由于螺杆需要高压钻井液驱动,因此该钻井工艺配备的钻井泵比"地面动力驱动"钻井液正循环回转钻井工艺配备的钻井泵排量要更大、压力要更高。一般采用该钻井工艺只适合配备石油系列钻井泵,不太适合水源钻机配备的系列钻井泵。该钻井工艺常用的配套石油系列钻井泵性能参数见上文所述。

(2) 螺杆钻具

螺杆钻具是一种以钻井液为动力,把液体压力能转为机械能的容积式井下动力钻具。当钻井泵泵出的钻井液流经旁通阀进入马达,在马达的进、出口形成一定的压力差,推动转子绕定子的轴线旋转,并将转速和扭矩通过万向轴和传动轴传递给钻头,从而实现钻井作业。螺杆钻具随转子、定子的螺旋头数(在径向断面上的凸起数)不同可以分为高速、中速和低速螺杆三种类型。通常钻井中应用较多的是具有适中的扭矩与转速的中速螺杆,其中转子与定子分别为 5 头与 6 头。螺杆钻具结构原理如图 1-8 所示。

常用螺杆钻具性能参数见表 1-11。

表 1-11　常用螺杆钻具性能参数一览表

钻头直径 /mm	规格型号	钻具外形 尺寸/mm	钻头钻速 /(r/min)	长度 /mm	工作扭矩 /(N·m)	推荐钻压 /kN
444.5	5LZ244	244	90~140	2270	9300	213
311.2	5LZ197	197	95~150	1270	5000	120
215.9	5LZ165	165	100~178	830	3200	80
152.4	5LZ120	120	70~200	400	1300	55

(3) 辅助配套设备

与"地面动力驱动"钻井液正循环回转钻井工艺需要配备的辅助设备相同,该钻井工艺也需配备钻井液"固控系统",主要为振动筛、除砂器等。

（4）配套工具

与"地面动力驱动"钻井液正循环回转钻井工艺一样,该钻井工艺也须配备密度计、黏度计、钻头规等配套工具。

（5）配套钻头

该钻井工艺主要配备 PDC 钻头,典型 PDC 钻头的外观如图 1-9 所示。

图 1-9　典型 PDC 钻头

6. 钻井工艺参数

（1）钻压与转速

该钻井工艺施工由小钻压逐渐缓慢增加钻压,使螺杆钻具的马达压降尽量达到规定值的中上值,以保证螺杆钻具的马达最大限度地输出功率;同时,过大的钻压会损坏传动轴推力轴承,还会使马达压降过高而发生制动现象,如制动现象过长会导致马达严重损坏。同时钻压与钻头直径、地层岩性有关,常用不同直径钻头推荐最大钻压见下表。当岩性硬度偏高时,钻压宜取高值,当岩性硬度偏低时,钻压宜取低值。出于提高钻效和降低钻具黏卡事故的发生概率考虑,可以采用螺杆+转盘复合钻进工艺。推荐 PDC 钻头钻压与转速参数可参照表 1-12。

（2）泵压与排量

螺杆钻具通过钻具内的钻井液压力的变化向钻具传递扭矩,从而实现钻头在井下高速切削破岩。钻具组合中钻头未接触井底时,排量不变,则通过钻具的钻井液压力降不变,此时的泵压称为循环泵压,由立管压力表观测;随着钻头缓慢接触井底进行钻进,钻压增高,则立管压力随之增加,此时的泵压称为钻进泵压。钻进泵压与循环泵压的关系为:钻进泵压=循环泵压+钻具负载压降。

表 1‑12　推荐 PDC 钻头钻压与转速参数一览表

钻头直径/mm	地层相对硬度	推荐钻压/kN	推荐转速/(r/min)
311.2 mm	硬度偏低	30~50	120~140
	中等硬度	50~80	100~120
215.9 mm	硬度偏低	20~40	130~150
	中等硬度	40~60	100~130
152.4 mm	硬度偏低	20~30	130~180
	中等硬度	30~50	100~150

现场施工时应采用不同的钻压进行反复试钻,找出最佳的钻压值,此时泵压大于空载循环时泵压。钻具工作中钻进泵压在推荐范围内时,钻具产生最大扭矩,继续增加钻压,则泵压势必增加,马达可能会滞动。因此,适当并且稳定的泵压,是使螺杆钻具正常工作并防止钻具内部损坏的必要条件。螺杆钻具的输出扭矩与钻井液流经马达产生的压降成正比,输出转速与输入流量成正比。排量一定时,扭矩增加而输出转速略有下降。钻具从空载到满载,输出转速一般降低 10%~15%。

钻具的型号不同,其输入流量范围也不同,每种钻具只有在性能参数表规定的流量范围内,才能有较高的效率。一般情况下,输入流量范围的中间值才是钻具最佳输入流量。

（3）钻井液

螺杆钻具对于各种钻井液都能有效地工作,包括油基钻井液、乳化钻井液和黏土钻井液等。在使用油基钻井液的情况下螺杆钻具的定子应采用遇油溶胀性小的橡胶。钻井液黏度和密度对螺杆钻具的影响不明显,但钻井液中的沙粒、纤维等杂质会影响螺杆钻具的性能和寿命,加速轴承系统的损坏和马达定子的磨损。因此钻井液中固体含量必须控制在一定数值以下,在已安放立管滤清器情况下,最好再加装钻杆滤清器。

7. 钻井注意事项与复杂情况

由于同属钻井液正循环回转钻井工艺,因此"地面动力驱动"钻井液正循环回转钻井工艺有可能遇到的井下复杂情况,"井下动力驱动"钻井液正循环回转钻井工艺几乎都会遇到。其注意事项和解决措施也几乎相同,这里只列举不同的部分,例如螺杆不能正常转动、螺杆转速低、螺杆损坏等。

（1）螺杆故障

常见的螺杆故障包括以下几种:

① 钻井泵缸套选型不匹配导致钻井泵排量低于螺杆工作液流量要求时,会导致螺杆不工作或工作转速低;

② 下钻到底刚接触井底时,螺杆需要先正常启动后再加压,由于钻机操作人员控制原因,导致钻头接触井底时速度太快,瞬间加压过大,螺杆无法正常工作,同时也对螺杆产生较大损害;

③ 由于钻井液中含有颗粒较大的杂质,堵塞螺杆旁通阀,使螺杆无法正常工作;

④ 由于螺杆使用时间超过规定时间,导致转子磨损严重,使螺杆无法正常工作,一般螺杆检修保养时间间隔为 $80 \sim 300$ h(不同厂家产品性能差异性较大,须通过试用找出规律)。

（2）卡钻

对于上部地层为泥岩,有造浆现象,下部地层较坚硬,导致钻探下部地层时速度较慢,此时如果只用螺杆带动钻头转动,容易导致位于上部泥岩地层中的钻具发生卡钻现象。因此,使用螺杆钻具钻井岩性硬度较低的地层时,推荐采用螺杆+转盘复合钻井工艺。

1.2.3　气举反循环回转钻井工艺

气举反循环回转钻井工艺是一种储层保护较好、效率较高且较为成熟的中浅层低温地热钻井工艺。国内在地热方面应用此工艺至少有 20 余年历史,最大钻井深度已超过 4000 m。由于该钻井工艺需要配备单独的双壁钻具和空压机,加之早期双壁钻具密封耐久性略差,转换工艺后工人须重新培训等多方面原因,气举反循环回转钻井工艺一直没有被大规模推广应用,只是在钻井液漏失严重或钻井液漏失导致堵塞地层影响出水量情况下才被作为备选方案。

近年来,随着温泉开发需求的不断增多,越来越多地区在开发带状热储地热资源。气举反循环回转钻井工艺对带状热储地热资源开发而言是一种行之有效且技术难度较低的高效地热钻井工艺,有被大规模应用的趋势。该钻井工艺属于欠平衡类钻井工艺。

1. 钻井工艺原理描述

与"地面动力驱动"钻井液正循环回转钻井工艺相同,气举反循环回转钻井工艺也是利用钻机转盘或动力头旋转作为驱动源,带动井内钻杆及钻铤旋转,钻头在钻铤的压力和钻具的扭矩作用下,以冲击剪切机理碎岩。与"地面动力驱动"钻井液正循环回转钻井工艺不同的是,气举反循环回转钻井工艺是通过双壁钻杆向浅部钻具内连续注入空气,利用钻具上下部的流体压差为动力循环,通过井内的清水将岩屑携带出地面。

如图1-10所示,空气在空压机的驱动下通过双壁钻杆的内外管环空向下运移,到达双壁钻杆底部气液混合器时进入内管转为向上运移,双壁钻杆内管中的钻井液(携带岩屑的清水)因为混入空气,使得在混合器上部形成低密度的气水混合液,而井眼中的液体密度大。根据连通器原理,内管的气水混合液在压差作用下向上流动,把井底的岩屑连续不断携带出地表,排入沉淀池。沉淀后的钻井液(清水)再流回井中,经井底进入钻杆内补充循环液空间,如此不断循环形成连续钻进的过程。因为该技术属于欠平衡钻井技术,不对储层产生任何污染,因此能够非常好地保护地热储层。

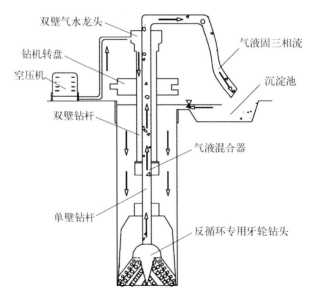

图1-10　气举反循环回转钻井工艺原理示意图

该钻井工艺的钻井液是清水,通过清水润滑井壁和冷却钻头。由于是从钻杆内环空排屑,清水钻井液的流速大,故其携岩能力很强,该工艺一般配备牙轮钻头。

2. 钻井工艺适用地质条件

气举反循环回转钻井工艺适用地层广泛,特别适用于钻井液漏失严重或涌水量大的地层,但不适用于存在大段易坍塌或缩径地层。

3. 钻井工艺优点

气举反循环回转钻井工艺具有以下优点。

(1)有效保护地热储层

该钻井工艺属于欠平衡钻井技术,不对地热储层产生污染,相当于边钻进边洗井,能够最大限度地提高地热井产水量。

(2)钻探成本低

该钻井工艺钻探效率较高、钻头寿命有所延长,与钻井液正循环回转钻井工艺相比,还节约了钻井液处理剂费用和洗井费用,因此钻探成本较低。

(3)有效应对漏失地层钻进

对于漏失性地层,尤其是漏失特别严重的地层,采用钻井液正循环回转钻井工艺时,钻井液液柱压力加上环空压力损失大于地层孔隙压力造成钻井液漏失、上返速度降低甚至失返,携带岩屑能力变差甚至岩屑无法返出地表,导致井内复杂情况或埋钻。而采用气举反循环回转钻井工艺时,气柱压力加上环空压力损失小于地层孔隙压力,不存在钻井液漏失问题,能够保证岩屑顺利排出,因此能够有效应对漏失地层钻进。

(4)延长钻头使用寿命

与钻井液正循环回转钻井工艺相比,气举反循环回转钻井工艺钻井液上返速度快、携岩能力强,井底干净,能够保证钻头始终在新鲜岩面上工作,不产生重复破碎,因而减轻了钻头磨损,大大延长钻头使用寿命。在相同条件下,气举反循环回转钻井工艺钻头寿命比钻井液正循环回转钻井工艺钻头寿命提高1~2倍。

4. 钻井工艺缺点

气举反循环回转钻井工艺具有以下缺点。

(1)钻具密封故障率略高

气举反循环回转钻井工艺采用的双壁钻杆依靠密封圈对内管进行密封。密封圈的密封效果和耐久性受加工、安装精度影响较大,容易出现密封失效问题,一旦出现密封故障情况必须起钻检查钻具。

（2）起下钻频率高

由于气举反循环回转钻井工艺只在浅部（一般 200～500 m）使用双壁钻杆，深部仍然使用常规钻杆，因此对于岩性较软地层而言，当钻头尚未达到使用寿命时，必须起钻接入部分常规钻杆后再重新接双壁钻杆钻进，因此起下钻频率较高。

5. 配套钻井装备与工具

（1）配套设备

该钻井工艺依靠空气混入钻井液产生压差以实现钻井液循环，因此主要配套设备为空压机。考虑钻井深度、钻探效率和经济性问题，根据现场实钻经验，钻探施工不同深度地热井须配备的气压缩机风量与风压参数推荐表见表 1－13。

表 1－13　配备空气压缩机风量与风压参数推荐表

最大井深/m	风量/（m³/min）	风压/MPa
1500	6～8	4～5
2000	8～10	5～6
2500	10～12	6～7

（2）配套工具

该钻井工艺需要配备专用双壁钻杆，配套气水龙头，气盒子等工具，同时需要对钻头进行改造。相关配套工具如图 1－11 所示。

图 1－11　气水龙头、气盒子、双壁钻杆

（3）配套钻头

该工艺配套的钻头是在普通牙轮钻头基础上改造而来的。在普通牙轮钻头使用前需将其中间加工一个水眼,在不影响转动的情况下,还要用铁板封闭牙轮周围的缺口处,使钻进时钻井液尽可能从钻头底部进入,以利于提高钻进效率和钻头寿命。改造后的牙轮钻头外观如图 1-12 所示。

图 1-12　改造后的牙轮钻头

6. 钻井工艺参数

（1）风量与风压

双壁钻杆下深越浅或钻效越高时,需要的风量越大(足够的风量用于降低气液混合段混合流体的密度,使其与钻杆外液体产生足够的压力差),反之需要的风量越小。而正常钻进过程中,双壁钻杆下放深度不停在变,钻效也不停在变,因此一般不用通过理论公式计算耗风量,而是采取现场施工经验值法确定风量。风压主要与双壁钻杆下放深度关联度大,地热井深越深,需要下放的双壁钻杆深度越深,需要的风压越大。

考虑钻井深度、钻探效率和经济性问题,建议气举反循环钻井工艺风量选择 $6 \sim 12 \ \text{m}^3/\text{min}$,风压选择 $4 \sim 7 \ \text{MPa}$。井深较深时风量与风压选择偏高值,井深较浅时风量与风压选择偏低值。

（2）钻压与转速

气举反循环回转钻井工艺采用的钻压与转速与"地面动力驱动"钻井液正循环回

转钻井工艺所采用的钻压与转速完全相同。

（3）双壁钻杆长度

钻井深度越深，需要的双壁钻杆长度越长，期望起下钻频率越低，需要的双壁钻杆长度越长，反之亦然。一般建议 2500 m 以内的地热井配备 450~500 m 的双壁钻杆。

7. 钻井注意事项与复杂情况处理

（1）下钻前应对双壁钻杆密封圈认真进行检查，下钻时要清除丝扣污物，并涂丝扣油。另外空气和排岩屑胶管上下连接要牢固、并将取样装置固定好，以免启动时冲击力过大引起事故。

（2）在下钻临近井底时，应事先开动空压机，使钻具旋转缓慢下放，以免井底沉积物突然堵塞钻头使循环液停止。尤其正循环改为气举反循环钻进及长时间停钻后，应留适当长度钻具进行扫井眼。

（3）在钻进时应根据循环液排渣情况，控制钻进速度，一般要求低转速，适当钻压。对井底要定时停止钻进冲洗，正常条件下不钻进冲洗液内不应含钻屑，反之证明地层有坍塌。钻进第四系地层特别注意，遇到这种情况应及时停风采取措施，防止井眼坍塌埋钻。

（4）钻进中突然不返水，或时大时小以及间断返水，另外风压降低，排浆管只冒气不出水。出现以上问题时，原因有以下几方面。

① 钻头喉管被不规则形状砾石堵塞，这种现象在砾石与卵石层最易发生，钻进时应加以注意。

② 黏土地层常因钻头结构不合理等因素逐渐泥包，使机械钻速降低，一种假象局部进水循环，另一种彻底泥包，均无进尺。

③ 沉没比不够或混合器以上钻杆内严重磨损以及密封圈失落。这时可采用测量内管水位方法判断，如果内管与井眼间水位连通则说明混合器以上有问题，往管内漏气，反之钻头堵塞。若堵塞可将钻具提离井底上下活动并回转，结合空压机瞬时关开强举，还可用钻井泵正循环方法来冲，这样一般可以解堵。若处理均无效时，应及时提钻检查。

④ 井内钻井液冒泡、严重时循环水停止、冲洗液倒流。发生原因可能是接头丝扣端面密封不严，应尽快检查修复，以免气流刺坏井壁。

⑤ 在加单根或提钻时应先停止钻进，待循环液中岩屑排净后再停空压机。

⑥ 双壁钻具因机台搬迁或长时间不用时,必须将内管环空间冲洗干净,锁接头丝扣涂上油,戴好保护帽,保证再用时气路畅通,丝扣一切完好。

1.2.4　空气潜孔锤正循环冲击回转钻井工艺

空气潜孔锤正循环冲击回转钻井工艺是近年来新兴起并逐渐成熟的一种效率最高、储层保护最好的针对基岩的中浅层低温地热钻井工艺。该技术在国内首先应用于浅井施工中。20 世纪 70 年代,空气潜孔锤钻进技术引入国内,并不断发展和完善,在水文、地质勘探及地面工程等浅井中得以应用推广。2000 年以后,空气潜孔锤在浅层凉水井及基岩地埋管钻探方面得到广泛应用。最近几年,空气潜孔锤已成为基岩浅层凉水井(井深 1000 m 以内)和地埋管施工领域的首选钻探工艺,处于大规模应用阶段。

空气潜孔锤正循环冲击回转钻井工艺应用于国内深井钻探始于 2000 年以后,最先应用于石油行业,中国石油天然气集团有限公司、中国石油化工集团有限公司都对空气潜孔锤正循环冲击回转钻井工艺进行了应用与推广。2003 年中国石油勘探开发研究院开始了对油田气体钻井中应用空气潜孔锤正循环冲击回转钻井工艺的研究工作,其最大钻探深度超过 3000 m。中国石油化工集团有限公司也于 2005 年开始了空气潜孔锤正循环冲击回转钻井工艺的研究工作。截至 2019 年,石油行业应用空气潜孔锤正循环冲击回转钻井工艺已较为成熟,最大钻探深度已超过 6000 m,深部钻探口径已达 ϕ311.2 mm,最高钻效超过 33 m/h。但由于石油行业与地热行业不同,石油行业钻井的目标是寻找油气资源而非水资源,因此其只对空气潜孔锤正循环冲击回转钻井技术在如何加大钻井深度和提高钻探效率方面开展了大量研究,而对该技术如何应对井内大出水量方面研究得较少。

国内地热行业应用空气潜孔锤正循环冲击回转钻井工艺始于近几年。随着人们生活水平的提高,人们对旅游康养、医疗保健的需求越来越强,很多南方地市开始探索开发基岩裂隙型地热温泉资源,其特点是对地热井的出水量和出水温度指标要求不高,一般地热井出水量达到 400 m³/d,出水温度达到 40 ℃即可。而这样低的地热井产能指标,即便在地温梯度最低的地区,当钻井深度达到 2000~2500 m 时,其温度指标也能达标,只要找到构造裂缝,其水量指标也能达标。因此,南方地区基岩裂隙热储地热井的广泛需求,催生与加速了空气潜孔锤正循环冲击回转钻井工艺在地热井中的应用。近 5 年很多水文地质勘查单位及地热从业单位都在探索使用空气潜孔锤正循环冲击回转钻井技术开展地热井钻探工作。在地热井一开钻探过程中,采用空气潜孔锤正循环冲击回转钻井技术以缩短一开钻井工期已经非常普遍。目前也有很多单位在探索在地热井二开乃至三开钻进过程中采用空气潜孔锤正循环冲击回转钻井技术。该钻井工艺属于欠平衡类钻井工艺。

1. 钻井工艺原理描述

空气潜孔锤正循环冲击回转钻井工艺与钻井液正循环回转钻井工艺及气举反循环回转钻井工艺最大的不同是,其采用空气作为岩屑携带介质和碎岩动力,利用空气压缩机将高压气体通过钻具传递给空气潜孔锤(俗称气动冲击器),空气潜孔锤将高压气体能量转化为间歇性的脉冲力,带动钻头对岩石进行高频率的冲击回转破岩,其核心动力设备为空压机,动力转换设备为空气潜孔锤。

利用高压空气驱动空气潜孔锤高频冲击钻头,通过钻头高频冲击孔内新鲜岩面,借助钻铤的压力作用主要以冲击机理碎岩,同时通过钻机转盘或动力头旋转,带动井内钻杆及钻铤旋转,进而带动钻头慢速旋转,以不断变换钻头球齿与岩面的接触点,实现有效冲击碎岩,同时实现辅助剪切机理碎岩。经空压机和增压机压缩后的高压气体经钻具内环空传输至井底钻头之上的空气潜孔锤,在驱动空气潜孔锤冲击做功和冷却钻头的同时,利用其极高的上返速度将井底岩屑和地层涌入井眼内的地下水,通过钻具与井眼之间的环空携带出地表以实现持续钻进。该工艺配备潜孔锤专用钻头(俗称"钎头")。

空气潜孔锤冲击回转碎岩原理:工作时活塞在高压气体的作用下做高频往复运动,不断地冲击钻头尾部;在冲击力的作用下,带动位于钻头底部的复合球齿冲击井底岩石并压碎凿入一定深度,形成一道凹裂痕;活塞退回后钻头回转一定角度;之后活塞又开始向前运动,再次冲击钻头尾部,又形成一道新的凹裂痕;两凹裂痕之间的扇形岩块被由钻头上产生的水平分力辅助剪碎。该钻井工艺同时采用冲击和回转碎岩机理,因此钻探效率极高,同时因为该技术属于欠平衡钻井技术,不对储层产生任何污染,因此能够非常好地保护地热储层。空气潜孔锤正循环冲击回转钻井工艺工作原理如图 1-13 所示。

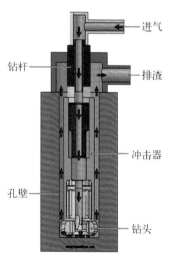

进气

钻杆

排渣

冲击器

孔壁

钻头

图 1-13　空气潜孔锤正循环
冲击回转钻井工艺
工作原理示意图

2. 钻井工艺适用地质条件

空气潜孔锤正循环冲击回转钻井工艺不适用于存在大段破碎地层或松散地层的地热井钻井,其他地质条件均适用,用于基岩地层中钻效优势尤为明显,且地层硬度越大,与其他钻井工艺相比钻效优势越明显。

3. 钻井工艺优点

空气潜孔锤正循环冲击回转钻井工艺具有以下优点。

（1）有效保护地热储层

该工艺采用气体作为钻井介质,钻井过程始终保持井内为负压状态,不对地热储层产生污染,相当于边钻进边洗井,能够最大限度地提高地热井产水量。

（2）钻探效率高

空气潜孔锤正循环冲击回转钻井工艺的钻效一般为 10~30 m/h。针对基岩地层,该工艺的钻效是常规牙轮钻头回转钻井工艺钻效的 10~20 倍,且地层硬度越大,钻效优势越明显。

（3）钻井垂直度高

空气潜孔锤正循环冲击回转钻井工艺采用的钻压很低,一般为 10~30 kN,加之其碎岩作用以冲击为主、回转切屑为辅,因此在采用与常规牙轮钻井工艺相同的钻具组合施工时具有很好的纠偏功能,一般最大井斜可控制在 1°~2°。

（4）钻具磨损小

空气潜孔锤正循环冲击回转钻井工艺具有钻压低、转速低的特点,有效降低钻具的扭矩,有利于减轻钻杆磨损、降低钻具弯曲折损事故。

4. 钻井工艺缺点

空气潜孔锤正循环冲击回转钻井工艺具有以下缺点。

（1）地层出水量越大,钻探成本越高

由于空气具有可压缩性,因而井内地层出水量越大,作为循环携岩介质的空气压缩比越高,当井底岩屑上返速度处于临界值后,为了正常携岩不得不增加地面空压机的数量以增加供气量。因此,地层出水量越大,钻探成本越高。

（2）对操作人员技术熟练度要求高

由于空气潜孔锤正循环冲击回转钻井工艺钻效非常高,在钻探 1000 m 以浅地层时钻效为 20~30 m/h,单根钻杆钻探时长仅为 20~30 min,因此需要频繁接钻杆。如果操作不熟练,接单根时间稍长,随着地层向井眼内涌水的不断增加,井内空气不断被压缩,将增加接单根后重新开始钻进的时间,进而导致辅助作业时间大大延长。因此,对操作人员的熟练度要求较高。

5. 钻井装备与工具

空气潜孔锤正循环冲击回转钻井工艺的主要配套设备为空气压缩机、增压机和气动冲击器(空气潜孔锤)。

(1)空气压缩机与增压机

空气潜孔锤正循环冲击回转钻井工艺的碎岩动力和岩屑携带介质为压缩空气,因此空气压缩机是该钻井工艺最主要的配套设备。井眼直径越大,携岩需要的气量越大;井眼内地层出水量越大,携岩需要的气量越大;井眼深度越深,携岩需要的气量越大、气压越高。因此该工艺所配备的空气压缩机和增压机气量普遍都较大。空气压缩机与增压机外观如图1-14所示。

图1-14　空气压缩机与增压机

(2)气动冲击器

根据冲击频率不同,气动冲击器可分为高频气动冲击器(俗称"快冲型")和中低频气动冲击器(俗称"慢冲型");根据工作压力不同,可分为高压气动冲击器和低压气动冲击器。不同深度、不同地层岩性,应选用不同类型的气动冲击器。空气潜孔锤剖面及内部构件图如图1-15所示。

不同型号的冲击器所需要的工作风量与风压不同,常用气动冲击器正常工作参数见表1-14。

(3)辅助配套设备

由于该钻井工艺依靠空气携带岩屑,空气密度极低,当气水混合体携岩返出井口

图 1-15　空气潜孔锤剖面及内部构件图

表 1-14　常用气动冲击器正常工作参数表

规格	最佳工作风压 /MPa	耗风量 /[（m³/min）/MPa]	冲击频率 /（Hz/MPa）	活塞重量 /kg
10″	2.1~3.5	62/2.4	32/2.4	77
8″	1.7~3.0	23/1.8	28/1.8	42
5″	1.5~2.6	12/1.8	32/1.8	15

时是向天空喷出的状态,如果不控制气水携岩混合体的排放方向,既存在较大安全隐患,也影响正常钻探施工操作,因此必须在井口加装旋转放喷器,以控制气水携岩混合体的排放方向。当井内地层出水量变大后,单独依靠气水混合体携岩已无法满足正常排屑要求,会出现岩屑二次研磨状态,降低钻效,因此须配备泡沫泵,向钻具内连续注入发泡剂,泡沫的携岩能力极强,确保在井内大出水量情况下得以正常钻进进尺。相关辅助配套设备如图 1-16 所示。

图 1-16   旋转放喷器与泡沫泵

（4）主要配套工具

由于气动冲击器的气体过流通道较狭窄，如果钻具内输送的气体夹杂岩粉等杂质，极易堵塞气动冲击器，进而导致无法正常钻进。为此，须为钻具顶部加装气体杂质过滤器，以滤掉粒径较大的杂质。另外，由于气体具有可压缩性，每次接单根时钻具内气体将从井口钻具出返出排空，这样极易导致井底岩粉通过钻头倒流入气动冲击器，堵塞气动冲击器，同时接完单根后还需要额外的时间不断加压钻具内的空气。为解决上述问题，须在井内钻具中间隔一定距离加装专用浮阀接头，以确保加单跟时浮阀以下钻具内气体不泄压，保证岩屑不反流，同时缩短接单根后增压钻具内空气压力的时间。相关配套工具如图 1-17 所示。

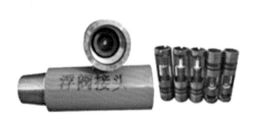

图 1-17   浮阀接头与气体杂质过滤器

（5）配套钻头

冲击回转钻井工艺的碎岩机理与回转钻井工艺的碎岩机理不同，其配套的钻头也与牙轮钻头明显不同。该工艺配套的钻头（俗称"钎头"）镶嵌的凿岩齿抗压强度非常高，但抗剪强度很低，因此往往容易发生蹦齿现象。该工艺配套的钻头大体分为两类，一类是打表层松散层用的跟管偏心钻头，一类是正常钻进用钻头，所镶嵌凿岩

齿一般为合金齿,也有用复合片齿的。钻进用钻头与跟管偏心钻头外观如图 1－18
所示。

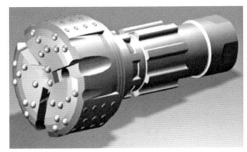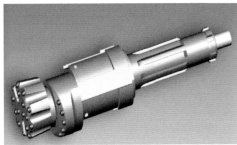

图 1－18　钻进用钻头与跟管用偏心钻头

6. 钻井工艺参数

（1）钻压

空气潜孔锤正循环冲击回转钻井工艺所采用的钻压较小,且钻头直径越小钻压
越小。对于同一直径钻头,岩性硬度低钻压取偏小值,岩性硬度高钻压取偏大值;地
层倾角偏大时,钻压取偏小值。与常规牙轮钻探工艺不同,空气潜孔锤正循环冲击回
转钻井工艺设有最低钻压值,实际使用的钻压不能低于最低钻压值,否则容易出现钻
齿脱落现象,一般各直径钻头最低钻压值不宜低于 0.5 t。

由于空气潜孔锤正循环冲击回转钻井工艺钻效高,钻压给进方式与传统牙轮钻
头不同,要求操作人员要保证平稳施加钻压,钻机刹把要采用勤放、少放原则以控制
钻压。不同直径钻头推荐钻压见表 1－15。

表 1－15　空气潜孔锤正循环冲击回转钻井工艺不同直径钻头推荐钻压表

钻头直径/mm	>300	200~300	<200
推荐钻压/kN	25~30	20~25	15~20

（2）转速

空气潜孔锤正循环冲击回转钻井工艺采用的钻头的钻齿具有高抗冲击性,相对
较低的抗剪切性,钻齿具有硬脆的特点,因此必须采用较低的转速施工,且钻头直径
越大采用的转速越低,否则容易出现钻齿崩裂现象。考虑到传统地热钻探设备转速

一般都偏高,因此如果采用石油钻机、水源钻机等传统地热钻探设备施工时,只允许采用一档转速钻进,或配备电机变频控制系统。根据多个项目的实践经验,推荐转速见表1-16。

表1-16　空气潜孔锤正循环冲击回转钻井工艺推荐转速表

井眼直径/mm	>300	200~300	<200
软岩推荐转速/(r/min)	30~40	35~45	40~50
中硬岩层推荐转速/(r/min)	25~30	30~40	35~45
硬岩推荐转速/(r/min)	15~25	25~30	30~35

（3）风量

风量是影响空气潜孔锤正循环冲击回转钻井工艺钻效高低最重要的参数,也是影响该工艺经济性最重要的参数。由于空气具有可压缩性,加之井眼内涌水情况随井深增加不断变化,地层涌水量越大钻进需要的风量越大,仅通过理论公式计算不同井深、不同井径、不同地层涌水量情况下钻进所需风量过于复杂,也无实际指导意义。因此通常采用现场经验值法选择各开钻进所需风量。根据施工经验总结出的各开钻进推荐风量见表1-17。

表1-17　空气潜孔锤正循环冲击回转钻井工艺各开钻进推荐风量表

井径/深度 /(mm/m)	305~325/500 （一开）	215~225/500~1500 （二开）	145~155/1500~2500 （三开）
推荐风量 /(m³/min)	90~120	90~120	90~120

（4）风压

风压是决定空气潜孔锤正循环冲击回转钻井工艺能否正常钻进工作的关键参数,确切地讲是空气潜孔锤供气压力与排气压力之差必须大于冲击器最小工作压力,否则气动冲击器无法正常工作。空气潜孔锤钻井工艺风压与井深和地层出水量密切相关,且地层涌水量是影响风压的最关键因素。由于一般空压机最大供气压力小于3.5 MPa,因此采用空气潜孔锤钻井工艺施工地热井必须配备增压机,增压机最大供气压力建议选择 15~20 MPa。增压机最大供气压力是应对接钻杆和起下钻时井眼内排水之用,正常钻进时并不需要太高的气压。根据施工经验总结出的各开钻进风压参考值见表 1-18。

表 1-18　空气潜孔锤正循环冲击回转钻井工艺各开钻进风压参考值表

井径/深度 /(mm/m)	305~325/500 （一开）	215~225/500~1500 （二开）	145~155/1500~2500 （三开）
推荐风压 /MPa	2~3	3~5.5	4.5~6.5

（5）排渣控制

与传统钻井液牙轮钻井工艺不同,由于空气具有可压缩性,因此钻进时不能让冲击器一直处于冲击工作状态,否则由于岩屑排放不及时进一步压缩气量,进而导致排渣不连续发生间歇排渣现象,将增加排渣等待辅助作业时间,降低钻效。因此,钻进施工时必须钻进一段深度就将钻头提离井底释放气压以排渣,确保排渣的连续性以提高钻效。通常钻进 2~3 m 释放一次气压,地层涌水量小时释放频率可降低,地层涌水量大时释放频率须提高。

（6）泡沫辅助

对空气潜孔锤正循环冲击回转钻井工艺而言,地层涌水量越小钻效越高、经济性越高。随着地层涌水量的不断增加,单独依靠空气钻进不仅钻效大幅降低、经济性变差,而且当地层涌水量大到一定程度后,气动冲击器将无法工作。而对建设单位而言,期望地热井涌水量越大越好。因此,为提高空气潜孔锤正循环冲击回转钻井工艺应对大出水量的能力并提高该工艺的经济性,必须辅助采用泡沫钻井液技术,向供气系统中注入发泡剂,有效辅助排渣、排水,降低冲击器背压以获得经济的进尺。由于井眼内自身存在大量地层水,因而可选用向供气系统中注入高浓度泡沫液甚至纯发泡剂,以取得良好的排渣、排水、降压效果。采用空气潜孔锤正循环冲击回转钻井工艺施工地热井,必须配备专用泡沫泵,确保可在钻进过程中具备持续向供气系统注入泡沫液的能力。

泡沫泵参数建议:排量为 1~2 t/h;泵压不小于 7 MPa;采用变频方式控制排量,以根据不同井深、地层涌水量选用不同泡沫液注入量。

（7）岩屑放喷引流

由于空气潜孔锤正循环冲击回转钻井工艺携岩介质主要为具有压缩特性的空

气,携岩的气液混合体在井底处由于气压较高、气体体积较小、岩屑上返速度较低。随着携岩的气液混合体从井底不断向井口上移过程中,气体压力不断降低、气体体积不断增大、岩屑上返速度不断增高,到达井口时岩屑上返速度达到最大值,如果不将携岩的气液混合体导流控制,气液混合体及岩屑将冲开转盘补芯并喷向高空几十米,安全隐患极大。因此,采用空气潜孔锤正循环冲击回转钻井工艺必须安装放喷引流装置,可在井口处安装旋转放喷器,放喷方向朝向排渣池,在旋转放喷器和排渣池之间采用管线刚性连接并做好管线稳固工作。

(8)冲击器选择

目前市场上的空气潜孔锤正循环冲击回转钻井工艺冲击器大体上分为快冲(冲击频率高)与慢冲(冲击频率低)两类,快冲冲击器具有钻效高的特性,但同时故障率也偏高,慢冲冲击器钻效略低,但故障率也低。由于地热井深较深,一旦冲击器发生故障,必须起下钻,辅助作业时间大大增加,因此在地热井钻探时推荐选用慢冲冲击器,以降低冲击器的井下事故率。不同直径的钻头配套不同规格的冲击器,通用的冲击器型号选配标准见表1-19。

表1-19 空气潜孔锤正循环冲击回转钻井工艺冲击器型号选配标准

钻头直径/mm	305~325	210~220	152~160	145~152
冲击器直径/mm	254	203	152	127

(9)钻头选择

与传统牙轮钻头拥有通用的标准尺寸不同,空气潜孔锤正循环冲击回转钻井工艺选用的钻头没有标准定尺,都是依据各井的实际情况而定,因此钻头尺寸五花八门。目前市场上主流的潜孔锤钻头保径效果较差,大部分情况下都会发生缩径现象。因此在选择潜孔锤钻头时要事先考虑好级差(即两个钻头的直径差)问题,一般钻头直径级差建议为2~3 mm,地层硬度大时选择大级差,地层硬度小时选择小级差。

另外,空气潜孔锤正循环冲击回转钻井工艺钻头的合金齿都具有硬脆性,即抗压强度很高,抗剪强度略低,很多钻头报废都是因为钻头边齿断裂而报废,因为边齿承受更高的转速和更大的剪切力。而钻齿断裂与合金的直径、形式、镶嵌角度、合金质量等因素密切相关,为提高钻头的寿命,建议选用质量较好的进口合金,适当加大边齿合金的直径。

7. 储层保护

由于空气潜孔锤正循环冲击回转钻井工艺属于欠平衡钻井工艺,钻探全过程中地层水压力均大于井眼内压力,因此不存在污染地层现象,不用额外做储层保护考虑。

8. 钻井注意事项与复杂情况处理

（1）气动冲击器不冲击

① 查看钻压是否过大或过小,钻压过大或过小都将导致冲击器不工作,反复上提、下放几次钻具以调整钻压,观察冲击器是否恢复工作。

② 地层出水量过大将导致气动冲击器不工作,适当加密释放频率或注入泡沫以充分排水,观察气动冲击器是否恢复工作。

③ 气动冲击器内部缺少润滑油也有可能导致气动冲击器不工作,向钻具内加入润滑油,并反复上提下放几次钻具,观察气动冲击器是否恢复工作。

④ 检查压缩机供气量与气压是否正常,供气量小于气动冲击器工作风量时,供气压力小于气动冲击器工作压力时,气动冲击器不工作。

⑤ 采用上述方法后气动冲击器仍不能正常冲击时,及时起钻检查气动冲击器。

（2）气压异常增高

① 当地层出水量突然增大时,因井内水气混合体密度增加,导致气压异常增高。观察地层出水量是否有变化,如果地层出水量变大,应采取增加压缩机台数以加大气量方式维持正常钻进。一般而言,由于地层出水量变大,导致的气压异常升高值不会超过 60 MPa,超过此压力值应考虑其他原因。

② 井底排渣不及时导致短时间气压异常升高。应观察井口排渣量是否正常,如果井口排渣量明显减少,则须借助泡沫清底后再正常钻进。

③ 冲击器工作通道因异物堵塞（蘑菇头橡胶破坏堵塞、井底岩粉回流进入冲击器、钻具内铁屑或附着物掉入冲击器、钻井泵泵入钻具内的水中含有杂质等）而导致气压异常增高。此原因导致的气压异常升高值往往大于 6 MPa,甚至短时间内憋停压缩机。这种情况下,应首先关停压缩机,上提钻具以卸掉最上部单向阀,放掉钻具内气体,然后向钻具内慢慢注入清水（不能用钻井泵注入,应采用杆泵等其他水泵注入）。当清水注满钻具后,连接方钻杆与钻井泵,利用钻井泵单凡尔憋压至 10 ~ 15 MPa（只用压缩机憋压不起作用,所憋气压全用于平衡钻具外水柱密度差,无法有

效施加额外压力)。如果还不能憋通,证明钻具肯定堵塞了(只用压缩机气压憋压至 15 MPa 不能证明钻具是否堵塞),则必须起钻检查。

④ 当上部地层破碎有掉块时,也将导致气压异常升高,此时应反复上提与下放钻具,以感觉是否有卡钻现象(必要时须停气配合检查是否有卡钻现象,此操作须慎重,易导致钻具卡死),如果无卡钻现象则排除此原因。

(3) 返砂不正常

① 地层出水量变大将导致工作气压升高,进而导致气体被压缩(标方时 100 m³/min 的气量,在压力表显示气压为 0.1 MPa 时,气量被压缩 1 倍,实际气量只有 50 m³/min,当压力表显示气压为 2.4 MPa 时,气量被压缩 25 倍,实际气量只有 4 m³/min),当气体被压缩后所投入的压缩机总供气量不足时,岩屑将无法上返。此时,应通过增加压缩机数量或向井内注入泡沫清底等形式,强制使岩屑上返以维持正常钻进。

② 随着钻井深度的增加,井内气液及岩屑混合体密度逐渐增大,导致气压升高、气体被压缩,气量无法满足岩屑上返要求,此种情况应增加供气量。

③ 浅部地层由于水量过小,导致岩粉形成团块状,比表面积减小,有可能导致岩粉无法顺利排出地表,此时可借助向井眼内注入泡沫或清水的方式使岩粉顺利排放。

④ 当浅部地层有严重漏失,深部地层的岩屑随气液混合体上返至浅部漏失严重的地层时,气体或液体可能会在漏失严重的地层发生漏失,使得岩屑无法上返至地表(此种现象较少见)。

(4) 增压机压力过高停机

增压机压力过高多数是由于气动冲击器堵塞,发生此种情况,应果断上提钻具以卸掉最上部止回阀,放掉钻具内气体,然后向钻具内慢慢注入清水,当清水注满钻具后,连接方钻杆与钻井泵,利用钻井泵单凡尔憋压至 10~15 MPa,以期通过高压憋通冲击器,如果还不能憋通,证明钻具肯定堵塞了,则必须起钻检查。

(5) 卡钻、蹩钻

① 上部地层有掉块,将直接导致卡钻、蹩钻现象发生。此时,为安全起见,务必确保正常供气(千万不能停气,不能甩单根)并停止钻进施工,反复上提下放钻具,并确保钻具不接触井底(钻具接触井底将导致气压升高、气体被压缩,掉块容易快速下落而引起卡死现象,非常危险),以期将掉块挤碎,有条件时应增大供气量。当气压恢复正常或卡钻现象消失后,再停气探沉砂,沉砂正常时方可继续钻进,否则须清理沉砂

并反复上面所述操作,如仍不能解决问题,则需提钻,对掉块地层予以水泥封固处理。

②当钻遇破碎地层时,有可能发生卡钻或别钻现象。此时应采取减小钻压方式缓慢通过破碎地层。如果通过破碎地层后,时有卡钻、别钻现象发生,则须果断对所穿越破碎地层进行水泥封固处理。

③当岩屑上返特别不及时,导致井内沉砂过多时,会发生卡钻、蹩钻现象,此种情况应通过探沉砂的方式辨别,属于此种情况的,应及时清理沉砂后再继续钻进。

④当钻遇地层硬度特别大时,有可能发生卡钻、蹩钻、跳钻现象,此时可采取间断钻进方式通过硬地层(此种情况非常少见)。

(6) 井壁坍塌

①当钻遇严重破碎地层时,会发生井壁坍塌现象,直观反应为岩屑一直上返而进尺非常缓慢,岩屑上返量远大于进尺段应返岩屑量,此时应采取对坍塌地层进行水泥封固的方式处理。

②当钻过严重破碎地层后,卡钻、蹩钻现象仍时有发生时,通过探沉砂表明上部地层坍塌时,应果断对坍塌地层水泥封固处理。

(7) 进尺异常缓慢

①钻压不适用于地层有可能导致进尺缓慢,此时应通过调整钻压的方式摸索提高钻效。

②返砂不及时有可能导致进尺缓慢,此时应通过泡沫清底等方式使岩屑及时排出地表而提高钻效。

③供气量不足时有可能导致进尺缓慢,此时应及时加大供气量。

④地层出水量突然增大导致气压升高、气体被压缩后,间接导致供气量不足时,有可能导致进尺缓慢,此时应及时清底或加大释放频率以降低气压,以期提高钻效。

⑤气压异常升高,导致井底气量小于冲击器最小工作气量,导致气动冲击器冲击频率降低时,进尺有可能异常缓慢,此时需提高供气量或降低供气压力。

⑥井内有木塞或大块掉块等异物,导致钻头压着异物,异物随钻头转动,钻头无法进行有效冲击时,将导致进尺异常缓慢。此种情况应首先通过反复上提下放钻具,并变换钻压的方式,使异物尽可能少随钻头转动,以有效钻碎异物,以提高进尺,否则须提钻换用牙轮钻头处理。

(8) 清底后仍有沉砂

①供气量过小有可能导致清底后仍有沉砂,须加大供气量。

② 地层出水量过大,有可能导致清底后仍有沉砂,需借助集中注入泡沫方式实现彻底清底,有时一根钻杆可清底 2~3 次。

③ 泡沫浓度或注入方式不对,导致清底后仍有沉砂,此时需调整泡沫浓度或注入方式。

(9)井内返水量过大

① 井内返水量过大时,可通过加大供气量方式继续进尺,或水泥封固非取水段,减小返水量后再继续钻进。

② 当取水段遇到井内返水量过大情况,应果断停止潜孔锤施工,改用气举反循环或清水正循环施工工艺。

(10)清底时放喷压力过大

① 泡沫使用量过大将直接导致放喷压力过大,应适当减小泡沫注入量或注入浓度。

② 一次清底沉砂量过大有可能导致放喷压力过大,应适当加密清底频率。

1.2.5　其他钻井工艺介绍

中浅层中低温地热井常用钻进工艺为前文所述工艺,除上述常用钻井工艺外,也会用到一些小众的钻井工艺,如空气正循环牙轮钻头回转钻井工艺、空气潜孔锤反循环冲击回转钻井工艺等。

1. 空气正循环牙轮钻头回转钻井工艺

该钻井工艺一般与空气潜孔锤正循环冲击回转钻井工艺结合使用,当空气潜孔锤正循环冲击回转钻井工艺在各开深部遇到水量较大的情况时,常发生钻探效率低、返屑不正常,甚至无法获得新进尺的极端情况。此时,可将气动冲击器和空气潜孔锤钻头卸掉并更换为牙轮钻头继续钻进,利用空气与地层水混合钻井液返屑施工。实践证明,空气正循环牙轮钻头回转钻井工艺与空气潜孔锤正循环冲击回转钻井工艺结合使用是最佳的基岩地热井钻井工艺组合。

2. 空气潜孔锤反循环冲击回转钻井工艺

为解决空气潜孔锤正循环冲击回转钻井工艺难于应对井孔内大出水量的尴尬问题,发明了空气潜孔锤反循环冲击回转钻井工艺,其设备配置与空气潜孔锤正循环冲击回转钻井工艺完全相同,只是将正循环空气冲击器更换为反循环空气冲击器而已。目前市场上该工艺使用较少,仍处于探索应用阶段。

1.2.6　钻井工艺选择

不同的热储盖层组合,导致不同的井段适合不同的钻井工艺,表 1-20 列出了不同地热地质条件下适宜选用的钻井工艺,实际施工中可对照参考使用。

表 1-20　不同地热地质条件下适宜选用的钻井工艺

序号	影　响　因　素	适合的钻井工艺			备　　注
		优　选	次　选	不宜选	
1	孔隙型热储地热井	②+①	①+③	④、⑤	
2	构造裂隙型热储地热井(上部古近系与新近系、下部基岩)	②+①+④	②+①+③	/	上部下管后可结合③或④
3	构造裂隙型热储地热井(全部基岩)	④+⑤	④+①或③	/	
4	岩溶裂隙型热储地热井(上部古近系与新近系、下部基岩)	②+①+③	②+①+⑤	④	上部下管后可结合③或⑤
5	岩溶裂隙型热储地热井(全部基岩)	④+③	③	⑤	

注:① 为"地面动力驱动"钻井液正循环回转钻井工艺;
　　② 为"井下动力驱动"钻井液正循环回转钻井工艺;
　　③ 为"气举反循环回转钻井工艺";
　　④ 为"空气潜孔锤正循环冲击回转钻井工艺";
　　⑤ 为"空气正循环牙轮钻头回转钻井工艺"。

1.3　浅层中低温地热井完井工艺

1.3.1　完井工艺设计

由于地热资源用途不同,因而钻井工程设计有所区别,下文作详细论述。

1. 井身结构设计

中浅层低温地热井一般设计成二开或三开结构,其中地热能源用途的地热井井眼直径比地热矿水资源用途地热井井眼直径大。

（1）地热能源用途地热井井身结构设计

二开井和三开井的井身结构设计参数分别如表1-21、表1-22所示。

表1-21　二开井井身结构设计参数表

井身结构	井眼直径/mm	套管直径/mm	井段底深/m	备　注
一开	444.5	339.7	400~500	适用于古近系与新近系井
二开	311.2	244.5	完井深度	
	244.5	177.8	完井深度	

表1-22　三开井井身结构设计参数表

井身结构	井眼直径/mm	套管直径/mm	井段深度/m	备　注
一开	444.5	339.7	400~500	适用于基岩热储地热井
二开	311.2	244.5	1500~2000	
三开	215.9	177.8	完井深度	

（2）地热矿水资源用途地热井井身结构设计

二开井和三开井的井身结构设计参数分别如表1-23、表1-24所示。

表1-23　二开井井身结构设计参数表

井身结构	井眼直径/mm	套管直径/mm	井段深度/m	备　注
一开	311.2	244.5	500~600	适用于回转钻井工艺
二开	215.9	177.8	完井深度	

2. 固井工艺设计

中浅层中低温地热井固井工艺通常有全井段固井和穿鞋戴帽固井等2种固井工艺。

全井段固井适合应用于同一开井段（即同一直径井眼）全部不需要取水，都可以

表 1-24　三开井井身结构设计参数表

井身结构	井眼直径/mm	套管直径/mm	井段深度/m	备　　注
一开	311.2	244.5	500~600	适用于冲击回转钻井工艺
二开	215.9	177.8	1500~1800	
三开	152.4	127 或裸眼	完井深度	

用水泥封堵并固井的情况。该固井工艺的优点是能够将整开套管外环空都封固,起到良好的保护井筒稳定的效果,同时也有一定的保温隔热作用,缺点是已封固井段无法实现滤水管取水。

穿鞋戴帽固井适合应用于同一开井段上部与下部均用水泥封隔,中间没有水泥封隔的情况。该固井工艺的优点是能够在同一直径井眼内下放同一直径套管(上部实管、下部滤水管),还能够实现封隔上部温度较低的地层水,而只取下部温度较高的地层水的目标。缺点是水泥固井段短,穿鞋与戴帽之间的井段外环空与水直接接触,地热流体开采时经过此井段时换热降温明显,且地热井取水量越小时,降温作用越明显。

全井段固井与穿鞋戴帽固井井身结构如图 1-19 所示。

3. 洗井工艺设计

采用欠平衡钻井工艺和平衡钻井工艺施工的地热井一般不需要洗井,采用过平衡钻井工艺施工的地热井都需要进行洗井。采用过平衡钻井工艺施工时,钻井液会向地层渗漏,尤其在储层钻进过程中,由于储层裂隙或孔隙发育,钻井液向储层的渗漏量会加大,渗透到储层中的钻井液所含的固相成分会堵塞储层微裂隙或孔隙,导致地热水过流通道不畅,这就是常说的污染储层,直接表现结果是地热井出水量变小。因此洗井工作至关重要,洗井工作方法得当、工作到位,能够很大程度上提高地热井的产水量,但这一点恰恰被地热行业大多数企业所忽视。一般企业都是通过简单洗井经抽水试验表明达到合同指标要求,就不再做更深入、更有效的洗井工作了。

洗井工艺有多种,一般会针对不同的地质条件、不同的钻井工艺选择组合式洗井工艺,以确保达到最优的洗井效果,将钻进过程中钻井液对地层造成的污染最大化解除。目前地热钻井市场上主流的洗井工艺有化学药品洗井、机械活塞洗井、潜水泵泵

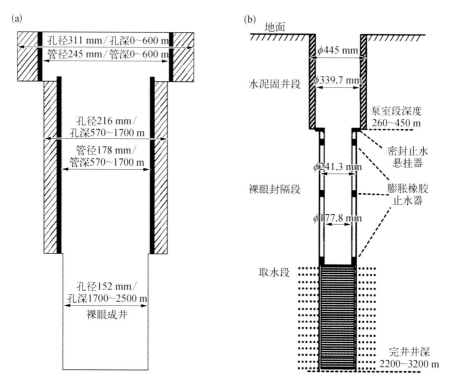

图 1-19　全井段固井（a）与穿鞋戴帽固井（b）井身结构示意图

抽洗井、空压机气举洗井、液态二氧化碳洗井、普通酸化洗井、酸化压裂增产洗井及超高压力空气洗井等。各种洗井工艺所适用条件如表 1-25 所示。

表 1-25　钻井液正循环钻井工艺施工的地热井洗井工艺适用条件对照表

洗 井 工 艺	孔隙型热储	构造裂隙型热储		岩溶裂隙型热储
		含碳酸岩层	不含碳酸岩层	
化学药品洗井	√	√	√	√
机械活塞洗井	√	×	√	×
潜水泵泵抽洗井	√	√	×	×
空压机气举洗井	√	√	√	√
液态二氧化碳洗井	×	√	√	×

续表

洗 井 工 艺	孔隙型热储	构造裂隙型热储		岩溶裂隙型热储
		含碳酸岩层	不含碳酸岩层	
普通酸化洗井	×	√	×	√
酸化压裂增产洗井	×	√	√	√
超高压力空气洗井	×	×	√	×

注:"√"代表适宜,"×"代表不适宜。

1.3.2　测井

通过测井能够在一定程度上解译地层信息,对比地质设计,为固井、套管下放、取水等提供参考依据。为此,地热井施工必须进行测井,要求采用正规测井车测井,并严格执行 NB/T 10269—2019《地热测井技术规范》有关要求。

1.3.3　套管下入

(1)通井与划眼

在各开钻探结束套管下放前,建议进行钻头通井及划眼。钻头通井过程中,需将钻头下放到井底,并加大泵量循环,以便将井底沉砂冲洗干净并携带至地表。

(2)套管试下

如果井况较差,预计下套管较困难时,可将 3 根套管连接,下放到井底。下放过程中,若无遇阻现象,则上提试下套管,并正式开始下套管工作。

(3)下管注意事项

① 下管时要有专人指挥,各工序要紧密配合,保证工作井然有序。

② 下管前必须验收管材,套管材质单必须齐全、有效,经监理和业主批准后方可下放套管。

③ 套管用吊钳上紧,采用吊卡夹持、升降机提吊法下入套管。

④ 下管前核对套管材质与设计要求是否相符,并对套管的外观、内径、外径和丝

扣情况进行检查,不合格的套管不得入井。每级套管重叠长度不得小于 30 m。

⑤ 须根据实际钻遇的地层情况对套管下放位置进行调节。使各开套管下放至完整的基岩上。

⑥ 下管过程中必须在套管内灌注钻井液,确保套管内外压力平衡。套管进入裸眼前套管内应每 300 m 灌满一次钻井液,套管进入裸眼段后,下入一根套管灌一次钻井液,以减少套管内的淘空。

⑦ 下管过程中,若遇阻下不去,应先建立循环,查明原因后再做处理,不要强行下入。

⑧ 套管下到设计深度后要给予一定的提拉力,使套管保持垂直。

⑨ 套管安放过程中,因检修保养设备、更换套管、灌钻井液等停止继续作业时,要求上下活动套管,防止套管卡死。

1.3.4 固井与储层保护

1. 全井段固井要求

全井段固井工艺是指在井身质量较好,且井下无特殊复杂情况,封固段较短的封固要求下,将配制好的水泥浆,通过前置液、下胶塞(隔离塞)与钻井液隔离后,一次性地通过高压管汇、水泥头、套管串注入井内,从管串底部进入环空,到达设计位置,以达到设计井段的套管与井壁间的有效封固。

套管串结构:引鞋+旋流短节+2 根套管+浮箍+套管串。

施工流程:注前置液──→注水泥浆──→压碰压塞(上胶塞)──→替钻井液──→碰压──→候凝。

保证施工安全和固井质量的基本条件:

① 井眼畅通;

② 井底干净;

③ 井径规则,井径扩大率小于 15%;

④ 固井前井下漏失量较少;

⑤ 套管居中,居中度不小于 75%;

⑥ 套管与井壁环形间隙大于 20 mm;

⑦ 钻井液性能在不影响井壁稳定、保证井下压稳的情况下,应保证低黏度、低切

力、低密度,具有良好的流动性能;

⑧ 水泥浆稠化时间、流动度等物理性能应满足施工要求;

⑨ 水泥浆和钻井液要有一定密度差,一般要大于 0.2 g/cm³;

⑩ 下灰设备、供水设备、注水泥设备、替钻井液设备及高低压管汇等,性能满足施工要求。

2. 穿鞋戴帽固井要求

穿鞋固井在石油系统中常被称为半程固井,其仅在筛管顶部注水泥固井工艺,在裸眼井段下入筛管,将筛管顶部套管注水泥固井,以保证不污染封固段以下的产层,达到增产的目的。其工艺特点包括:在套管串结构中,在筛管(裸眼)上部分别安装盲管、封隔器、分级注水泥器,固井前将封隔器胀开,打开分级注水泥器进行注水泥,然后关闭分级注水泥器。

戴帽固井是一种顶部挤水泥固井工艺,在两层套管重叠位置采用封隔器或井口封隔后,向重叠位置挤入少量水泥,满足套管封隔要求。

3. 固井注意事项

(1) 固井前应先大泵量循环,清除套管外环隙内岩粉及钻井液,使固井环隙畅通,防止水泥浆窜槽,保证固井质量。

(2) 表层套管尺寸较大,易错扣,接单根时间长,要防黏卡及遇阻等。下套管时严防错扣,上扣要达到规定的扭矩值。发现错扣后卸开并认真检查丝扣,丝扣完好可重新上扣,丝扣有损伤必须更换。上扣不到位,不得使用电焊加焊处理,必须更换套管。

(3) 钻杆丝扣必须密封,而且接头要锁紧,防止固井过程中钻杆在高压高流速下产生激荡振动松扣掉入井内。

(4) 每层套管串旋流管上端设阻流环,防止固井后起出钻杆时水泥浆回流。

(5) 固井后水泥候凝时间不小于 48 h。

4. 固井过程中储层保护

固井工艺实施过程中要对储层做好保护工作,防止设计不当或操作失误,导致水泥浆流入储层,带来不可逆转的堵塞影响。一般来讲,如果采用全井段固井工艺,则钻探过程中必须确保在揭开储层顶板前 30~50 m,并保持顶板剩余 3~5 m 时停止钻探。钻探过程中揭开储层顶板后发生漏失现象,最好先用少量水泥浆堵漏,控制水泥塞高度小于 20 m,待水泥充分凝固后下钻扫开水泥塞,然后再开展正式固井工作,否则容易发生水泥浆渗入下部储层的风险。采用穿鞋戴帽固井工艺时,穿鞋固井最容易发生失误,往往因为穿鞋处套管外止水伞失效,或穿鞋段水泥浆液柱长度过长等原因,导致水泥浆突破止水伞等装置,直接流入下部储层段,污染并堵塞储层。因此,须高度重视固井过程中的储层保护工作。

1.4　中深层中高温地热钻完井技术

1.4.1　钻井装备

　　与中浅层低温地热井钻井工程对钻井装备要求较低不同,中深层中高温地热井由于钻井深度大、热储温度高,容易出现井喷现象,钻井技术难度大,施工工艺偏复杂,因而对钻井装备要求高。中深层地热井对钻井装备的特殊要求主要体现在提升能力、钻具抗拉能力等方面,中高温地热井对钻井装备的特殊要求主要体现在防喷装置可靠度、钻机及配套设备和钻具耐高温性能等方面。

　　1. 钻机

　　中深层中高温地热井施工只能采用石油系列钻机,同时要求所选用的钻机一层钻井平台要有足够的高度,具备加装不同类型防喷器的条件;钻机提升能力和扭矩要足够大,能够应对复杂情况下的井下事故处理;要同时配备油、电驱动两套动力系统,或一用一备单一柴油机驱动系统,以规避驱动系统临时故障发生埋钻事故问题;钻井液循环系统要使用更大功率的驱动设备,以保证有足够的排量和压力,使深部钻探时岩屑能够顺利上返;配备适合两种以上钻井工艺的配备设备,以使浅部地层钻进时具备提速钻进的能力。根据设计井深情况,推荐选用石油 20 型、石油 30 型、石油 40 型钻机。

　　2. 钻井液循环装备

　　中深层中高温地热井非储层段钻井施工主要采用钻井液正循环回转钻井工艺,因此标准配备的钻井液循环装备为钻井泵,由于井深较深,要求配备的钻井泵具有足够高的泵压,尤其对深度超过 3000 m 的中深层地热井,钻井泵的泵压要高、排量要大。推荐配备的钻井泵型号不低于 3NB-1000 型,最好是 3NB-1300 型以上型号。中深层地热井在非储层段施工时,可采用携岩能力相对较强的钻井液,但为了保护储层,在热储层钻进时采用的都是低固相轻优质钻井液甚至清水作为钻井液,其携岩能力大幅降低,为此需要提高泵量以保证岩屑可以顺利上返。由于井深较深,一旦钻井泵出现故障,有可能导致岩屑回落发生埋钻事故,为此,中深层地热井钻井施工时配备 2 台钻井泵,1 用 1 备,同时钻井泵驱动动力最好是油电双动力驱动形式,以防突然停电导致发生埋钻事故。

对于深度较深的中深层地热井钻井施工而言,一般工期较长,为了缩短工期,通常会采用多种工艺结合形式施工非储层段。例如,当非储层段地层岩性硬度中等偏低时,可采用"井下动力驱动"钻井液正循环回转钻井工艺施工;浅部井眼下放套管并固井后,深部地层为基岩地层时,可采用空气潜孔锤正循环冲击回转钻井工艺施工;深部地层破碎严重,采用钻井液正循环回转钻井工艺时无法应对漏失情况时,可采用气举反循环回转钻井工艺。因此,需要根据地质情况和井身结构设计情况,考虑额外配备一种工艺的钻井液循环装备,以提高钻效、缩短工期、节约钻井成本。

3. 固控装备

中深层中高温地热钻井须配备的固控装备与中浅层中低温地热井所须配备的固控装备相同,只不过中浅层中低温地热井大部分情况下简配或不配除泥器、钻井液罐等装备,但中深层中高温地热井钻井施工要求配齐所有固控装备。

4. 防喷装备

由于中高温地热井地热流体温度高,钻井过程中控制不当随时有发生井喷的风险,因此必须配备防喷装备。考虑到中深层中高温地热井钻井工期较长,起下钻次数较高,因此要求所配备的防喷装备应具有反复多次开闭不失效能力。

为防止发生防喷器失效导致无法控制井喷的特殊情况,深度较浅的中高温地热井要求在一开技术套管下放完毕并固井后,首先安装井口永久性阀门,安装完毕后再开始二开施工,以便在钻具提出井眼内,由于防喷器失效发生井喷时,可以关闭永久性井口阀门以控制井喷。

由于在储层钻探前必须先安装永久性井口阀门,因此所配备的防喷装备可不要求在井内无钻具情况下具备完全封闭井口的功能。

5. 钻具与井下工具要求

对于深度较浅的中高温地热井,所配备的钻具无特殊要求,但对于深度较深的中深层中高温地热井,要求所配备的钻具要具有较高的抗拉强度。同时,由于井深较深,采用"地面动力驱动"方式施工时,钻具在传递扭矩时能量损耗过大,因此要求配备螺杆钻具等井下动力工具。此外,为提高钻井速度,还须配备:① PDC 钻头以用于中等偏低硬度岩层的钻进;② 潜孔钻头,以备岩性较硬地层转换工艺采用空气潜孔锤正循环冲击回转钻井工艺使用。对于深度较深的中深层中高温地热井,为提高其产能,往往还要开展酸化解堵或酸压增产工作,因此还须配备井内封隔器、水力锚等装备。

6. 其他装备

对于需要进行酸化增产或酸化压裂增产的中深层中高温地热井,还须配备压裂车、酸液运输车等装备。

1.4.2 钻井工艺技术

1. 钻井工艺技术分类

与中浅层中低温地热井钻井技术要求不同,中深层中高温地热井由于在储层段钻进过程中存在发生井喷事故的风险,因此其钻井工艺技术关注点主要放在如何安全钻穿储层段而不发生井喷,同时不污染储层方面。是否容易引发或诱发井喷,取决于井眼内钻井液柱压力与储层水压力之间的平衡关系。根据中高温地热井储层钻进时,井眼内钻井液柱压力与地层水压力之间的关系,中高温地热井钻井工艺技术可划分为过平衡钻井工艺技术、欠平衡钻井工艺技术和近平衡钻井工艺技术。

过平衡钻井工艺技术是指井眼内的钻井液液柱压力大于地层水压力,该种钻井工艺在钻遇含水层时,经常发生钻井液漏失现象,不仅对含水层产生污染,成井后影响出水量。而且对于中高温地热井而言,钻井液漏失将产生致命的井喷风险。由于钻井液的密度大,不停地向地层漏失,新配置的钻井液补充速度不及漏失的速度快,最终钻井液将漏光,钻井液与地层的压力平衡被打破。随着时间的延长,钻井液温度升高,导致密度降低,由此发生井喷。此种井喷属于钻井液漏失间接诱发井喷类型。

欠平衡钻井工艺技术是指井内的液柱压力小于地层水压力,钻探过程中地层水不断向井内流入,随钻井液带出地表。该工艺具有钻探效率高,进尺快的优点,但对中高温地热钻井而言,将直接引发井喷事故,因此该钻井工艺不适合用于中高温地热井钻井。

近平衡钻井工艺技术是指井内的液柱压力略等于地层水压力,即便钻井液不具备护壁功能,由于其自身的平衡作用,地层也不会发生坍塌事故,且不会发生井喷事故。但随钻井深度的不断变化,液柱压力在不停地变化,新揭露的地层水压力也在不断变化,因此其平衡很难掌握。但对高温地热井钻探而言,该平衡比低温地热井容易建立平衡并得以保持,主要通过冷却降温方法实现。近平衡钻井工艺是所有钻进工艺里面最难控制的,但在中高温地热钻探领域是最实用、最安全、不容易发生井喷的一种钻井工艺。

对于中高温地热井储层钻进而言,过平衡和欠平衡钻井工艺技术都容易引发井喷事故,唯独近平衡钻井工艺技术能够很好地控制井喷。因此,中深层中高温地热井往往采用复合钻井工艺技术,即非储层段采用过平衡或欠平衡钻井工艺技术施工,储层段大多采用近平衡钻井工艺技术施工。

2. 过平衡钻井工艺技术

对于中高温地热井而言,过平衡钻井工艺技术一般适用于非储层井段钻进,因为其用于储层井段钻进时容易发生因钻井液漏失而导致井眼内钻井液柱压力小于储层水压力,从过平衡状态瞬间转变为欠平衡状态,从而诱发井喷。对中深层中高温地热井而言,非储层段钻进时,井眼内的钻井液一般不易达到沸点,不会出现汽化现象。因此绝大部分中浅层中低温地热井钻井工艺技术都适用于中深层中高温地热井非储层井段钻进,且其钻头选用规则、泵压与泵量参数、钻压与转速参数等指标都与中浅层中低温地热井钻井工艺技术指标完全相同,只是需要注意调整一下钻井液的耐高温性能。

中深层中高温地热井常用的过平衡钻井工艺技术为"地面动力驱动"钻井液正循环回转钻井工艺技术和"井下动力驱动"钻井液正循环回转钻井工艺技术。

3. 欠平衡钻井工艺技术

欠平衡钻井工艺技术大多适用于非储层井段钻进,因为一般人担心用于储层井段钻进时会直接引发井喷。但在欠平衡钻井装备安装完善的情况下,欠平衡钻井的安全性反而更高。石油系统每年都会发生井喷失控事故,但截至目前实施欠平衡钻井还没有发生一次井喷失控事故,这表明在完善的装备与精心施工之下,欠平衡钻井安全性不是问题。

与过平衡钻井工艺技术应用于中深层中高温地热井钻进井段要求不同,欠平衡钻井工艺技术只能应用于地层温度低于当地沸点温度以浅井段的钻井施工,以防引发井喷事故。所有中浅层中低温地热井欠平衡类钻井工艺技术都适用于中深层中高温地热井地层温度低于当地沸点温泉以浅井段钻进使用,所有钻井工艺参数都相同。

中深层中高温地热井常用的欠平衡钻井工艺技术为气举反循环回转钻井工艺技术、空气潜孔锤正循环冲击回转钻井工艺技术和空气正循环牙轮钻头回转钻井工艺技术。

4. 近平衡钻井工艺技术

近平衡钻井工艺技术同时适用于储层井段钻进和非储层井段钻进,由于该钻井工艺技术能够基本保持井眼内钻井液柱压力与地层水压力平衡,因此采用该工艺施工不会发生井喷事故。常用的中深层中高温地热井近平衡钻井工艺技术包括"清水冷却近平衡正循环回转钻井工艺技术"和"充气钻井液正循环回转钻井工艺技术"。由于"充气钻井液正循环回转钻井工艺技术"仍然存在污染储层风险,且充气钻井液在不同温度环境下存在性能不太稳定的缺点,因此使用存在局限性。"清水冷却近平衡正循环回转钻井工艺技术"不仅钻探成本低,而且由于该工艺技术使井眼内高温环境转为低温环境,降低了钻井装备与工具的配套技术难度,不用研发抗高温防喷器、钻头、钻具、钻井液等一系列技术问题,而使中高温地热井钻井技术复杂度大大降低。因此笔者认为该工艺技术应该成为国内中高温地热井储层钻进的优选钻井工艺技术,且在国内已有多个成功案例验证,因此本节重点介绍。

(1)清水冷却近平衡正循环回转钻井工艺原理

该钻井工艺技术基本原理是通过控制循环清水钻井液的温度,进而控制井内钻井液柱压力使其与地层水压力基本相等,从而实现近平衡钻进。低温冷水通过钻井泵经过钻杆、钻头注入井底后,在循环的过程中温度升高流出井口,通过在井口处设置温度传感器自动监测并记录井口返出的钻井液温度,间接控制钻井液近平衡状态;在井口辅助设置流量传感器,同时监测记录进入井内的流量和返出井口的钻井液流量,通过控制冷水注入量调节井内液柱温度,使井内液柱压力保持平衡,这一点通过监测进入井内与返出井口的钻井液的流量即可实现。其原理是加大冷水循环量或注入量后液柱密度变大,使液柱压力向大于地层压力的方向发展,反之亦然,始终保持钻井液液柱压力与地层水压力持平。

(2)清水冷却近平衡正循环回转钻井工艺优点

① 不污染储层

由于实现了近平衡钻进,使得井眼内的钻井液不会向热储层漏失,且使用的是清水钻井液,因此该钻井工艺不污染储层。

② 有效预防井喷

对中高温地热井钻探而言,最需要控制的就是一定不能发生井喷事故,否则后续处理代价太大。清水冷却平衡法正循环回转钻井工艺能够很容易地实现井内钻井液液柱压力与地层水压力平衡,因此可以有效预防井喷。

③ 经济性高、技术难度低

目前认为,该钻井工艺是性价比最高的中高温地热井钻井工艺,技术难度相对较低。该工艺不污染、不破坏地层,能够使地热井产能最大化,已被验证是经济的、有效的、高效的、安全的中高温地热井钻井工艺。

(3) 清水冷却近平衡正循环回转钻井工艺缺点

① 钻井液携岩能力低,需要加大钻井泵排量

该钻井工艺采用清水作为钻井液,清水钻井液的携岩能力比钻井液的携岩能力低很多,为了使岩屑能够正常上返,必须配备更大排量的钻井泵,或同时配备 2 台钻井泵。

② 井场周边需要有稳定的低温水源

该钻井工艺需要用到大量的低温水源,因此井场周边必须有河流经过,以便低成本地取水;如果井场周边没有河流经过,则需通过钻探浅部冷水水源井的形式解决低温水源问题。

(4) 清水冷却近平衡正循环回转钻井工艺参数

该钻井工艺的钻头选型规则、钻压与转速参数与中浅层中低温地热井钻井液正循环回转钻井工艺参数完全相同。两者的不同之处在于钻井液循环量,该钻井工艺需要配备更大排量的钻井泵,通过加大钻井液循环流量的方式抵消清水钻井液携岩能力弱的缺点,同时可以辅助"清水+钻井液"辅助返屑技术适当降低钻井液循环量。当井眼深度逐步加深突显钻井液循环量不足,导致返屑滞后时,可每钻进 5~8 m 时向钻杆内注入 2~3 m³ 黏度较高的钻井液,这部分钻井液在通过钻头后能够将井底积累的岩屑集中短时间包裹并循环上返至地表。实践证明,"清水+钻井液"辅助返屑技术是"清水冷却近平衡正循环回转钻井工艺技术"的关键配套技术。

(5) 多工艺结合钻井技术

多工艺结合钻井技术是指在不同深度井段、不同岩性、不同复杂地质条件下,在使用同一套钻机、钻井液循环系统、钻具组合的前提下,通过简单加装另一套钻井液

循环系统或井下动力钻具,实现全井高效钻进的复合钻井工艺技术。

例如中深层地热井钻探时,在应对中低硬度地层钻进时,可优先选用"井下动力驱动"钻井液正循环回转钻井工艺;在中等偏高硬度地层钻进时,可优先选用"地面动力驱动"钻井液正循环回转钻井工艺;在确保上部地层稳定且井眼内出水量不大或已下放套管前提下,在硬度较高地层钻进时,可优选空气潜孔锤正循环冲击回转钻井工艺或空气正循环牙轮钻头回转钻井工艺。

使用多工艺结合钻井技术的目的与原则是:提高钻井效率、缩短钻井周期、减少钻井事故率、降低钻井事故成本。

1.4.3   完井工艺设计

由于中深层中高温地热井地热流体温度高,施工过程中存在井喷风险,尤其深度较浅的中高温地热井更容易发生井喷,因此中高温地热井的井身结构设计与中低温地热井明显不同。中高温地热井不仅钻进时应防井喷风险,在固井时也要防止井喷事故。因为固井时套管与井眼环空之间的水泥浆液柱压力明显高于钻井时的钻井液液柱压力,更容易诱发井喷,因此中高温地热井固井工艺与中低温地热井固井工艺明显不同。此外,中高温地热井在使用期间和停用检修期间,井口装置热胀冷缩现象十分明显,必须采取特殊措施控制冷热变形量,否则容易引起井口装置失效,存在产生难于控制的永久性井喷风险隐患。以下就井身结构设计、固井工艺设计、井口装置设计等分别论述。

1. 井身结构设计

中高温且中深层地热井设计相对简单,因为浅部地层钻井施工不存在井喷风险,因此按常规设计即可。但深度较浅的中高温地热井则不然,其在浅部地层钻进时就容易发生井喷风险,因此必须特别重视井身结构设计的重要性。

钻进过程中一旦发生井喷,最直接有效的措施是关闭井口防喷器;但在未安装井口浅部套管时,井口放喷器无处连接,因此对于深度较浅(一般指储层顶板深度小于1000 m)的中高温地热井,必须在表层额外加装一套套管,其长度一般约为50 m。安装完此表层套管并固井完毕,加装钻井防喷系统后,再开始正式钻井施工。一般深度较浅的中高温地热井井身结构设计参数如表1-26所示,具体项目可参照使用。

表 1-26　深度较浅的中高温地热井井身结构设计参数表

井身结构	井眼直径/mm	套管直径/mm	井段深度/m
表套管	444.5	339.7	50
一开	311.2	244.5	设计取水段以上 100 m 左右
二开	215.9	177.8	完井深度

　　深度较浅的中高温地热井要求非取水段采用全井段固井工艺,且非取水段套管直通地表。深度较浅的中高温地热井井身结构如图 1-20 所示。抽采泵外径较大时可加深表层套管下深,一开套管搭接到表套。

　　2. 固井工艺设计

　　深度较深的中高温地热井在设计为三开井身结构时,一、二开须全井段固井,对固井工艺和技术一般没有特殊要求,只要求固井用水泥具备抗高温能力,在高温下各项性能不发生异变(具体高温水泥要求见后文所述)。三开下放滤水管成井,不用固井。

　　深度较深的中高温地热井在设计为四开井身结构时,一、二、三开须全井段固井。对固井工艺和技术一般没有特殊要求,只要求固井用水泥具备抗高温能力,在高温下各项性能不发生异变,四开下放滤水管成井,不用固井。

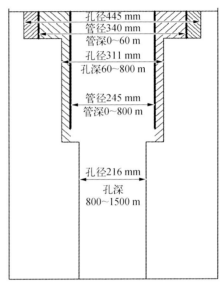

孔径445 mm
管径340 mm
管深0~60 m
孔径311 mm
孔深60~800 m
管径245 mm
管深0~800 m
孔径216 mm
孔深
800~1500 m

图 1-20　深度较浅的中高温地热井井身结构示意图

　　深度较浅的中高温地热井对固井工艺要求较高,因为固井时容易引起井喷。一般表套管对固井工艺无特殊要求,只要求固井用水泥具备抗高温能力,在高温下各项性能不发生异变,实现全井段固井即可。表套管固井的只是为了确保能够安装防喷装置并确保防喷装置工作安全、可靠。这种类型的地热井一开固井是难度最大的,必须确保一开实现全井段固井,其一开套管是直接通到地表的。为防止一开固井过程中发生大量水泥浆漏失情况,在一开钻进完毕后需首先评估一开地层破碎与漏失程度,对于破碎严重有可能导致水泥浆漏失量大的情况,须首先采用添加堵漏材料的水泥浆对预计破碎与漏失段进行临时水泥封堵,之后再进行正式固井。否则一旦固井过程中发生水泥浆大量漏失现象,致使固井水泥未能实现从一开井底处从套管与井眼之间的环空返出地表情况,将直接宣告固井失败,从井口处通过套管与井眼之间的环空再补注水泥浆的固井质量将达不到设计和使用要求。

3. 测井工艺设计

中高温地热井测井工艺较复杂,不能使用中低温地热井的测井设备、仪器与工艺,必须高度重视测井期间有可能发生井喷的情况,确保测井过程安全。各开钻探完毕后,建议做停滞试验,观察在正常钻井液循环温度下,多长时间会开始井喷,务必确保从钻井液循环停止至发生井喷时间间隔是测井作业时间间隔的 2 倍以上,否则需要通过加大钻井液循环或关闭防喷器向井眼内强行注入冷水的方式冷却井眼,以为测井作业留出足够的作业时间。同时,为了增加保险系数,在井口加装盲板,盲板与套管连接稳固,盲板中心开孔,确保所开孔略大于测井仪器连接头外径,保证测井仪器连接电缆能够顺利通过盲板中心孔,此种设计能够在一定程度上防止测井过程诱发井喷。中高温地热井测井作业对测试设备与仪器提出的要求较高,尤其高温地热井,井底温度很高,须选择相适应的测井设备与仪器。

4. 洗井与放喷试验

(1) 洗井

因国内施工单位和科研院校对中高温,尤其是高温地热井钻探,所须解决的一系列抗高温关键技术难题尚未有成熟的方案,因此不建议采用钻井液施工中高温地热井热储层,以防对热储层造成致命伤害。建议优选近平衡钻井工艺并使用清水钻井液进行中高温地热井储层钻进,虽然部分增加了钻井技术难度,但目前阶段能够有效解决井喷、钻井装备抗高温难题等一系列问题。在此前提下,不用开展人为洗井工作,直接引喷后利用地热流体自喷进行自洗井,主要是疏通地层裂隙或孔隙中原本存在的阻碍中高温流体流动的固体颗粒。

(2) 放喷试验

国内关于中高温地热井地热流体放喷试验的经验并不多,因此测算中高温地热流体质量就变得很难。当年西藏羊八井地热电站建设参与者、国家科学技术一等奖获得者吴方之教授提出,可以用端压法进行放喷试验并测算地热流体流量。

5. 井口装置设计

中高温地热井在检修或停用期间须依靠永久井口阀门关闭地热流体自喷通道,

因此井口阀门及配套装置的可靠度、耐久度等非常重要。要求井口阀门与地热井技术套管之间连接的接头要在厂家定做,出厂前要进行高温、高压测试,并与地热井技术套管焊接严密可靠,杜绝出现连接部位存在沙眼或连接丝扣之间吻合度不高现象,避免因此发生漏气、泄气情况,进而导致井喷不可控事故。

第 2 章

超高温地热钻完井技术

水热型地热如果以发电为目的,需要较高的出水温度。如果水温低于150 ℃,即使使用最好的闪蒸工质,发电效率最高仅为11%,难以实现商业发电(图2-1)。因此通常水热型地热发电系统需要超过200 ℃的水温,依靠蒸汽动能进行发电。但出水能力较大地层如果采用常规近平衡钻井技术进行施工,由于水在循环过程中出井口温度可能大于沸点温度,导致部分水汽化,从而不能平衡地层压力,导致平衡地层压力需要的钻井液密度不断提高,井下压力随循环排量剧烈变化,最终造成对储层的严重污染。因此超高温地热井必须采用与常规完全不同的技术思路,才能实现经济高效钻井,取得良好的效益。

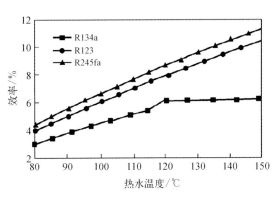

图2-1 不同水温情况下不同工质发电效率

2.1 超高温地层钻井难点

超高温钻井一直是钻井的挑战,高温对工具、仪器、工艺都提出了更高的要求。国际石油钻井承包商协会将高温高压钻井分为3级(图2-2):69 MPa、150 ℃以下为常规钻井;69~103 MPa、150~175 ℃为高温高压;103~138 MPa、175~220 ℃为超高温高压,大于138 MPa、220 ℃为极限高温高压。每一级温度与压力的提高对于钻井技术都是一个新的挑战。石油钻井一般温度都小于200 ℃,天然气勘探开发钻井最高温度也不高于250 ℃,地温梯度不高、井较深,钻井液从高温地层到井口有大段低温地层进行冷却。而超高温地热井则由于地温梯度高,循环流体从井底携带热量后,不能充分冷却就到达井口,出水温度非常高,从而带来一定的安全风险。因此超高温地热钻井难度与风险大于石油天然气钻井。

高温地热井钻井对材料、井下工具、仪器要求高,一旦下入井下工具、仪器失效,可能带来严重后果。主要有以下问题。

1. 高温带来钻井液处理剂失效问题

① 高温下黏土的高温分散作用。高温使黏土粒子分散度增大,滤失量急剧增大,钻井液黏度大幅度升高,沿程流动阻力急增,引起钻井复杂情况。

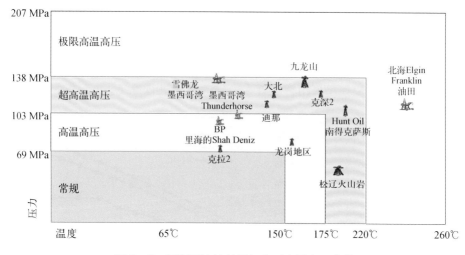

图2-2　国际石油钻井承包商对高温高压分类

② 高温下黏土的高温钝化作用,导致钻井液塑性黏度在大幅增加的同时动切力不升,不利于悬浮与携岩。

③ 高温下有机高分子化合物的高温降解作用。

④ 高温下处理剂的高温交联作用。高温使某些处理剂分子量增大,失去处理剂原有的性能,造成钻井液性能难以控制。

2. 抗高温工具、仪器问题

① 高温火成岩只能用牙轮钻头,受密封件而高温影响,钻头轴承工作环境大大恶化,导致钻头寿命极低。

② 抗高温工具:螺杆等井下工具中橡胶件耐高温通常仅为120 ℃,最高为175 ℃。

③ 抗高温仪器:MWD、LWD等仪器电子元件耐高温极限为175 ℃。

3. 高温带来固井问题

① 高温导致埋入井内套管产生较大的热应力,同时管材强度下降。

② 高温导致固井水泥浆凝固时间难以控制,可能导致固井失败。

③ 高温导致井口抬升,破坏井口。

④ 高温导致水泥石蜕变,强度降低、密度增加、体积缩小,在水泥环与井壁间形成间隙,井筒的完整性遭到破坏。

4. 高温火成岩地层钻进速度慢问题

高温条件下地层塑性增强,破岩效率更低。如果是火成岩,则普遍硬度高,可钻性差。

5. 高温条件下压裂问题

① 面临抗高温压裂液体系问题。

② 高破裂压力施工条件下装备问题。

③ 压裂的裂缝方向控制以及生产井与注水井的有效沟通问题。

④ 高温导致岩石产生塑性,难以起裂并有效延伸。

2.2 钻井工艺

2.2.1 井身结构设计

超高温地热井井身结构设计不仅要考虑压力系统与复杂地层的封隔,由于不同的温度地层产水能力不同带来安全控制的要求更为严格,在井身结构设计时必须考虑。

如肯尼亚某地热田完钻井深约 2800 m,其中表层套管下深仅 50 m,第一层技术套管下深 300 m,第二层技术套管下深为 1200 m,其井身结构如图 2-3 所示。在这口井中,地层岩性与压力系统并没有多少变化,之所以下入两层技术套管,是因为高温地层要采用含气体钻井技术(充气与泡沫钻井),这带来井口压力控制与常规井显著不

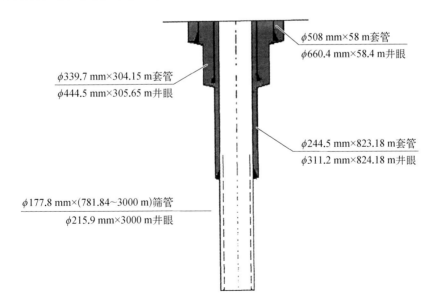

ϕ508 mm×58 m套管
ϕ660.4 mm×58.4 m井眼

ϕ339.7 mm×304.15 m套管
ϕ444.5 mm×305.65 m井眼

ϕ244.5 mm×823.18 m套管
ϕ311.2 mm×824.18 m井眼

ϕ177.8 mm×(781.84~3000 m)筛管
ϕ215.9 mm×3000 m井眼

图 2-3 肯尼亚某地热田地热井井身结构

同,因此需要在井身结构方面加以考虑。

又如西藏羊易地热田在设计时,考虑了下部储层水温异常升高,设计将技术套管下到较为破碎性地层以上,便于在温度异常的高产水地层采用充气或泡沫钻井技术,但在第一批井实施时并没有实施泡沫与气体钻井,井身结构设计的优势没有体现。

2.2.2 循环液体设计

在温度低于 220 ℃,且井较深,循环出井口温度显著低于水的沸点情况下,可以使用水基钻井液,超高温度对水基钻井液影响表现在两方面:① 对钻井液组成成分产生破坏性影响;② 对钻井液性能产生恶化性影响。

高温实质上是通过改变钻井液内部组成的状态、性质改变钻井液的宏观性能。

高温对钻井液组成中的连续相、固相、处理剂的状态产生显著影响:对连续水相在黏土颗粒表面的存在产生破坏性的脱水作用,减少黏土粒子表面水化层,破坏黏土胶体粒子的稳定性;对钻井液中的黏土粒子产生高温分散、聚结、胶凝以及固化等复杂作用;对钻井液处理剂产生高温热降解、热氧降解,高温交联和高温解吸附作用,这些破坏性作用的结果都归结到对钻井液性能的恶化性影响上。

钻井液的工艺性能主要是流变性和滤失造壁性,高温作用后在这两个性能可表现出不改变、微改变、强改变三种结果。不改变和微改变是抗高温钻井液的基本要求,钻井液性能的大幅度改变是钻井液稳定性被破坏的表现,是绝不允许在深井、超深井钻井中出现的情形。

高温对钻井液流变性产生的作用有增稠、减稠、固化几种结果。高温对钻井液滤失造壁性产生作用有滤失量增大、滤饼质量降低的结果。这些都是抗高温钻井液必须防止出现的不良性能。

抗高温水基钻井液处理剂分子结构特征与基本要求如下。

(1)处理剂分子结构特征

抗高温水基钻井液处理剂的分子结构应具有以下特征。

① 热稳定性强,在所使用温度下,不发生明显降解,且交联易控制,在分子结构中,主链或亲水基与主链连接键尽量采用键能大的 C—C 键、C—N 键及 C—S 键,避免

采用键能较小的—O—键。

②对黏土表面有较强的吸附能力,受高温影响小。除了与黏土粒子表明发生氢键、静电吸附外,通常在处理剂分子中引入高价金属正离子使之形成螯合物,产生螯合吸附,如铬、铝、锆、钛元素的化合物。氢键吸附则要求分子链上吸附比例较大,使处理剂分子在黏土粒子表面发生多点吸附,保证其吸附量。

③亲水性强,受高温去水化作用影响小。处理剂尽量选用离子基(如—COO$^-$、—SO$_3^{3-}$ 等)作为亲水基,其在分子中所占比例必须与钻井液矿化度和温度相适应。

④在较低的 pH 下也能发挥作用。

⑤滤失控制剂不引起钻井液严重增稠,要求处理剂分子量不宜过高,通常为几万到 30 万。

(2)处理剂的基本要求

抗高温水基钻井液用处理剂包括降滤失剂、降黏剂、封堵剂、润滑剂、加重剂等,其中,最重要的是降滤失剂。

①降滤失剂。要求其本身抗高温,必要时抗盐抗钙能力强,不引起钻井液严重增稠,一般要求处理剂相对分子质量小于 30 万。还要求在高低温下能够有效地吸附在黏土粒子表面,带来足够的水化膜,提高黏土粒子的 ζ 电位,保证钻井液中黏土胶体粒子含量充足,从而保证形成致密滤饼质量,保证高温高压下的低滤失量。降滤失剂包括羟基(—OH)、酰胺基(—CONH$_2$)、氨基(—NH$_2$)及腈基(—CN)等。

②降黏剂。要求降黏剂只适度拆散网架结构而不增加液相黏度,既要抗高温又要较强抗盐抗钙能力。一般要求其分子量为几千到几万。

③防塌封堵剂。要求其本身抗高温、抗盐钙能力强,不完全溶解但能够很好地分散于钻井液中,在特定高温下有较好的变形变软特性,能很好地堵塞泥页岩和破碎性地层微小水流孔缝通道,形成致密内外滤饼,阻止压力传递,保证井壁稳定。典型的防塌封堵剂包括改性沥青类、石蜡类、多元醇类、腐殖酸类等。

④润滑剂。主要指增强滤饼、井壁岩石表面润滑性,降低钻具与这些接触面摩擦阻力的钻井液添加剂。要求其本身抗高温、抗盐抗钙能力强,润滑能力强,有效降低磨阻。

⑤加重剂。要求加重材料的纯度高、密度大、刚性强(硬度大)、粒级合理,黏度效应低。

添加抗高温处理剂,使钻井液性能受高温作用影响后仍然可保持稳定的钻井液称为抗高温钻井液。抗高温水基钻井液早期主要为磺化类钻井液,现在已发展了聚磺钻井液、有机硅氟钻井液、增效处理剂类钻井液等。

1. 磺化钻井液

使用磺化类处理剂作为钻井液的主要降滤失剂包括磺化褐煤、磺化栲胶、磺化类酚醛树脂、磺化丹宁等。

(1) 体系特点

①钻井液耐温能力较强,可抗温 200 ℃。②固相容量限较大,适合配制高密度的钻井液,密度高达 2.00 g/cm³,钻井液的流变性易于控制。③滤饼质量好,滤饼致密且坚韧,API 滤失量和 HTHP 滤失量较低。④钻井液抑制性弱、分散性强,亚微米粒子含量较高。

(2) 要求

钻井液的 pH 应大于 10,以利于磺化类处理剂充分发挥效能。

(3) 应用范围

①可用于任何非储层地层的钻井,尤其适用于深井、高温井的钻井。②适用于各种密度的加重钻井液,尤其适用于高密度、超高密度钻井液。③加入防塌性封堵剂、抑制剂后,适用于稳定井壁地层钻井。④会对储层造成永久性不可恢复的伤害,不宜用于直接打开储层。

2. 聚磺钻井液

聚磺钻井液是由天然改性磺化类处理剂与中、低分子量的耐高温聚合物作为主要添加剂的钻井液。耐高温聚合物在其中作为降黏剂、包被剂、降滤失剂、流型改进剂、抑制剂。

根据钻井液中耐高温聚合物抗温能力的不同,聚磺钻井液可分为抗高温聚磺钻井液和抗超高温聚磺钻井液。

(1) 体系特点

①钻井液中处理剂的抗高温、抗盐膏能力直接决定了钻井液的抗高温、抗盐膏能力。在保持抗温能力强的特点同时,钻井液的抑制性有所增强。②通常还会加入防塌抑制剂和封堵剂,保持井壁的稳定性。如加入磺化沥青,即防塌封堵型聚磺钻井液。③通过加入储层保护材料,可用于保护油气储层的钻完井液。

(2) 要求

①根据钻井液密度高低,严格控制相应的钻井液膨润土含量。②使用低密度钻

井液时可加入中、低分子量聚合物处理剂,使用高密度钻井液时主要加入分子量较低的聚合物处理剂。③不宜用于直接打开储层。

（3）应用范围

①抗高温聚磺钻井液可用于各种密度的钻井液;抗超高温聚磺钻井液目前的使用密度低于 1.40 g/cm³。②可用于泥页岩、砂岩、灰岩地层钻井,大段盐层和盐水层钻井须进行特殊处理。③可用于深井、超深井。

3. 有机硅氟钻井液

通过研究选择含有 C—C 键、C—N 键、C—S 键等抗温能力强、磺化度高、亲水能力强的一些处理剂,并增加硅氟聚合物,得到抗高温有机硅氟钻井液体系。由于硅氟聚合物为线性高分子,其主链由硅氧(—Si—O—Si—)构成,含氟基团和其他有机基团均为大分子的侧基。Si—O 键键能高,故硅氟聚合物的热稳定性好。SF 分子中的 ≡Si—OH 和黏土颗粒表面上的 ≡Si—O— 键形成 ≡Si—O—Si≡ 键,使黏土颗粒表面吸附一层—CH₃,憎水基团—CH₃ 向外,使亲水表面反转,产生憎水的毛细作用,从而有效地防止泥页岩的膨胀。同时,降低黏土之间的相互作用,使钻井液的黏度降低,对钻井液产生良好的稀释作用。由于共聚物侧链上的非极性—CH₃ 定向朝外,低的表面张力活跃在钻井液体系中,有效地阻止了钻井液的高温老化,使体系保持稳定的黏度。该钻井液体系适合于温度在 220 ℃高温深井。

4. 高温增效型钻井液

针对高温处理剂在高温下效能下降,高温钻井液性能难以稳定的问题,近年来研究出多种能提高钻井液体系抗温能力的处理剂,以提高整个体系的抗温性能。例如增加很少成本,就能使聚磺钻井液体系大幅度地提高其抗温性能,达到降低成本又拓宽成熟技术(聚磺钻井液)应用范围的效果。

孙金声院士以高温增效剂为基础,形成的抗高温钻井液体系能抗 240 ℃高温,适应密度范围为 1.05~2.25 g/cm³。该体系在大庆松辽深层、新疆莫深 1 井得到应用,实践证明,该体系在较宽的温度范围内性能变化小,高温高压下性能稳定,抗黏土浸,抑制性强,不足之处是抗盐能力在 10%以内。

5. 充气钻井技术

在充气情况下,钻井液中气液表面张力作用可以大大提高携岩能力。但充气钻井技术适用于井眼较小,充气时较小的情况,如果充气量过大,气液会在井筒环空形成滑脱流,此时携岩能力急剧降低,需要转化为泡沫钻井,如图 2-4 所示。

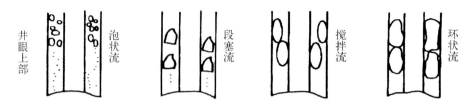

图 2-4　环空气液两相流不同气体含量时的状态

充气钻井对液体要求只有地面可以较快脱气,因此一般较少采用聚合物类处理剂。

6. 耐高温泡沫技术

将气体与液相同时注入井内时,如果在液相中加入发泡剂,则会形成稳定的泡沫。泡沫具有稳定性好,适应气体比例高,携岩性好的特点。泡沫中液相比例甚至可以低至 2%,在井内的当量密度可以达到 0.5 g/cm³ 以下。图 2-5 为不同液体欠平衡钻井时的井内当量密度范围。

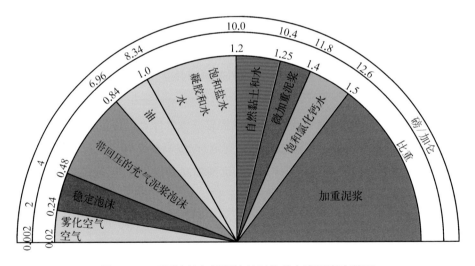

图 2-5　不同液体欠平衡钻井时的井内当量密度范围

从图 2-5 中可以看出,泡沫钻井时井底当量密度为 0.2~0.45 g/cm³,泡沫的携岩能力远大于液相。好的泡沫要求在井下流动状态下稳定性好,停止循环后在一定时间内仍有悬浮岩屑的能力,但循环到地面后可以自行消泡,使基液可以重复利用。

2.2.3　提速工艺设计

钻井时需要测量井眼轨迹,虽然采用保温套技术可以提高井下仪器在短时间的抗温能力,但长期适应超高温的井眼条件目前仍然难以达到。而温度每提高一级,电子仪器的成本与使用代价也会呈指数趋势上升。因此,超高温度地热钻井需要探索低成本的钻井工艺。

定向井涉及高温条件下的轨迹控制与高效钻井。定向井轨迹可以分为上部直井段、斜井段与稳斜段等井段。考虑深部高温地层特点,以及地层可钻性与钻头因素,定向井轨迹设计方案为浅部造斜、深部稳斜,即在浅层低温情况下完成定向造斜,在深部井段进行稳斜钻进,不再调整井眼轨迹。

2.3　完井工艺

1. 完井方式

正常情况下,井内须下入套管并进行固井,以保证井筒长久的完整有效,但完井需要考虑充分解放储层的产能,并支撑地热井长期安全生产。除此之外影响完井设计的因素还包括盐水化学成分、钻井分支的完井及生产层的完整性,即是否允许裸完井眼或必须使用内衬套管。

盐水的化学成分不仅具腐蚀性,还会在生产地层和套管内产生结垢,这是所有的地热井都面临的问题(Ocampo-Díaz et al.,2004),它会导致频繁地修井。在严重的情况下,未经处理的结垢会导致套管的流通面积在一个月内大幅度减少。结垢有时可以通过高压射流解决(Hurtado et al.,1990),但是当生产地层堵塞时,就必须用钻头钻开(需要可膨胀的钻头伸到套管底部,通常钻头直径要大于套管内径)。

最后,需要判断生产地层是否足够稳定可以支持裸眼,还是必须使用割缝衬管防止地层岩石脱落或崩塌落入井内。这些可以从钻井获得的地质样品中判断,如果允许的话也可以通过测井成像技术来判断,但是通常是根据同一地区地热井钻井经验来判断。

从结垢化学的角度讲,火山系统中的地热流体是相容的,因此只需要温度和流量得到满足。生产的流体可以来自任何深度,这就意味着地热井的裸眼部分通常超过 1000 m,且允许任意流体进入井内。对于渗透性非常好的井,沸点在已固井的套管内,就可以采用裸眼完井。当钻进浅的蒸汽层时,在 100~300 m 的井段最易发生"井涌",这样的井很难下入割缝衬管,因此,裸眼完井也是浅部蒸气层地热井的完井方式。

砂岩地层完井一般采用下入打孔管或采用下套管固井射孔完井,其中打孔管完井时地层产出水会对井壁稳定产生一定的不利影响,如果地层稳定性差,不宜采用。而下套管射孔完井会造成产能下降较多。在这种地层如果出砂较严重,还应进行防砂处理。

碳酸盐岩地层由于本身稳定性较好,通常可以采用裸眼完井或打孔管完井。

2. 保温与隔热技术

典型砂岩储层地热井的井身结构如图 2-6 所示,一开下套管固井,二开直接下套管,仅封固一开与二开套管重叠区域的部分层段,三开悬挂筛管或滤水管取水;泵室段在一开套管内,热水潜水泵直接在套管内吸水,并通过泵管(普通油管)输送至地面。

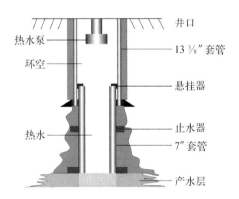

图 2-6　典型砂岩储层地热井井身结构

这种完井结构由于上部井筒流体速度慢,管内外的流体换热充分,使其热损失较大,不利于地热井效益发挥。朱明等对比了 450 m 处热水泵外加装封隔器后的效果,结果表明,出水温度可以从 60 ℃提高到 67 ℃。如果将封隔器外环空的水改为对流能力较低的高黏度液体,充分发挥水的导热能力低的优势,则其隔热效果将会进一步提高。如果将中心油管封隔器下得更深,达到产层顶部,使地层产出水不直接与套管接触,则会进一步提高隔热效果,从而提高开发效益,改进后的地热井完井结构如图 2-7 所示。

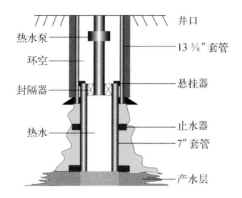

图 2-7　改进后地热井完井结构

图 2-8 为朱明等提供的不同完井结构井筒温度剖面计算结果,从图中可以看出,采用封隔器的方案(方案 1)较原方案产出温度有较大的提高。而随着中心油管与封隔器下入深度增加,其出水温度可以进一步提高。

3. 井口装置

地热井井口装置一般在四通两边可以接出监测仪表接口,在四通以上安装主闸门。再安装其他管线与闸门。典型的井口装置,如肯尼亚地热井井口装置如图 2-9 所示。

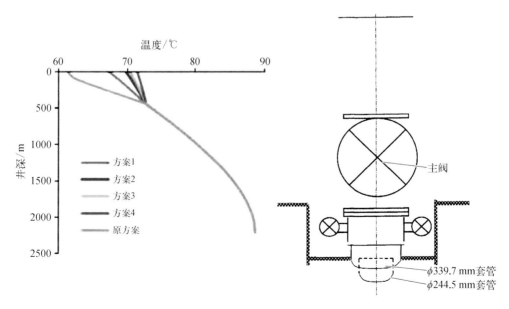

图 2-8　不同完井结构井筒温度剖面　　　　图 2-9　肯尼亚地热井井口装置

2.4　钻井安全控制

超高温水热开发钻井时循环温度控制是安全钻井非常关键的技术。早期是通过增加体系的固相、提高密度的方式来避免循环流体的汽化。但这会带来严重的热储层污染,且不能从本质上保证钻井的安全。例如,羊易地热田开发钻井时,为避免循环流体在井口汽化而溢流,不断提高钻井液密度,最终密度提高到了 1.50 g/cm³,造成了严重的储层污染,使单井地热产能受到严重的影响。

如果发生水的汽化,可能会造成钻台操作人员的烫伤事故。在肯尼亚 350 ℃ 超高温高产水热型地热钻井过程中形成了一套温度循环控制技术。该技术通过加强返出温度的监测,通过控制循环速度(流体在井筒滞留时间)来控制返出循环流体温度。由于钻井过程中漏失、地层热水进入井筒都会导致循环温度发生变化,因此应根据具体监测情况及时调整工艺以及循环参数,才能确保钻完井安全。

在超高地热田钻井时,首要的是对返出循环流体温度进行不间断的在线监测,根据监测结果随时调整钻井技术措施,从而保证钻井安全。此外火成岩地层裂隙中往往含有 H_2S,钻井过程中 H_2S 逸出会导致严重的人身伤害事故,就此应充分加强 H_2S 的监测与防护工作,需要配备齐全的 H_2S 监测与防护装备。

2.4.1　正常钻进状态下温度控制

在小尺寸井眼情况下,由于返速较高,可以采用清水为钻井液。但当井眼尺寸较大时,清水的携岩能力可能难以满足携岩的要求,此时可以采用较高密度的泡沫钻井。

实际钻井过程中,上部大尺寸井眼采用泡沫钻井,下部井段采用清水加充气钻井。早期钻井过程中,发生过井下循环流体在环空汽化喷出的问题。因此在钻井过程中,循环温度控制是钻井最为关键的问题。井队安排人员连续不断观察并记录钻井液出口、入口温度与流量,如果发现温度超过 60 ℃ 或返出排量与注入排量不符,则立即停钻,进行大排量循环降温,以避免出现井控安全问题。

由于没有理论指导,这种停钻循环冷却没有科学依据,其设置的安全警戒值是通过经验获得,可能停钻过于频繁,而且有时虽然温度没有超过警戒值,但井下流体可能已超过汽化临界状态,待循环到井口附近时还可能汽化喷出。同时,由于频繁地进行停钻大排量循环冷却,不仅使大量时间浪费在没有进尺的循环上,而且由于钻井过程中对地层过度冷却,也在一定程度上影响了热储层的储热性,使得完井后不得不用较长时间进行放喷,才能获得稳定的地层热水(蒸汽),有时这种放喷时间长达近 1 个月。

下文以 1#井为例,进行详细介绍,具体如下。1#井是肯尼亚电力公司在某区块的一口地热资源评价井,该井是一口定向探井,设计井深为 2850 m。

该井设计一开 ϕ666 mm 井眼,井深 60 m;ϕ508 mm 表层套管下深根据井眼清洁情况控制在井底以上 2~4 m;实际中完井深 68.17 m,表层套管下深 63.5 m。

设计二开 ϕ444.5 mm 井眼钻进至 300 m,允许 ϕ339.7 mm 套管鞋下深在井底以上 6~8 m;实际二开中完井深 315.52 m,ϕ339.7 mm 技术套管下深 306.52 m。

设计三开 ϕ311.2 mm 井眼钻进至 1200 m,允许 ϕ244.5 mm 套管鞋下深在井底以上 6~8 m;实际三开中完井深 1259 m,ϕ244.5 mm 生产套管下深 1250.66 m。

设计四开 ϕ215.9 mm 井眼钻进至 2800 m,ϕ177.8 mm 割缝尾下至井底;实际完钻井深 2799.31 m,ϕ177.8 mm 割缝尾管下至井底,尾管顶部位于 1228 m,与 ϕ244.5 mm 生产套管重叠段长为 22 m。完井周期为 62 d。

利用该井数据进行了温度模拟计算,其管柱内及环空内循环温度剖面见图 2 - 10。

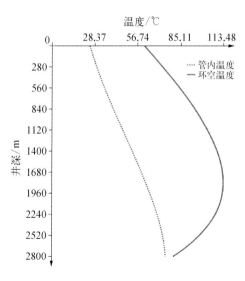

图 2 - 10　管柱内及环空内循环温度剖面

该井 2700 m 地层实际测量温度为 280 ℃,计算出口处的温度为 62 ℃,与录井资料获得的数据(58~65 ℃)吻合。

2.4.2　井漏情况下温度控制

通过对肯尼亚地区已钻地热井资料的整理和研究发现,井漏问题长期困扰着该地区高温地热田的勘探与开发。其呈现出漏失层段多、漏失量大的特点,更是对该地区的钻井提出了较高的要求。通过对该地区井史资料的整理,总结了 1#井地区高温地热钻井井漏的特点,具体如下。

（1）井漏频繁。在该地区所钻的90%以上的地热井中,在各开次的钻进过程中基本上都有井漏的情况发生。

（2）浅地层漏失严重。从全井段看,多数漏失通道都已连通至地表,且通道的连通性都较好。

（3）漏失层段多。有记载的漏失段有石炭系、志留系等地层。

1#井从开钻到钻进达井深20 m时第一次出现漏失的情况,在开钻至完钻的整个钻井过程中,只有少数井段的钻进过程并没有发生井漏的井下复杂情况。其中最为严重的是,在四开井段已使用充气水作为钻井液的情况下,依旧出现了井口不返出钻井液盲钻的情况。经分析,导致以上情况的主要原因是1#井地层中存在着大量的裂缝和溶洞,甚至部分井段还有发育的断层出现。不仅在该井的钻进过程中频繁的井漏情况的发生,而且在相邻区块的钻井过程中均遇到了井漏这一突出而棘手的问题。通过广泛的调研,针对井漏这一复杂情况的研究对于高温地热钻井具有非常重大的意义,急需要从理论上找出应对的措施。

现针对高温地热井1#井井筒温度场计算所采用的基本数据,模拟预测1#井发生井漏的情况。考虑钻井液排量为27 L/s,当漏失速度达到90 m³/h时,这相当于循环流体大部分被漏入地层,导致环空返速降低,钻井液与高温地层接触时间延长,循环返出温度将达到90 ℃以上。此时管柱内及环空内循环温度剖面如图2－11所示。

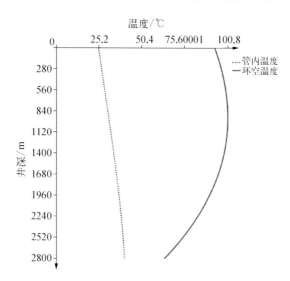

图2－11　漏失速度达90 m³/h时管柱内及环空内循环温度剖面

　　这一计算结果与现场施工情况相符,此时从环空灌水冷却是唯一可行的方案。结合西藏羊易地热田情况,该地区地温梯度为 6.8 ℃/100 m。根据海拔与大气压及水沸点对照表(表 2-1),由于该地区海拔达到 4700 m,水的沸点为 84.9 ℃。考虑一定的安全余量,设定最高返出温度应控制在 60~70 ℃。

表 2-1　海拔与大气压及水沸点对照表

海拔/m	气压/kPa	水的沸点/℃
5000	54.9	84
4000	62.4	87
3000	70.7	90
0	101.32	100

　　参照西藏羊易地热田典型井情况进行分析,钻井液排量为 16.5 L/s,钻井液的密度为 1.21 g/cm³、比热容为 1620 J/(kg·℃)。考虑井深为 1200 m 时,正常循环时管柱内及环空内循环温度剖面如图 2-12 所示。

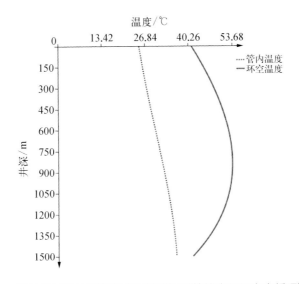

图 2-12　西藏羊易地热田典型井正常循环时管柱内及环空内循环温度剖面

　　当漏失速度达到 15 m³/h 时,井内循环钻井液返出温度将达到约 80 ℃,管柱内及环空内循环温度剖面如图 2-13 所示。在出井口前可能会发生汽化,从而引起井喷。

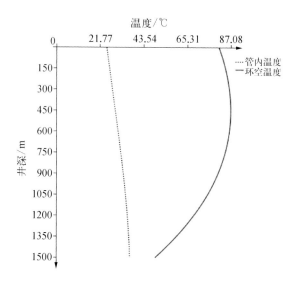

图 2-13 漏失速度为 15 m³/h 时管柱内及环空内循环温度剖面

如果采用提高循环排量的方法,则需要提高钻井液排量到 60 L/s 才能控制钻井液安全返出,此时管柱内及环空内循环温度剖面如图 2-14 所示。如果漏失速度进一步加大,地面机泵系统与供水能力都难以满足,应考虑从环空灌水冷却。

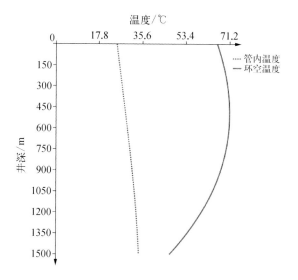

图 2-14 提高循环排量时管柱内及环空内循环温度剖面

2.4.3　地层出水情况下温度控制

井内任何层段,异常压力和漏失带的存在都将是引起地层出水的两个重要原因。而在高温地热钻井过程中,钻遇地层裂缝发育带或压力异常的区域的情况时有发生,因此,地层出水情况的研究对于我们解决高温地热钻井井下发杂也有重大的意义。

现针对高温地热井 1#井井筒温度场计算所采用的基本数据,模拟预测 1#井发生地层出水的情况。此时,钻井液排量为 47 L/s,钻井液的密度为 1.02 g/cm³,比热容为 1675 J/(kg·℃),地层流体密度为 860 kg/m³,地层流体流出速度为 7.5 m³/h,侵入地层的速度的渗透率为 1 μm²,侵入地层流体黏度为 1.5 mPa·s。

经过模型计算可得到发生地层出水时管柱内及环空内循环温度随井深的变化规律,如图 2 - 15 所示。可以看出当地层出水发生时,井下管柱内及环空内的温度升高较井漏时更快,环空内最高温度达到了约 100 ℃,且循环出口温度达到了 80 ℃。高温循环流体的返出,并可能伴随着地下热蒸汽的喷出,同样会使生产难以进行,还会危及井队人员安全。

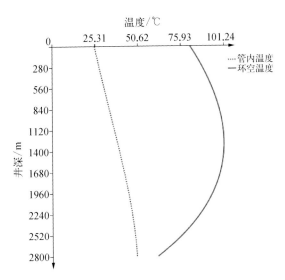

图 2 - 15　地层出水时管柱内及环空内循环温度剖面

如果地层出水速度继续增加达到 9.4 m³/h 时,返出温度则升高到近 90 ℃,此时管柱内及环空内循环温度剖面如图 2 - 16 所示。

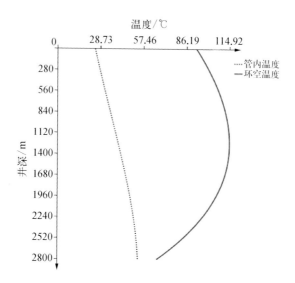

图 2-16　地层出水速度增大到 9.4 m³/h 时管柱内及环空内循环温度剖面

　　考虑西藏羊易地热田上例典型井发生地层出水情况,地层流体流出速度为 4.5 m³/h,侵入地层的速度的渗透率为 1 μm²,侵入地层流体黏度为 1.3 mPa·s。根据之前算得的最高返出温度应控制在 80 ℃,通过计算模拟,可以控制的地层出水量最多允许为 6.5 m³/h,此时管柱内及环空内循环温度剖面如图 2-17 所示。

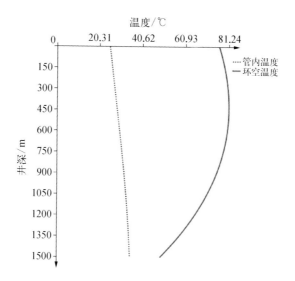

图 2-17　地层出水量为 6.5 m³/h 时管柱内及环空内循环温度剖面

上述情况下,如果通过加大排量方式冷却,则需要提高钻井液排量到67 L/s(图2-18)。这一排量如果不能达到,则需要从环空注水进行冷却。

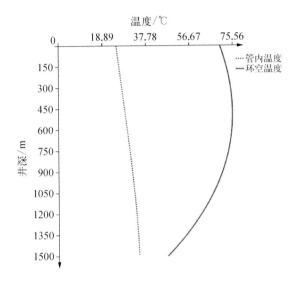

图 2-18 提高钻井液排量后管柱内及环空内循环温度剖面

如果地层出水量达到 50 m³/h 时,管柱内及环空内循环温度剖面如图 2-19 所示。

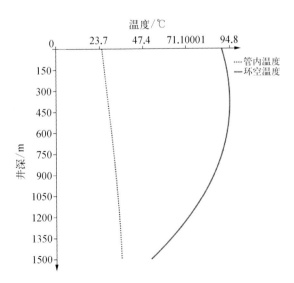

图 2-19 地层出水量为 50 m³/h 时管柱内及环空内循环温度剖面

此时如果采用增大排量的方式进行冷却,则需要的排量为 90 L/s,显然地面机泵设备无法达到该要求。因此这种情况下,需要进行环空强注水进行冷却。

针对高温地热钻井井控过程中可能出现的地层出水、井喷等井下复杂情况,要从钻井工艺技术及 HSE 工程管理两方面提升工程质量,保障工程安全。这不仅要求现场施工单位采取合理有效的预防及紧急应对措施,更为重要的是要完善安全管理责任制度并转变观念,实施严格 HSE 管理。

生产层钻井液漏失严重时首选清水钻进,偶尔可添加聚合物或者钻井液丸清理岩屑。清水对热储的损害较小,同时水比钻井液廉价,可以顶漏钻进。最近,为避免损害储层,采用所谓的"平衡钻井"。此类方法中泵入井内的水力与常规钻井类似,同时压入空气,压缩空气与水混合,大大降低了钻井液密度,使井内液柱压力小于各个储层段的地层压力,从而避免了钻井液或岩屑漏失到地层中。同时,空气的加入大大加快了环空流体的流速,减少了液体与高温地层接触时间,从而有利于降低循环出口温度。当钻进蒸汽为主的储层时,首选方法是空气钻进。渗透率相比正常回转钻进显著增加,平均而言,同一个热田这些井的产量是常规井产量的两倍(Hole,2006)。

2.4.4　泡沫与充气钻井技术

泡沫钻井中通过空气的加入,可以加快流体在井筒内的循环速度,减少流体与井筒接触时间,可以大幅度降低循环流体返出温度。此外,泡沫与充气钻井可以大幅度提高对岩屑的携带能力,有利于对热储层保护,更适合于超高温条件下钻井。使用泡沫与充气钻井时,如果地层产水能力太强,则会出现因地层出水较多的情况,虽然存在气体膨胀的降温作用,循环流体返出井口温度仍存在太高的问题。但这时由于井口密闭控制,返出流体进入井场旁的泡沫沉降池,因而安全风险较低。

泡沫钻井适用于浅层,以预计泡沫可以进行连续循环为原则。随着深度的增加,钻遇地层的裂隙增多,泡沫将不再能保证循环出口温度达到水的沸腾温度以下,或在出水过多导致泡沫不稳定情况下,此时需转为充气钻井与大排量水交替冷却的方式钻井。

如肯尼亚某井入口端配备 4 台 XP900CAT 初级空压机(25.488 m^3/min),总送气能力可达 102.0 m^3/min(标准温度压力下),输出压力可达 2.4 MPa(350 psi[①])。二级

---

①　1 psi = 6894.757 Pa。

增压机可以以 60.6 m^3/min(标准温度压力下)的速度吸入压力为 2.4 MPa 的气体,并将其压力增高到峰值 15.2 MPa(2200 psi)。四个初级空压机大都只启动两个,输送的气体将全部送至二级增压机。施工中控制温度出口温度小于 80 ℃。

在上部漏失段,低温或者用水补给不足的情况下,采用泡沫钻进,以便建立稳定的循环。最初液相采用浓度为 0.5% 的泡沫,如泡沫受热严重明显或井眼净化达不到要求时,可以提高排量,此时可以将泡沫液相的浓度降为 0.1%。起主要携砂作用的是黏稠的泡沫,司钻应检查返出钻井液泡沫结构是否稳定。

泡沫钻井参数具体如下。空气:10 ~ 30 m^3/min;泡沫中水的排量:80 ~ 200 L/min;泡沫液相中发泡剂浓度:0.5%。

由于地层温度过高或含水高导致返出泡沫性能不稳定,泡沫钻井不能实现的情况下,采用充气水钻井。ϕ311.2 mm 井眼时,水的排量为 1 ~ 2 m^3/min,ϕ215.9 mm 井眼,水排量为 0.8 ~ 1.5 m^3/min,可提供足够的井眼净化能力,使钻头和井眼充分冷却。应采用发泡剂浓度为 0.02% 的泡沫水,这种比例可以保证空气和水的体积比为40:1。泡沫钻井地面返出泡沫如图 2 - 20 所示。当雾化量为 1.5 m^3/min 和泡沫泵基液的排量为 100 ~ 200 L/min 注入时可以配得该钻井液。空气和流体的比例要根据井眼的实际情况进行调整,以保证平衡地层压力。空气的注入量为 40 ~ 60 m^3/min。

图 2 - 20　泡沫钻井地面返出泡沫

泡沫钻井暂停时应卸压,从井底开始钻井泵调整为小冲程。该方法可以将对地层的激动降到最低,避免在疏松地层造成井壁不稳定。在高温井眼中,特别是返出钻井液温度在 40 ℃以上时,保证尽可能减少钻头停留在静止钻井液中的时间。

施工中钻井液性能、立管压力和空气钻井的排岩屑管状况应按要求每隔一小时做好记录。

2.4.5 装备与工具要求

在中低温地热钻井时,只需要安装简单的防喷装置,如双闸板防喷器,但对于超高温地热钻井,特别是需要采用充气、泡沫等钻井方式时,则应按更高安全级别安装井口防喷装置。这些装置包括双闸板防喷器(如果钻杆尺寸不一致,应相应增加闸板防喷器数量)+环形防喷器+旋转防喷器(旋转控制头),同时安装远程控制系统。采用充气、泡沫等钻井方式还应配备两套节流、压井管汇。其中一套按常规钻井方式接到位于防喷器以下的钻井四通中,另一套接到旋转控制头以下位置。在正常钻进时,通过旋转控制头控制井内的压力平衡。

在实施欠平衡泡沫与充气钻井时,为减少中止循环时的放压时间,每钻进一个立柱应加装一只回压阀。钻杆需要 18°斜坡钻杆,钻头上一般不装喷嘴。泡沫钻井对扶正器、减震器、震击器的使用没有特别要求。充气钻井压缩机与增压器如图 2-21 所示。

图 2-21 充气钻井压缩机与增压器

泡沫钻井的地面注入装备包括空压机与液体泵,因泡沫钻井的注入压力比气体钻井的注入压力高,故钻进时需要开动增压机。另外,泡沫钻井应采用发泡器将空气与液相充分混合,以保证产生细小气泡的均匀泡沫。

对于以提速、治漏为目的的泡沫钻井,气量大、液量小、地层没有井控风险,其地面返出设备可以采用气体钻井的排屑管线,只是不需要降尘水管线、防回火管线等附件。

如果泡沫不能被循环使用,则井内返出的泡沫在地面会膨胀至很大体积,一小时就会有数千方的泡沫堆积在地面,随风四处飘散。从环保和经济的角度看,如果泡沫基液不能循环使用,就大大限制了泡沫钻井的使用。泡沫基液循环使用是指采用物理、化学或机械等方法,使从井口返出的泡沫消泡变为液体,经气-液分离、固-液分离后,将清洁泡沫基液再重新泵入使其发泡。可循环泡沫流体的应用,大幅度降低钻井液的成本,大大降低泡沫对环境的污染。目前应用于现场的泡沫基液循环使用方法主要是自然沉降法和调节泡沫基液 pH 的化学循环法。

（1）自然沉降法

泡沫是一种气体分散在液体中的热力学不稳定体系,由于重力排液效应的存在,泡沫可以自然破裂。因此,合理地控制泡沫半衰期,将钻井用泡沫流体排入沉降池,待一段时间后泡沫变为基液,再通过电潜泵吸入配液池,就可以实现基液的循环利用。该方法在井场面积较大的情况下已被采用,因为泡沫沉降池要足够大(一般要数千方的容积)。如中石油长城钻井公司于 2004 年在伊朗 TABNAK 气田的空气泡沫钻井过程中,根据返出井口的泡沫状态及时调整泡沫配方,通过控制泡沫的合理半衰期,使泡沫既满足清洁井眼的需求,又便于循环利用,从而使泡沫钻井液成本降低了三分之二。但对大部分井场,很难提供数千方容积的沉降池。

（2）调节 pH 法

受限于处理场所和高的成本,探索了调节泡沫基液 pH 的循环利用技术。对阴离子型表面活性剂,返出井口的泡沫通过加酸降低 pH 和消泡隔板联合作用达到消泡目的,再在注入时加碱提高 pH 恢复基液的发泡能力,从而实现泡沫基液的循环利用。但这种方法不能实现无限制地循环使用,随着酸碱的反复加入,泡沫基液的性能开始变差,基液就必须换掉。同时,阴离子型表面活性剂从抗油、抗盐、抗高温和低成本的角度也不是最佳选择。

通过以上分析可知,在超高温地热钻井时,保证钻井安全,钻井泵的排量与供水能力是关键。在发生井涌、井漏时,都需要增大排量,实施井筒降温。

2.5   超高温地层破岩新技术

高温地热井钻常遇地层有两类,一类是灰岩、白云岩等高导热性、多缝洞性地层,另一类是火成岩地层。这两类地层普遍存在的难点是可钻性差,钻井速度慢,而岩石在高温条件下表现出更大的塑性,导致破岩效率更低。而钻井成本中大约超过1/4的成本与时间相关,提高速度不仅对于控制钻完井成本有积极意义,对于加快地热工程建设速度也具有重要的意义。

火成岩包括基岩、浸入岩和变质岩等,这几类岩石通常硬度高,PDC类切削型钻头难以适应。而常规牙轮钻头由于轴承需采用密封储油润滑系统,在高温条件下,密封失效问题制约了钻头的使用寿命。因此在超高温条件下破岩除钻头技术克服地层难钻的问题外,还需要探索应用新破岩技术。

2.5.1   超高温地层破岩钻头

高温地热资源一般埋藏较深(>1000 m),产层温度高,地层岩性坚硬,缝、洞发育,给高温地热井建井带来一系列复杂问题。

大多数情况下,高温地热井要钻遇火成岩地层。该地层岩石硬、地层研磨性强、钻井难度大,地层温度高容易导致常规牙轮钻头牙齿磨损速度快、掉齿严重、轴承系统早期失效,缩短钻头寿命。常规钻头已经不能适应高温地热井钻井技术的需要。

破岩钻头自20世纪形成了冲击破岩的牙轮钻头与刮削破岩的PDC钻头(金刚石钻头)两大类。

长期以来PDC钻头技术不断进步,复合片的硬度与抗冲击性不断提高,这使得PDC钻头可以适应于更硬的地层。此外为保护复合片,在钻头的稳定性设计等方面也取得了较大的进展。在此情况下,可以将PDC钻头应用到更硬地层,甚至是基岩钻进。但适应超硬地层钻进的PDC钻头由于需要采用超强复合片,其成本远高于一般PDC钻头,通常一只 ϕ215.9 mm钻头的成本高达20~50万元,甚至以上。

超高温地热钻井过程中,钻头的进尺与寿命对生产效率的影响更为显著。这类井在起钻时须充分对井筒降温,而且须快速起出钻具,以保证井筒流体不会因温度上升太多而发生汽化。因此从准备起钻到下钻,再到恢复钻进需较长的时间,导致生产效率急剧降低。为此需要改变思路,尽可能加大钻头投入,以延长钻头寿命,使一趟钻可以钻更多进尺。建议不受钻头成本的限制,尽可能使用世界上最好的钻头进行钻进。

牙轮钻头是解决 PDC 钻头无法适应的硬地层钻进的重要途径。在超高温情况下,牙轮钻头需要解决密封件的耐温问题,为轴承提供润滑环境,从而提高钻头轴承的寿命。

通过分别对球形复合齿、锥形复合齿、楔形复合齿、普通楔形齿进行室内冲击疲劳寿命试验,得到各种不同齿的冲击总功各不相同。具体如下。

(1)不同公司出品的牙齿疲劳寿命各不相同。

(2)齿形方面,球形齿的疲劳寿命较另外 2 种齿形要高。锥形齿、楔形齿的冲击总功比球形齿小很多,因而它们疲劳寿命就会短很多,磨损量就会大很多。

(3)材料方面,普通硬质合金牙齿的疲劳寿命要比复合齿小很多。

从钻头使用情况看,随着温度的升高,牙轮齿孔膨胀量大于硬质合金齿,造成牙齿和齿孔的实际过盈量小于设计过盈量,降低了牙齿的固紧力,造成钻头掉齿,且牙齿磨损严重,钻头使用寿命明显下降。研究表明,通过在牙齿孔镶嵌特殊材料,能够提高牙齿高温条件下固紧力。同时,根据地热井的高温特点,应适当调整固齿过盈量,避免牙齿脱落。

PDC 钻头、混合钻头在高温地热井钻井是可能应用成功的,但需要针对地热钻井的特殊性做技术改进。

与橡胶密封钻头相比,HJ 系列牙轮钻头采用金属密封,可以适用温度较高的井。但其密封系统中仍然存在橡胶材料元件,橡胶材料对环境温度非常敏感,高温会严重影响钻头轴承润滑脂和橡胶密封件性能,造成钻头橡胶密封提前老化、密封失效、轴承黏着磨损、轴承旷动等早期失效。

深井钻井作业广泛使用容积式马达作为井下驱动器。金属-金属马达的基础是设计有钻井液润滑轴承总成和钛合金挠轴的标准钻井液马达。研发承受 300 ℃ 高温的轴承总成极为简单,300 ℃ 的高温不影响大多数钢合金组件。

为了提高牙轮钻头在高达 300 ℃ 循环温度下的耐用性,需要解决潜在的失效问题,比如在高温下弹性体和润滑脂的降解问题。在解决一系列技术问题后,研究人员成功研发了 300 ℃ 牙轮钻头并进行了试验。其关键技术包括全金属锥形密封、润滑脂压力补偿器全金属波纹管以及在高温下保持润滑性的新型润滑脂。

在完成实验室试验和试验钻机测试后,300 ℃ 牙轮钻头、金属-金属马达和钻井液在冰岛的地热研究井 IDDP－2 井上进行了首次现场应用。冰岛深钻项目(Iceland Deep Drilling Project,IDDP)的地热研究井通常定向钻进至约 2000 m,岩性主要为火成岩和玄武岩。常规定向钻进底部钻具组合主要由容积式马达和牙轮钻头组成,但混合式钻头比牙轮钻头性能优势更明显。当以低机械钻速钻进坚硬岩石时,由于振动较大,PDC 钻头使用也受到限制。

美国 Smith 公司研发了针对超高温的 Kadera 钻头。该钻头采用纤维碳氟化合物作为密封材料,并采用合成润滑油及添加剂提高高温润滑性能。该钻头在意大利一口地层温度高达 270 ℃ 的地热井中使用单次入井工作时间达 77 h。出井后钻头密封润滑系统完好。

在切削齿方面,Smith 公司早十几年前就开发出了金刚石与硬质合金复合齿,以提高齿的强度与耐磨性。在保径方面,Hughes 的 GT 保径技术在背锥齿与外排齿之间加了一排修边齿,甚至在背锥面上有 2 排镶齿。

西南石油大学针对国外某地热井钻井,开发了硬地层耐高温 PDC 钻头,采用的技术有:①提出了高效冷却钻头的水力结构,避免了钻头牙齿工作温度升高;②采用二级后备齿结构提高了切削单元的可靠性与使用寿命;③优选片基,并进行深度脱钴处理,提高了齿的强度与抗冲击性。

基于以上原理设计的钻头在某地热井进行了试验应用,在使用温度为200～300 ℃ 的情况下,同国外著名厂商同类产品钻头的钻井速度提高83%。单只钻头进尺提高 6 倍左右。钻时比传统牙轮钻头提高了 3%～37%(Simone Orazzini et al.,2012),轴承和密封系统完好。牙轮钻头虽然在抗高温方面得到了改进,但在研磨性地层切削齿磨损速度快,深部地热钻头寿命仍然有限,在许多应用中钻时少于 50 h。美国 NOVNETK 公司正在研发适用 EGS 地层的锥形齿 PDC 钻头,并论证将锥形齿应用于牙轮钻头,以及与常规 PDC 齿进行复合提高 EGS 地层钻进效果的可行性。

2.5.2 提速新技术

在定向钻进时需要井下动力钻具,虽然通过工艺措施可以在较低的温度实现定向,但在肯尼亚等地热田,1000 m 处温度也超过 200 ℃,这时普通的螺杆钻具中橡胶件无法适应高温条件,为此须采用涡轮钻具与全金属马达。

全金属马达的定子通过高精度的加工,使其与转子之间实现较好的配合,从而解决了定子橡胶不耐温的问题。而马达的转动部分密封件的弹性体仍存在耐温的问题,目前这种马达可以适用于 250 ℃温度使用。

涡轮钻具的转子与定子都是金属,具有较好的耐温性。涡轮钻具的不利处在于其工作特性与钻头配合得并不太好,钻具长度太长,使其使用受到一定的限制,目前并不能成为世界主流的技术。

2012 年,减压热裂钻井的概念和理论由日本东北大学教授 Tsuchiya 团队提出。减压热裂的基本原理是在较低的压力下,向地层注入温度很低的流体使得岩石从高温骤降到低温状态,地层岩石将产生大量的微裂缝,最终实现提高机械钻速、降低钻井成本的目的。减压热裂钻井概念示意图如图 2-22 所示。

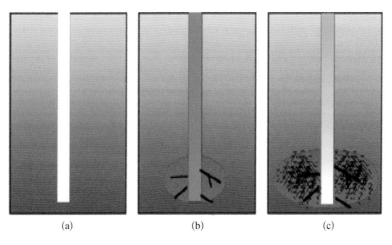

(a)　　　　　　(b)　　　　　　(c)

图 2-22　减压热裂钻井概念示意图

减压热裂钻井需要使用的是低温钻井液体系,其基本工艺措施是:钻遇热储层即极高温地热地层时[图 2-22(a)],注入温度很低的钻井液,使得井眼周围地层的温度骤然下降,此时,进行常规的水力压裂,从而出现一些较大的主裂缝[图 2-22(b)]。然后,降低压力,在温差增加、压力降低的情况下,由于热应力的存在,岩石将产生大量的微裂缝[图 2-22(c)]。之后,可以继续钻进,由于大量微裂缝的存在,钻进速度将大幅度提高。

高温地热钻井面临开发成本高的问题。因此,研发高效低成本的钻井新技术、提高钻井效率尤为迫切。目前有许多方法可以降低高温地热井下套管和固井的成本,如可膨胀管技术、小间隙井筒套管设计、跟管钻井、多分支井等。采用可膨胀管技术可以减少套管级数和固井水泥用量,但需要保证可膨胀套管在井筒中遇热膨胀的可靠性。小间隙套管设计可以代替膨胀管,减小套管与井筒之间的环空间隙。较小的间隙可能引起固井作业问题,可能需要采用井下扩眼器在套管与井筒之间形成固井间隙。跟管钻井是一种新兴的、可降低成本的技术,其允许较长的套管间隔,能够减少套管层数,降低钻井成本。分支井钻井技术可以增大井筒与储层的接触面积,广泛应用提高油气采收率,但是针对需要进行储层改造的高温地热井,需要采用最复杂的(5级或6级)分支井完井工艺,以对各分支进行有效的压力封隔。

先进钻井技术的成果应用也将会大幅提高钻进速度和钻头寿命,减少钻机租用时间,并可采用轻型、低成本钻机,使钻井成本明显降低。这些技术包括高压水射流钻井技术、高温碎裂钻井技术、激光钻井技术、电弧等离子钻井技术和化学腐蚀钻井技术等(Bazargan et al.,2013;Ken,2013;Olivier et al.,2013;Igor et al.,2015)。这些技术目前还处于研发阶段,没有进行商业应用。其中任何一种技术开发成功,都将引起地热钻井实践的重大变化,大幅降低钻井成本。

第 3 章

热储层保护与增产技术

　　水热型地热资源开发中钻完井的目的是获取地层热水,因此保护热储层的孔隙连通性至关重要。如果对热储层进行了有效的保护,地层本身的孔渗得到有效的利用,则可以获得很好的经济效益。反之,如果热储层受到伤害,则产能可能只有正常产能的几分之一,甚至更低。而储层保护成本通常仅占钻井成本的较小部分,大部分情况下仅为钻井成本的几十分之一。

　　在油气井钻完井中已形成了一套成熟的储层保护技术,这些技术可以移植到地热资源开发中。当然储层保护还涉及水敏、水锁等特殊因素,但油气层保护的基本原理大部分都适用于热储层保护。不同的是受成本控制影响,对于一部分胶结较差的孔隙型储层,可以简化储层保护工艺,通过洗井返排进行解堵。其基本思路是通过对储层的分析,针对储层的具体特点采用适当的保护技术,必要时采取增产措施。

3.1　热储特点与损害因素

3.1.1　中浅层高孔渗储层损害因素分析

　　目前广泛开发的孔隙型热储层大都为胶结疏松的中浅层砂岩热储层,这类热储层一般由骨架颗粒与胶结物组成,其损害因素具体如下。

　　(1)物理堵塞

　　钻井液中含有很多种尺寸的固相颗粒,当钻井液失水后未能及时在孔壁形成滤饼时,钻井液就不可避免地向热储流失。流入储层中的钻井液中的固相颗粒会对储层岩体孔隙进行物理堵塞。如果固相颗粒在钻井液压差作用下堵塞距离较长,则在后期洗井时很难彻底解除堵塞。

　　(2)化学堵塞

　　储层中含一些与外来液可起化学反应而产生化学沉的物质。例如,储层水中含有 CO_2,它与进入储层的含钙滤液易形成 $CaCO_3$ 沉淀,从而堵塞储层通道,伤害储层。储层水中含有 Mg^{2+},当遇碱性较高的滤液侵入时会产生 $Mg(OH)_2$ 沉淀,也会伤害储层。针对这类储层,应选用可与地层水相匹配的钻井液体系。例如,当储层水中含有大量 Mg^{2+} 时,就不能选用高碱石灰处理的钻井液。

（3）速度敏感

储层中含有胶结不十分牢固的微粒（可以是某种黏土矿物，也可以是非黏土矿物），当地热流体流经该处的速度超过让地层中胶结较差颗粒移动的临界速度时，就会将这些微粒冲下来，随流体流动被带到喉道处堆积，从而堵塞流体流动通道，对储层造成伤害。因此在测试与生产期间应对此类问题时，应控制产量，控制地热流体在储层中的流速低于临界值。

3.1.2 中深层碳酸盐岩储层损害因素分析

碳酸盐岩储层通常易受风化溶蚀作用形成大量缝洞结构，包括发育溶蚀孔、构造缝等结构。这类储层对流体流速敏感性弱，碱敏损害中等偏强，钻井液宜采用酸性液体，酸敏为负，适宜于采用酸化增产。碳酸盐岩储层损害主要表现为钻井液漏失导致的固相颗粒物理堵塞与化学成分吸附堵塞，其损害机理具体如下。

① 储层裂缝-孔洞、裂缝、微裂缝的堵塞损害，这是此类储层的主要损害机理。

② 水锁损害以及滤液侵入造成的其他附加毛管阻力损害（如处理剂以吸附、乳化堵塞等）。

③ 应力敏感性损害，尤其对于裂缝、微裂缝发育的储层。

（1）储层裂缝（孔洞）的堵塞损害

入井钻井液中含有很多种尺寸量级的固相颗粒，包括从亚微米级的黏土颗粒到数百微米级甚至毫米级的砂粒或碳酸钙颗粒。其主要损害机理是：进入储层的钻完井液中的固相颗粒在多种作用力下极易被储层中的裂缝及孔洞捕捉，从而造成储层的堵塞，直接减小了储层的裂缝宽度，降低了裂缝的渗流能力，导致渗透率降低。而钻井过程中为平衡地层孔隙压力，避免地层液体对钻井液形成污染，保障钻井安全，通常都存在一定的正压差。在这种情况下，钻井液中的颗粒就会在压差的作用下进入储层，或在井壁形成一层滤饼，对流体流动产生不利影响。

（2）钻完井液滤液造成储层损害

钻井液为保持性能一般要加入一些高分子材料，以实现护壁、护胶、控制性能等作用。这些高分子材料进入到微裂缝后，会在裂缝表面形成吸附，从而造成微裂缝的渗透率降低。此外滤液中的酸碱物质还会造成地层的酸碱敏损害。特别是碳酸盐岩

储层一般含 H_2S 与 HCO_3^-，而为保证钻井安全，应保证钻井液具有高碱度，但这会对储层造成一定的污染损害。

(3) 大量漏失造成的损害

对于以裂缝-孔洞为渗流通道的碳酸盐岩储层，经常发生工作液的大量漏失，这也是造成储层损害尤其是产能降低的重要原因。造成以上的损害进一步向储层深处发展，严重影响热储层产能。

3.1.3 超高温地热储层损害因素分析

在超温条件下钻井常规水基钻井液会对储层产生严重的伤害。其主要原因在于常规水基钻井液基本上以膨润土为核心，但膨润土在高温下会对储层造成严重的污染，从而使储层丧失渗透能力。西藏羊易地热田开发在早期钻井时由于采用了膨润土水基钻井液体系，并采用近平衡钻井技术，导致其完井后的产能严重受损，大多数井都没有达到设计产能。

常规钻井液的基本组成：黏土+增黏剂+降滤失剂+分散剂或根据地层需求的泥页岩抑制剂、润滑剂等各种处理剂。通过黏土矿物形成网状结构，增黏剂、降滤失剂都是由高分子材料组成，这些高分子材料通常最大的抗温能力为 150 ℃。

美国犹他州恩尼斯(Enniss)等模拟冰岛西托(Site)地热条件，研究了钻井液与地层的关系。钻井液中含有膨润土、海泡石、褐煤和聚合物等组分。试验结果岩心渗透率在 200 ℃下经过 48 h，降低到原来渗透率的 50%。原因为蒙脱石在 150 ℃温度范围内形成类似低标号的水泥，进入井眼附近的热储层中，蒙脱石颗粒随时间增长继续固化。

水基钻井液中的黏土颗粒在常温到 90 ℃时主要为水化分散状态，在 90~180 ℃时为水化分散-聚结状态同时存在，在 180~240 ℃时为钝化状态(去水化)，表现为其 ζ 电位在 90~180 ℃时升高，大于 180 ℃下降(图 3-1)。黏土粒子的比表面积也有相似的规律，如图 3-2 所示。

出现高温钝化的原因在于高温下黏土中的 Si、Al、O 和钻井液中的 Ca^{2+}、OH^-、Fe^{2+}、Al^{3+} 发生类似水泥硬化的反应，降低了黏土表面的剩余力场和表面活性。此外高温增强了钻井液中类似黏土-石灰的反应，生成类似于波兰特水泥的组分(雪硅钙石)，在这种情况下，就会形成对储层的严重伤害。

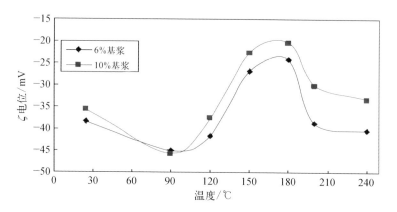

图3-1　温度对黏土粒子 ζ 电位的影响

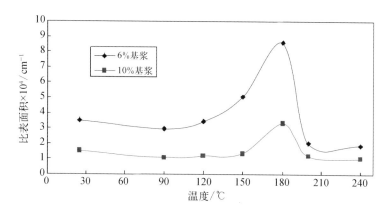

图3-2　温度对黏土粒子比表面积的影响

3.2　储层保护技术

3.2.1　碎屑岩储层保护技术

钻井液是与储层接触的第一种工作流体。因此,钻开热储层的钻井液不仅要满足安全、快速、优质、高效的钻井工程施工需要,而且要满足以下保护储层的技术要求。

(1)减少钻井液中固相成分

钻井液固相成分对储层的物理堵塞是对储层伤害最大的,因此在进行储层钻进时应转换钻井液体系,采用无固相或无膨润土相轻优质钻井液体系,必要时可采用清水钻井液体系。

（2）钻井液密度须与储层孔隙压力相适应

无论发生井漏还是溢流，都会对储层造成严重损害。因此井身结构与钻井液密度设计必须考虑储层孔隙压力系统，使钻井液柱压力与地层孔隙压力相适应，避免发生井漏与溢流。

（3）钻井液滤液组分必须与储层中流体相配伍

确定钻井液配方时，应考虑以下因素：滤液中所含的无机离子和处理剂不与地层中的流体发生沉淀反应，滤液与地层中的流体不发生乳化堵塞作用；所用各种处理剂对热储层渗透率影响小；尽可能降低钻井液处于各种状态下的滤失量及滤饼渗透率，改善流变性，降低当量钻井液密度和起下管柱或开泵时的激动压力。

应用较多的孔隙型热储层保护钻井液体系包括以下几个类型。

（1）低膨润土水基钻井液

膨润土对储层会带来危害，但它却能够给钻井液提供所必需的流变和降滤失性能，还可减少钻井液所需处理剂的加量，降低钻井液的成本。低膨润土暂堵型聚合物钻井液的特点是，在组成上尽可能减少膨润土的含量，使之既能使钻井液获得安全钻进所必需的性能，又能够不对储层造成较大的伤害。在这类钻井液中，膨润土的含量一般不得超过 50 g/L。其流变性和滤失性可通过选用各种与储层相配伍的聚合物和暂堵剂来控制。除了含适量膨润土外，其配制原理和方法与无膨润土暂堵型聚合物钻井液相类似。目前，低膨润土暂堵型聚合物钻井液已在我国各油田得到较广泛的应用。

（2）改性钻井液

我国大多数油气井均采用长段裸眼钻开储层，技术套管未能封隔储层以上的地层。这种情况下，为了减轻储层伤害，有必要在钻开储层之前，对钻井液进行改性。所谓改性，就是将原钻井液从组成和性能上适当加以调整，以满足保护储层对钻井液的要求。经常采取的调整措施包括：① 废弃一部分钻井液后用水稀释，以降低膨润土和无用固相含量；② 根据需要调整钻井液配方，尽可能提高钻井液与储层岩石和流体的配伍性；③ 选用适合的暂堵剂，并确定其加量；④ 降低钻井液的 API 和 HTHP 滤失量，改善其流变性和滤饼质量。

使用改性钻井液的优点是应用方便，对井身结构和钻井工艺无特殊要求，而且原钻井液可得到充分利用，配制成本较低，因而在国内外均得到广泛的应用。但由于原钻井液中未清除固相以及某些与储层不相配伍的可溶性组分的影响,因此难免会对储层有一定程度的伤害。

(3)屏蔽暂堵钻井液

屏蔽暂堵是 20 世纪 90 年代在我国得到广泛应用的一种保护油气层技术。其特点是利用正压差,在很短的时间内,使钻井液中起暂堵作用的各种类型和尺寸的固体颗粒进入近井地带储层的孔喉,在井壁附近形成渗透率接近于零的屏蔽暂堵带(或称为屏蔽环),从而可以阻止钻井液以及水泥浆中的固相和滤液继续侵入储层。由于屏蔽暂堵带的厚度远远小于射孔深度,因此在完井投产时,可通过射孔解堵。屏蔽暂堵带的形成已通过大量试验得以证实。室内试验数据表明,暂堵剂颗粒可在原始渗透率各不相同的储层中形成渗透率接近于零的屏蔽暂堵带,其厚度一般不应超过 3 cm。其渗透率随压差增加而下降,表明一定的正压差是实现屏蔽暂堵的必要条件。

为了检验在实际钻井过程中储层渗透率降低情况以及污染带厚度,吐哈油田在陵 10~18 井使用屏蔽暂堵钻井液钻开储层,并通过取心进行检测。检测结果表明,屏蔽环的渗透率均小于 1×10^{-3} μm^2,暂堵深度为 5.8~20.9 mm。当切除岩心的屏蔽环后,渗透率基本上可完全恢复。

屏蔽暂堵带的形成是有条件的。除需要有一定的正压差外,还与钻井液中所选用暂堵剂的类型、含量及其颗粒的尺寸密切相关。其技术要点包括:

① 用压汞法测出储层孔喉分布曲线及孔喉的平均直径;

② 按平均孔喉直径的 1/2~2/3 选择架桥颗粒(通常用细目 $CaCO_3$)的粒径,并使这类颗粒在钻井液中的含量大于 3%;

③ 选择粒径更小的颗粒(大约为平均孔喉直径的 1/4)作为充填颗粒,其加量应大于 1.5%;

④ 再加入 1%~2%可变形的颗粒,其粒径应与充填颗粒相当,其软化点应与储层温度相适应,这类颗粒通常从磺化沥青、氧化沥青、石蜡、树脂等物质中进行选择。

通过实施屏蔽暂堵保护储层钻井液技术(简称屏蔽暂堵技术),可以较好地解决裸眼井段多套压力层系储层的保护问题。目前,该项技术已在国内多个油田实现推广应用。

传统屏蔽暂堵理论及方法均是依据储层的平均孔喉直径来优选暂堵剂的颗粒尺寸,当储层孔隙结构的均质性较强时,这些方法是比较有效的。但一般来说,储层的孔隙结构具有很强的非均质性,孔喉尺寸一般呈正态分布。尽管较大尺寸的孔喉数量比较少,但对渗透率的贡献却非常大,而数量较多的小孔喉对渗透率的贡献很小或几乎没有。因此,使用传统的暂堵理论及方法,难以有效封堵对储层渗透率贡献很大的这部分大尺寸孔喉。

为了解决这一问题,需要在钻井完井液中加入具有连续粒径序列分布的暂堵剂颗粒。依据理想充填理论和 d_{90} 规则建立的理想充填暂堵技术满足了上述要求。这种技术充分考虑了储层的非均质性,通过将几种不同粒度分布的暂堵剂颗粒按一定比例混合,形成了与目标储层孔喉尺寸分布相匹配的理想充填暂堵颗粒组合。d_{90} 规则即当暂堵剂颗粒在其累积粒径分布曲线上的 d_{90} 值与储层的最大孔喉直径或最大裂缝宽度相等时,可取得理想的暂堵效果。

根据理想充填理论和 d_{90} 规则,暂堵剂颗粒尺寸优选方法具体如下。

① 选用具有代表性的岩样进行铸体薄片分析或压汞试验,测出储层最大孔喉直径(即 d_{90}),d_{90} 也可从孔喉尺寸累积分布曲线上读出。

② 在暂堵剂颗粒"累积体积分数-d"坐标图上,将 d_{90} 与原点之间的连线作为该储层的"油保基线"。优化设计的暂堵剂颗粒粒径的累积分布曲线越接近于基线,则颗粒的堆积效率越高,所形成滤饼的暂堵效果越好。

③ 若无法得到最大孔喉直径(如探井),则可用储层渗透率上限值进行估算,即最大渗透率 $\approx d_{90}$。若已知储层平均渗透率,可先确定 d_{50},即平均渗透率 $\approx d_{50}$,然后将 d_{50} 与坐标原点的连线延长,外推出 d_{90}。

④ 应用暂堵剂优化设计软件,确定满足 d_{90} 规则的暂堵剂最优复配方案。

3.2.2 碳酸盐储层保护技术

碳酸盐岩储层保护的重点在于减少钻井液进入储层,以及减少固相对储层的污染。其中减少固相进入储层可以采用无固相钻井液体系,而减少钻井液进入储层需要针对裂缝特点,采用相应的储层保护材料。

大量研究表明,在裂缝中形成屏蔽暂堵的条件是储层保护剂中含有纤维材料,依靠纤维材料的架桥作用,在裂缝一定的深度内形成封堵。此外对于固相材料,尽可能使用可酸溶材料,便于对储层进行酸化时解堵。

常用的无固相钻井液体系具体如下。

1. 无固相清洁盐水钻井液

该类钻井液不含膨润土及其他任何固相,通过加入不同类型和数量的可溶性无机盐调节其密度。选用的无机盐包括 NaCl、$CaCl_2$、KCl、NaBr、KBr、$CaBr_2$ 和 $ZnBr_2$ 等。由于其种类较多,密度可在一定范围内调整,因此基本上能够在不加入任何固相的情况下满足各类井的钻井施工对钻井液密度的要求。无固相清洁盐水钻井液的流变参数和滤失量可以通过添加对储层无伤害的聚合物来进行控制。为了防止对钻具造成腐蚀,还应加入适量缓蚀剂。

(1)NaCl 盐水体系

在上述各种无机盐中,NaCl 的来源最广,成本最低,其溶液的最大密度可达 $1.18\ g/cm^3$ 左右。当基液配成后,常用的添加剂为 HEC(羟乙基纤维素)和 XC 生物聚合物等。配制时应注意充分搅拌,使聚合物均匀地完全溶解,否则不溶物会堵塞储层。通常还使用 NaOH 或石灰控制 pH。若钻遇地层含 H_2S,须提高 pH 至 11 左右。

(2)KCl 盐水体系

由于 K^+ 对黏土晶格具有固定作用,KCl 盐水液被认为是对付水敏性地层最为理想的无固相清洁盐水钻井液体系。该体系使用聚合物的情况与 NaCl 盐水体系基本相同,KCl 与聚合物的复配使用使该体系对黏土水化的抑制作用更强。单独使用 KCl 盐水液的不足之处是配制成本高,且溶液密度较小。为了克服以上缺点,KCl 常与 NaCl、$CaCl_2$ 复配,组成混合盐水体系。只要 KCl 的质量分数保持在 3%~7%,其对黏土水化的抑制作用就足以得到充分的发挥。

(3)$CaCl_2$ 盐水体系

$CaCl_2$ 盐水基液的最大密度可达 $1.39\ g/cm^3$。为了降低成本,$CaCl_2$ 也可与 NaCl 配合使用,所组成的混合盐水的密度为 $1.20~1.32\ g/cm^3$。该体系须添加的聚合物种类及用量范围与 NaCl 盐水体系亦基本相似。

(4)$CaCl_2/CaBr_2$ 混合盐水体系

当储层压力要求钻井液密度为 $1.40~1.80\ g/cm^3$ 时,可考虑选用 $CaCl_2$-$CaBr_2$ 混合盐水液。由于混合盐水液本身具有较高的黏度(漏斗黏度可达 30~100 s),因而只须加入较少量的聚合物。HEC 和 XC 生物聚合物的添加量一般为 0.29~0.72 g/L。该体系的适宜 pH 为 7.5~8.5。当混合液密度接近 $1.80\ g/cm^3$ 时,应注意防止结晶的析出。配制 $CaCl_2$-$CaBr_2$ 混合液时,一般用密度为 $1.70\ g/cm^3$ 的溶液作为基液。如果所需密度在 1.70 g/cm³ 以下时,就将密度为 1.38 g/cm³ 的 CaCl₂ 溶液加入上述基液内进行调整。如果须将密度增至 1.70 g/cm³ 以上,则须加入适量的 CaBr₂ 固体,然后充分搅拌,直至完全溶解。

(5) 聚胺高性能(无固相)体系

近年来,针对夹有膨胀性页岩的碳酸盐岩地层,国内外研制出一种聚胺高性能钻井液体系,主要由有机聚胺强抑制剂、阳离子包被剂、可生物降解增黏剂、降滤失剂、高效润滑清洁剂和无机盐等组成。有机聚胺的作用包括:能强化抑制页岩及软泥岩的水化,消除钻头泥包,减少稀释量;阳离子包被剂可包被钻屑,抑制黏土分散,稳定泥页岩;可生物降解增黏剂和降滤失剂有利于环保;高效润滑清洁剂可吸附在金属表面,提高钻速,防止泥包,增加润滑性;无机盐用于提高体系抑制性和密度。该钻井液体系总体抑制性超强,润滑清洁、防泥包性能优异,环境保护性能优良,是打开储层以及钻穿复杂泥页岩地层的优良钻井液体系。

2. 无膨润土暂堵型聚合物钻井液

膨润土颗粒的粒度很小,在正压差作用下容易进入储层且不易解堵,从而造成永久性伤害。为了避免这种伤害,可使用无膨润土暂堵型聚合物钻井液体系。该体系由水相、聚合物和暂堵剂固相颗粒组成。其密度依据储层孔隙压力,通过加入 NaCl、CaCl₂ 等可溶性盐进行调节。其滤失量和流变性能主要通过选用各种与储层相配伍的聚合物来控制。常用的聚合物添加剂有高黏 CMC、HEC、PHP 和 XC 生物聚合物等。暂堵剂也在很大程度上起到了降滤失的作用,在一定的正压差作用下,所加入的暂堵剂在近井壁地带形成内滤饼和外滤饼,可阻止钻井液中的固相和滤液继续侵入。目前常用的暂堵剂按其不同的溶解性分为以下三种类型。

(1) 酸溶性暂堵剂

常用的酸溶性暂堵剂为不同粒径范围的细目 CaCO₃。CaCO₃ 是极易溶于酸的化合物,且化学性质稳定,价格便宜,颗粒有较宽的粒度范围,因此是一种理想的酸溶性暂堵剂。密度低于 1.68 g/cm³ (14 ppg[①]) 的钻井液还可兼作加重剂。而对于密度更高的钻井液,则应配合使用 FeCO₃ 才能加重至所需的密度。有时根据需要,还应加入适量的缓蚀剂、除氧剂和高温稳定剂等。当地热井投产时,可通过酸化而实现解堵,恢复储层的原始渗透率。但这类暂堵剂不宜在酸敏性储层中使用。选用酸溶性暂堵剂

---

① 1 ppg(磅/加仑)= 0.1198 g/cm³。

时应注意其粒径必须与储层孔径相匹配,使其能通过架桥作用在井壁形成内、外滤饼,从而能有效地阻止钻井液中的固相或滤液继续侵入。试验表明,能否有效地起到暂堵作用,主要取决于暂堵剂颗粒的大小和形状,而不是其固相颗粒的质量分数。一般情况下,如果已知储层的平均孔径,可按照"三分之一架桥规则"选择暂堵剂颗粒的大小。在实际应用中,有时可根据室内评价实验或现场经验来确定暂堵剂的粒度范围。目前,对于多数储层,一般采用不同粒径粗细混合的暂堵材料,暂堵剂的加量一般为 3%~5%。

(2)水溶性暂堵剂

使用水溶性暂堵剂的钻井液通常称为悬浮盐粒钻井液体系。它主要由饱和盐水、聚合物、固体盐粒和缓蚀剂等组成,密度为 $1.04~2.30$ g/cm^3。由于盐粒不再溶于饱和盐水,因而悬浮在钻井液中。常用的水溶性暂堵剂有细目氯化钠和复合硼酸盐($NaCaB_3O_5 \cdot 8H_2O$)等。这类暂堵剂可在地热井投产时,用低矿化度的水溶解盐粒解堵。正是由于投产时储层会与低矿化度的水接触,故该类暂堵剂不宜在强水敏性的储层中使用。

试验表明,如果将不同类型的暂堵剂适当进行复配,会取得更好的使用效果。无膨润土暂堵型聚合物钻井液通常只适合在技术套管下至储层顶部,并且储层为单一压力层系的油气井中使用。虽然这种钻井液有许多优点,但由于其配制成本高,使用条件较为苛刻,特别是对固控的要求很高,故在实际钻井中并未得到广泛采用。

3.2.3　超高温地热储层保护技术

对于超高温储层,由于水基钻井液具有固有缺点,因而从安全、防漏的角度考虑,应采取清水充气钻井液体系进行钻井。以清水进行循环冷却,以充气提高携岩效果,并提高钻井流体的循环流速,从而起到降温的效果。

第 4 章
增强型地热钻完井技术

增强型地热系统来源于干热岩钻完井技术,指采用干热岩钻完井技术,开发低产水能力或无产水能力的地热资源的技术。这一技术可以大幅度地提高低产水层的地热开发效果,因而具有广阔的应用前景。

干热岩指一般温度大于 200 ℃,埋深数千米,内部不存在流体或仅有少量地下流体的高温岩体。这种岩体的成分可以变化很大,绝大部分为中生代以来的中酸性侵入岩,但也存在中新生代的变质岩,甚至是厚度巨大的块状沉积岩。干热岩主要被用来提取其内部的热量,因此其主要的工业指标是岩体内部的温度。通过干热岩开发地热资源须通过钻井手段建立水的注采系统,通过地下热交换,实现地热的开发利用。

干热岩钻井通常在坚硬致密的岩体进行,需要大幅度提高钻井效率、降低钻井成本的技术,气体钻井是实现这一目的的有效途径。而提高换热效率是提高干热岩开发效益的关键,由此相关研究人员提出增强型地热系统的概念,即通过钻完井技术与热储改造手段提高采热效率。

典型的增强型地热钻完井技术包括水平井、分支井技术,两井增强型地热系统,单井增强型地热系统,储层改造技术,以及气体钻井技术等。

4.1 水平井、分支井技术

水平井技术是提高开发效果的最有效技术之一,由水平井发展起来的大位移井、多分支井技术代表了利用钻井手段提高开发效益的技术方向,是页岩气、煤层气等新能源商业开发的有效手段,下文将通过具体实例来介绍水平井的相关技术及应用效果。

4.1.1 水平井技术

水平井是指井眼沿与储层相近的倾角进入储层,并在目的层中延伸一定长度,以充分钻揭储层,提高单井产量的井。国内最早是指井斜大于 85°,并延伸钻进一定井段长度的井,但如果储层倾角较大,沿储层钻进一定井段长度,在国际上仍称为水平井。

水平井具有以下优点:① 最大限度地钻揭储层,提高单井产量;② 减少底水与气顶的锥进,提高开发效果;③ 提高井网的完善程度,提高开发效果;④ 实现边际油气藏的高效开发,特别是与多级大规模压裂结合可以开发页岩气等非常规油气;⑤ 侧钻、分支井可以开发剩余油等,提高开发效果。

美国 20 世纪 80 年代形成了现代水平井技术后,水平井数量快速增长,2010 年后随着页岩气等非常规油气藏水平井应用,2012 年水平井数达到 15000 口。

对于火成岩、脆性白云岩来说,裂缝是主要的渗流通道。在地应力与构造运动环境中,地层形成的裂缝大都为高角度的裂缝,这时直井可能只能开发较少的裂缝内的热水资源,其影响区域为一个条状,单井产出效果较差。水平井如果沿垂直于裂缝方向进行布井,则可以最大限度地增大钻遇裂缝的数量,从而大幅度提高单井产量。在非压裂情况下,取得目前页岩气的大规模体积压裂的增产效果。

对于奥陶系马家沟等石灰岩储层来说,地层发育的缝洞体是钻井的目标,但由于地层本身的不均质性,钻井中有很大概率钻遇不到缝洞体,导致产量极低。这是目前我国大多数中深层地热商业失败的主要原因之一。采用水平井技术,则可以在平面上充分延伸水平段长,从而大幅度提高钻遇缝洞体的概率,提高地热开发成功的可能性。

塔里木油田针对奥陶系灰岩缝洞体储层,为解决钻遇缝洞体发生严重井漏的问题,采用了沿储层顶部钻进,完井后采用酸压技术沟通井眼下方的多个缝洞体,从而实现高产,这就是"蹭头皮"钻完井技术。该技术实现了单井更高的产量、更长的稳产时间。这一技术完全可以用于地热开发。

对于砂泥岩地层,水平井技术可以显著增大井眼与储层的接触面积,从而大幅度提高单井产量。

水平井技术涉及的关键技术问题包括造斜与井眼方向控制、水平段延伸、井眼稳定、水平段与大斜度段携岩、摩阻控制、钻压施加、储层保护、固井、提速等。

目前水平井大多采用中曲率半径水平井,这类水平井采用常规的定向与轨迹控制手段,工艺简单、井眼长度增加较少,摩阻可控。在地层可钻性好的情况下,带弯螺杆的钻具组合滑动钻进时可以造斜与改变井眼方向。地面驱动钻杆转动时,可以实现稳斜,在与钻头、钻柱组合结构配合下,实现一趟钻完成从直井段到造斜段、水平段作业。此时选择适应低钻压、方向稳定性好、高保径的钻头,钻柱中除底部钻具组合外,不再使用加重钻杆,仅依靠斜井段的普通钻杆提供钻压。

水平井在滑动钻进时,由于静摩擦一般大于动摩擦,地面指示钻压并不能指示钻头的实际钻压,需要根据钻进时的钻时特性进行灵活控制。因此一般来说,滑动钻进速度低于地面驱动钻杆钻进时的机械钻速。

因此,在硬地层钻水平井时,由于滑动钻井机械钻速远低于地面驱动钻杆钻进的机械钻速,此时在轨迹设计与控制时应充分减少井下动力钻具滑动钻进,充分利用转盘钻增斜与稳斜,从而大幅度缩短钻井周期,降低钻井成本。

水平段的延伸控制主要是保证水平段在高效储层中钻进。可通过设计经济适用的随钻测量仪器,配合导向工艺来实现。一般来说,钻头钻进时总有沿最易钻地层钻进的趋势,如果合理设计钻具组合,就可以在提高钻井速度的情况下,提高优质储层钻遇率。

由于水平井井眼周围的应力差异更大,因而其井眼稳定相对于直井来说要更为困难。而水平井携岩中最关键的是流速,井眼扩大后首先就会导致井眼中流速降低,从而在井眼低边形成岩屑床。因此井眼稳定性就更为重要。为保证水平段安全钻进,有时须深下技术套管到大斜度段,甚至水平段的入口。

水平井的储层保护受到井筒内压力梯度变化大的影响,对储层保护技术要求更高,而且水平段钻进时间长,储层也更易受到污染,因此更应强调储层保护措施的落实。

水平井固井面临的难题是套管居中。另外水泥浆在凝固过程中的析水会在井眼上部形成连通的水带,导致固井质量不好。解决的对策是采用零析水水泥浆体系,同时增加套管扶正器的数量,提高套管的居中度。

在水平井钻井中,排量的提高不仅可以提高钻头的机械钻速,而且井眼中流速提高对于携岩非常关键。我国黄河一直在频繁改道,其原因是黄河中泥沙在河床中不断沉积,使黄河成为地上河。中华人民共和国成立后,由于采用了枯水期水库蓄水,让泥沙在水库沉积,在汛期则加速下泄,提高流速,将泥沙冲到大海的技术,因而近 70 年未发生一次改道。这充分说明流速是携砂的根本因素。

4.1.2　分支井技术

分支井技术是水平井技术的延伸。分支井不仅提高了水平段在储层的进尺范围,而且分支井通过不同的钻完井方式,可以实现不同的压力、温度、流体系统的同一个井眼开采,从而显著扩大水平井的适用范围。

分支井按完井方式可以分为 6 级,各级分支井完井方式示意图如图 4 - 1 所示。

级别 1:裸眼/无支撑连接——主井眼和水平井眼都是裸眼段或在两个井眼中用悬挂器悬挂割缝衬管。

级别 2:主井眼下套管并固井,水平井眼或裸眼或以悬挂方式下割缝衬管。

级别3：主井眼下套管并固井,水平井眼下套管但不固井,用悬挂器将水平尾管锚定在主井眼上,但不固井。

级别4：主井眼和水平井眼都下套管并注水泥,主井眼和水平井眼在连接处都注水泥。

级别5：在连接处进行压力密封,在不能固井的情况下,用完井方法达到密封。

级别6：在连接处进行压力密封,在不能固井的情况下,用套管进行密封。

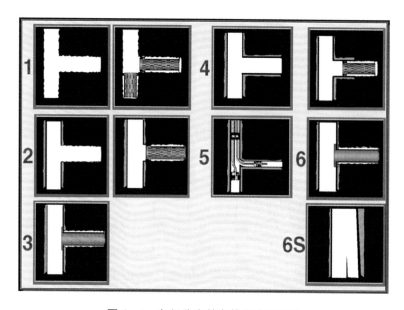

图4-1　各级分支井完井方式示意图

分支井压力密封级别越高,其成本就越高,其中1级分支井与2级分支井通常适用于同一个储层,许多情况下是以鱼刺井等方式实现,具有成本最低的特点。

4.2　增强型地热系统完井方式

4.2.1　两井系统

1. 经典的增强型地热系统

经典的干热岩增强型地热系统(图4-2)是从地表往干热岩中打一口注入井,封闭井孔后向井中高压注入温度较低的水,从而产生了非常高的压力。在岩体致密无裂隙的情况下,高压水会使岩体大致垂直最小地应力的方向产生许多裂缝。若岩体中本来就有少量天然节理,这些高压水会使其扩充成更大的裂缝。裂缝的方向受地应力系统的影响。随着低温水的不断注入,裂缝不断增加、扩大,并相互连通,最终形成一个大致呈面状的人工干热岩热储构造。在距注入井合理的位置处钻几口井,并贯通人工热储构造,这些井用来回收高温水、汽,称之为生产井。注入的水沿着裂隙运动并与周边的岩石发生热交换,产生了 200~300 ℃的高温、高压水或水汽混合物。从贯通人工热储构造的生产井中提取高温蒸汽,可用于地热发电和综合利用。利用之后的温水又通过注入井回灌到干热岩中,从而达到循环利用的目的。

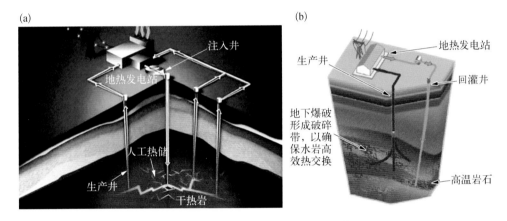

图 4-2　典型的干热岩系统示意图①

干热岩发电的整个过程都是在一个封闭的系统内进行的,既没有硫化物等有毒、有害物质或堵塞管道的物质,也无任何环境污染,其采热的关键技术是在不渗透的干热岩体内形成热交换系统。干热岩蕴藏的热能十分丰富,比蒸汽型、热水型和地压型地热资源大得多,比煤炭、石油、天然气蕴藏的总能量还要大。地下热岩的能量能被自然泉水带出的概率仅有1%,而99%的热岩是干热岩,没有与水共存,因此,干热岩发电的潜力很大。

干热岩发电存在的问题有:① 压裂形成的缝导流能力较低,不能适应地热发电高强度的采热需求;② 压裂的裂缝方向不能精确控制,可能会导致两井不能连通,导致失败;③ 水的循环路径短,换热量有限,难以持续稳定发电。

①　图 4-2(b)来源于美国可再生能源国家实验室。

为解决裂缝不能与采出井连通的问题,可以将采出井设计成大斜度井,利用斜井眼与压裂形成的高角度缝形成相交,提高连通效果。

这种完井系统通常的完井方式是注水井在储层直接裸眼完井,而采水井通常需要下入打孔管完井。

2. 成对水平井系统

为提高换热效率,可以采用水平井取代直井。受构造运动影响,通常地层中存在大小不均匀的地应力,而压裂时裂缝延伸方向一般是沿最大水平主地应力方向。因此如果采用沿最小水平主地应力方向钻井,再采用分段压裂技术,可以构建较为复杂的缝网结构,从而产生更好的换热效率。地热开采成对水平井井身结构如图4-3所示。

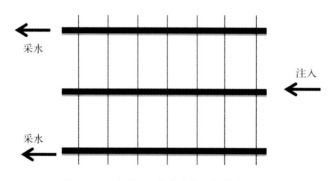

图4-3 地热开采成对水平井井身结构

21世纪初产生于美国的页岩气革命正是通过长水平段水平井与多级压裂技术的组合,单井产量提高了数百倍,才实现了致密页岩气的商业开发。目前的主流技术已发展到水平段长3000~4000 m,压裂级数达到50级以上。应用到地热开采中,可以形成较常规直井数十倍的换热效率,从而大幅度提高换热效率。

这种完井方式的注入井与采水井完井方式同直井一样,即注入井可以裸眼,采水井需要下入打孔管。

3. 直井与水平井直接连通

如果地层不适合压裂,则可以直接以两井连通进行换热。直井与水平井连通井身结构如图4-4所示。煤层气的两井连通方式是先钻直井,在直井下入磁定位仪器,再钻水平井,在水平井导向仪器前部安装磁探测仪器,通过探测直井中的磁定位信号实现两井连通。该技术目前

图4-4 地热开采直井与水平井连通井身结构

已可以实现 $\phi 215.9$ mm 井眼的贯通。但受到电子仪器耐温限制,通常该技术只适用于中低温增强型地热系统,并不适用于温度超过 200 ℃ 的干热岩。

如果地层温度高,为实现井眼相交的磁发射与磁探测仪器都难以适应高温要求,此时可以钻一口水平井,再在水平段接近末端位置钻一口直井,并对直井进行压裂,形成裂缝贯通两井。虽然压裂时裂缝的方向不能精确控制,但可以实现裂缝平面与井眼轨迹线相交,施工难度相对就显著降低。

4.2.2　单井系统

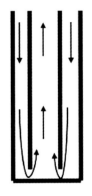

图 4-5　单井循环换热系统

一口直井中插入一根油管,从油管与生产套管环空注入冷水,到达井底后从油管内循环返出,就构成了最简单的单井循环换热系统,如图 4-5 所示。这种方法注入换水的换热时间短,而地层的低导热能力也使其换热岩体的体积仅限于半径不超过 50 m。因此该方式的经济效益较差。

对该方式的改进是采用水平井的方式,这种方式可以在热储层内部延伸 3000~4000 m,因此可以进一步提高效益。一般在水平井钻井时,水平段的机械钻速是垂直向下 1.5 倍左右。而水平井钻井在硬地层钻进时也不需要改变井身结构,从而使其成本远低于向下垂直钻井。

水平井的完井方式与直井相同,即下入一根中心油管到水平段的末端,从管外注入冷水,中心油管采出热水。增强型地热系统在地层有一定的产水能力的情况下,可以允许地层水进入循环系统,即注入水在注入水头作用下,部分漏入地层,而采出端同样由于水头略低,会有部分地层水进入井眼,从而提高采热能力。在这种方式下,循环水与地层作用范围将显著加大,从而提高换热能力,也可以增大单井涉及的岩石体积,从而提高可持久性。

4.2.3　完井结构

增强型地热系统在井身结构方面应充分考虑上部井段对换热效果的影响。在注入端,应充分利用上部井段对注入水进行预加热,而在采出端,则应减少上部井段的热损失。

对于采出端,应设计合理的井眼尺寸,随着井眼尺寸增大,流动阻力减少。但随着流动速度减慢,热水与井壁接触时间延长,会加大热损失,因此在设计时应充分优化井眼尺寸,使水流的阻力与接触时间达到平衡,从而实现最佳的效果。

对于注入端,采用相对较大的井眼尺寸可以让上部井段更充分地对注入水进行预加热,但井眼尺寸的加大会导致成本的急剧上升,同样也存在最佳井眼尺寸的问题。

不同的固井水泥其导热性相差较大,在固井水泥中加入珍珠岩可以显著提高水泥石的保温性能;减少水灰比,采用铁矿粉加重的水泥有利于提高导热系数。因此针对注入井与采出井可以采用不同的固井水泥添加剂,改变其导热性能,从而实现更好的效果。

采出井套管也可以采用保温措施,如某些金属氧化物涂层可以将隔热效果提高数十倍。

4.3   增强型地热系统改造工艺

4.3.1   直井压裂连通技术

水力压裂技术即利用地面高压泵车组,通过井筒向储层泵注不同性质的压裂液。当井底压裂液累积到一定限度时,井周会形成很高的压力;当这种压力达到一定程度时,储层干热岩将被这种压力破坏并产生裂缝。这时,继续泵注压裂液,裂缝就会继续扩展。简单地说,水力压裂过程就是通过压裂车向地层中泵注高压流体,并以流体为介质传递能量,破坏地层岩石的过程。

当压裂结束,会在储层中形成许多尺寸和形态各异的水力裂缝,这些裂缝便是换热介质的渗流通道。水力裂缝相互连通、交错,仿佛编织了一张"大网",将深部地热能"捕获"到地面,进行热交换。对于干热岩开发而言,裂缝之间组成的"网络"越复杂,规模越大,提供给液体热交换的通道就越多。

花岗岩具有致密、硬度大的特性,在其中压出裂缝需要很大的水压力,这就为压裂施工带来了诸多不利因素。因此,需要采用多种方法来降低水压力,其中,在天然裂隙发育的层段注水是主要的措施之一。地层岩石受长期地质作用的影响会形成很多天然裂隙,由于其胶结程度相对较低,若要在天然裂隙发育的层段开展水力压裂,无疑会使压力大大降低。此外,当水力裂缝在天然裂隙中延伸时,天然裂隙会在液体的作用下发生剪切作用,进而形成剪切型裂缝,这是水力裂缝的两种主要形态之一。形成剪切型裂缝是干热岩水力压裂所追求的目标之一。通过压裂形成剪切型裂缝,依托天然裂隙粗糙面或凹凸不平的面,裂缝面会因错位而造成缝宽增大。即使停止压裂,水力裂缝也无法恢复原状而闭合。这种现象即剪切膨胀现象,对于干热岩水力压裂是非常有利的。

始于 21 世纪初的"页岩气革命"促使水力压裂技术迎来了大发展,而干热岩压裂与页岩气压裂在工艺上有很大的差异,其根本原因是页岩与干热花岗岩的物理力学性质存在差异。

页岩是一种非常致密的沉积岩,具有层状节理和随机发育的天然裂隙,页岩气就赋存在基质体中的微孔隙结构之中。因此,在对页岩开展水力压裂时,必须采用水平井分段压裂,使裂缝穿透层理面,尽可能连通基质体,为微孔隙中的页岩气提供渗流通道。此外,为了充分改造储层,页岩气压裂须采用大流量泵注低黏度的压裂液,且需要泵注大量支撑剂对水力裂缝进行支撑。干热岩比页岩更致密,孔隙度更低,且结构面主要为随机发育的天然裂隙,高温是其最主要的物理特性。在干热岩压裂过程中,分段压裂往往会由于封隔器难以耐 210 ℃ 以上的高温而受到限制,因此部分 EGS 工程采用直井压裂。此外,为了避免在压裂过程中出现过高的泵注压力,往往采用较小的排量,促使水力裂缝发生剪切作用,因此干热岩压裂不加或少加支撑剂。

目前,国外干热岩压裂井数量总体较少,有文献报道的包括美国的芬顿山试验场、Newberry 和 Geysers 项目,以及德国的 Landan 项目、法国的苏尔茨项目和日本的 Hijiori 项目等。其干热岩的岩体条件、埋藏深度与温度虽然各不相同,但主体压裂技术均为直井和定向井清水压裂技术,或者清水压裂+辅助酸化改造技术,少部分井采用了分层压裂技术,最大压裂深度为 5270 m,且全程裂缝监测。总体来看,国外干热岩主体压裂技术具有如下特点。

(1) 注入排量小,持续时间长。干热岩压裂因起裂压力高、期望形成的裂缝面积和连通体积较大等原因,注入排量一般小于 3.0 m^3/min,且持续时间较长。例如,Newberry 项目的 55-29 井,压裂时注入排量为 1.3~1.4 m^3/min,注入时间长达960 h;芬顿山试验场的 EE-3 井在压裂时平均注入排量为 1.4 m^3/min;也有极少数井(如 EE-2 井)注入排量达到 6.0 m^3/min。

(2) 注入液量大。例如,Newberry 项目的 55-29 井在压裂时,单层注入液量超

过 5000 m³,最大液量为 26225 m³;芬顿山试验场的 EE‑2 井注入液量为 21300 m³,
EE‑3 井注入液量则达到 75903 m³。

(3)清水压裂,不加支撑剂。干热岩压裂过程中一般不使用压裂液基液或交联
压裂液,而是采用清水或降阻水,且不加支撑剂,主要依靠剪切裂缝或微裂隙来保持
裂缝导流能力。

(4)采用辅助酸化措施,提高近井裂隙的渗透性。干热岩一般先采用清水压裂
后,再采用盐酸、氢氟酸或螯合酸进行酸化,以提高裂隙的连通性和渗透率。例如,法
国苏尔茨项目的 GPK4 井在压裂后,采用 15%HCl+3%HF 进行酸化处理,注水井的注
入速率提高了 35%。

(5)压裂全过程裂缝监测。人工改造热储层的空间范围是决定干热岩开发利用
贡献大小和寿命的关键因素。因此,整个压裂过程中均要采用微地震进行压裂裂缝
的监测。Geysers 项目中所有注入井和生产井均进行了长时间的裂缝监测,并与模型
预测结果进行了对比。

(6)改造体积大,效果明显。美国芬顿山试验场 EE‑3 井的裂缝微地震监测
结果发现,其改造体积达 3000×10⁴ m³,生产井产水流量为 5.34 L/s,产水温度
为 177.1 ℃。苏尔茨项目的 GPK1 井、GPK2 井、GPK3 井和 GPK4 井水力压裂后生
产力指数(单位井口压力下对应的产水流量)提高了 15~20 倍,生产井产水流量
达 18 L/s,注水井和生产井的井口压力基本不变,产水温度稳定在 164 ℃ 左右,热能
稳定。

(7)压裂结束后微裂隙继续扩展。裂缝监测结果表明,干热岩井每一次压裂
结束关井后,仍产生大量微地震事件。这说明因热应力的长期作用,微裂隙仍在继
续扩展。

压裂的排量直接关系到生产时的注入流量与产水流量。国际上一般认为干热岩
发电的经济能力应是产出水流量达到 100 m³/h,水温达到 200 ℃,水的循环效率达
到 80%。而油气井压裂实践表明,常规的压裂排量显然难以达到较高的产能。

4.3.2　水平井多级压裂技术

虽然干热岩在超高温条件下难以实现分级压裂,目前耐高温橡胶不断取得突破,
耐温 175 ℃ 的橡胶已能工业应用,而耐高温交联压裂液也可以适应 180 ℃ 的温度。在

这种情况下,多级压裂成为可能。而大量的增强型地热系统温度并不一定很高。随着城市地热供暖系统的大量应用,势必出现更多的针对中温的增强型地热系统,以增强型地热系统提高单位工程投入的产出效果,此时水平井压裂改造技术就具备推广价值。

水平井多级压裂技术实施须采用逆向设计,即从地应力分析开始,分析不同的压裂工艺产生的缝网结构,设计水平段的方向、水平段之间间距、水平段长,再设计水平井的完井方式、轨迹、导向工艺与钻井技术措施。

目前在致密油气与页岩气已形成了多种压裂工具与工艺。如果地层脆性较强,如白云岩地层或脆性页岩地层,可以采用滑溜水,通过套管压裂,尽可能提高压裂排量,以较少的砂比,形成较为复杂的缝网结构,从而提高压裂缝网波及体积,提高换热效果。此时通常采用射孔压裂后,再泵送速钻桥塞的方式进行多级压裂。虽然目前有出现可溶桥塞,可以免去钻桥塞施工,但由于并不能保证几十个桥塞都能在规定时间内可靠地完全溶解,因此这一技术在国外应用并不多。

如果地层塑性较强,则会形成条状缝,此时可采用多簇压裂方式进行压裂,形成细分切割效果。

我国前几年页岩气套管压裂中频繁发生套管损坏问题,损坏比例达到全部井的近 50%。即使将套管钢级提高至屈服强度达到 864 MPa(125 kPSI 钢级),壁厚提高到 12.7 mm,仍不能有效减少套管的损坏。后续的分析认为其损坏机理是压裂时裂缝可能通过较长的路径连通到套管外壁,压裂后管内已泄压时,管外不均匀外挤力作用于套管,导致套管被挤毁。近期页岩气减少了压裂簇间距后,这一现象得到较大幅度的改善。

4.3.3　降温压裂技术

地热储层的超高地层温度对压裂液耐高温性能提出了很大挑战。目前常用的交联压裂液耐温在 180 ℃以下,采用提高压裂液耐温能力的方法,不仅会大幅度增加开发成本,而且面临一系列技术挑战。虽然稠化水、滑溜水压裂液可以满足高温地层求,但其砂比较低,难以形成较大的渗流通道,不一定适合于所有地层。

为解决上述问题,一方面需要研发耐高温压裂液体系,另一方面需要研究压裂地层(局部短时间)降温技术,降低对压裂液的耐温需求。降温压裂方法可以实现超高温条件下的 EGS 压裂。随着压裂液的注入，井筒温度和裂缝内压裂液温度都逐渐降低，从而可以实现耐温性较差的交联液注入。

如我国东北某地区一口直井，井深 4000 m，地温梯度为 7 ℃/100 m，地层温度为 300 ℃，压裂液排量为 5 m³/min，套管外径为 139.7 mm，内径为 122 mm，油管外径为 75 mm，内径为 63 mm，施工地面温度为 20 ℃，下部带封隔器压裂，用水作为压裂前导液。测试压裂裂缝形态反演可知，压裂裂缝缝长 201.4 m，缝高 54.3 m，平均缝宽 3.2 mm，压裂液效率为 70%，可计算出须注入压裂液体积 100 m³，压裂时间 20 min。应用 COMSOL Multiphysics 5.1 软件热传递模块（Heat Transfer Module）计算，可得出压裂时井筒内射孔位置温度变化情况，如图 4-6 所示。

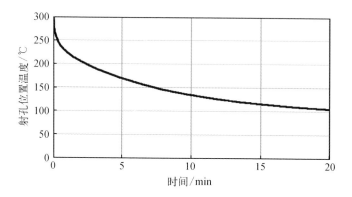

图 4-6　压裂时井筒内射孔位置温度变化情况

分析结果显示，在压裂施工很短时间内，井筒温度快速降低，由此可以分析压裂液对地层降温效果显著。从图 4-6 中可以看到，在压裂开始 5 min 后，射孔处温度就低于 170 ℃，在压裂终止（20 min）时，射孔处的温度约为 105 ℃，该温度为裂缝内压裂液的初始温度。

图 4-7 为压裂过程中（1~20 min）裂缝内液体的温度分布状况。

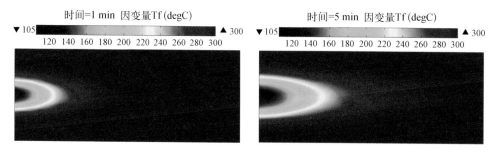

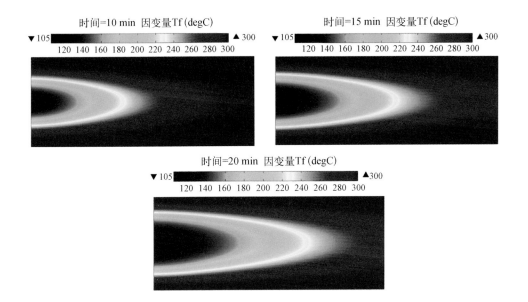

图 4-7　压裂过程中（1~20 min）裂缝内液体的温度分布状况

　　从图 4-7 中可以看到在压裂终止前（20 min）时刻，裂缝前端 50 m 处与地层温差达 80 ℃ 以上，降到 220 ℃，降温效果显著。

　　当地温梯度分别为 5 ℃/100 m、6 ℃/100 m、7 ℃/100 m 时，射孔位置温度随时间的变化情况如图 4-8 所示。从图中可以得到压裂终止前射孔位置温度分别为 80.0 ℃、92.4 ℃、105 ℃，压裂液多井筒降温效果显著。

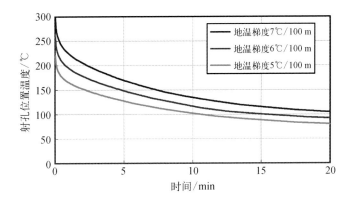

图 4-8　不同地温梯度下射孔位置温度随时间的变化情况

　　由此提出降温压裂工艺为：① 压裂前注入压裂前导液（清水）27 m³（裂缝前段 55 m 范围）；② 注入低砂比（携砂浓度小于 10%）稠化水压裂液，继续对地层进行降温；③ 注入常规交联压裂液以正常携砂比进行正常压裂；④ 压裂施工必须保证施工过程连续，不得发生停泵现象，如果在泵入交联压裂液前发生停泵，则应加大低砂比压裂液量，以保证对地层的降温效果。

　　降温压裂形成缝由于末端砂比较低，其导流能力会略低于常规压裂情况，但由于干热岩及高温岩体的本身强度高，支撑剂量减少并不会对裂缝闭合产生显著影响。

4.4　气体钻井提速技术

　　气体钻井是指利用压缩气体作为钻井液携岩或碎岩动力的钻井工艺技术。其大体可分为气体回转钻井工艺和气体冲击回转钻井工艺两大类。气体回转钻井工艺钻效较常规钻井工艺钻效高 2~3 倍，而气体冲击回转钻井工艺钻效较气体回转钻井工艺钻效还高 3~5 倍。因此气体钻井工艺提速作用十分明显，且具有非常显著的经济效益。

　　气体钻井技术常用的气体类型为空气，特殊情况下可采用氮气。当所选用的气体类型为空气时，气体回转钻井工艺主要指前文所述的"空气正循环牙轮钻头回转钻井工艺"，气体冲击回转钻井工艺指前文所述的"空气潜孔锤正循环冲击回转钻井工艺"。

　　气体钻井技术虽然钻效极高，但由于其采用的气体钻井液具有高压缩性，当井孔内地层水出水量过大时，在井内的地层水液柱压力作用下，气体钻井液被数十倍地压缩。当气体钻井液被压缩到极限值无法实现有效携岩时，气体钻井技术就不再适用了。因此气体钻井技术无法应对地层大出水量。另外，由于气体钻井液对井壁的支撑作用很小，无法平衡地层压力和有效稳定井壁。因此气体钻井技术不适用于松散地层、有大段破碎段的基岩地层，以及易缩径地层，其更适用于致密、坚硬、不含水或微含水地层。在开展气体钻井前应进行可行性评价，确定合理的井段与相应的井身结构，从而设计气体钻井工艺及中止退出措施，保证钻井安全，提高钻井效率。

　　由于干热岩通常是在坚硬致密的火成岩中，因此气体钻井技术非常适合于干热岩钻井，对干热岩的开发具有更重要的意义。自然资源部在青海共和盆地干热岩探索中，在 GR1 井成功实施了空气钻井技术，在中上部井段取得了非常显著的提速效果。

4.4.1　气体钻井提速适应性评价技术

1. 气体钻井技术应用必要性评价

气体钻井技术不仅适用于干热岩开发,也适用于水热型地热资源开发,因此以下统一论述其技术适应性。气体钻井技术应用对象可分为产层和非产层两大类。应用于非产层的气体钻井技术目前以提速为主要目的,也有部分以防漏治漏、减少井下复杂事故为目的。应用于产层的气体钻井技术多以良好保护储层、提高勘探发现率和开发效果为主要目的。无论何种目的的气体钻井,首先需要从技术上论证是否必须用气体钻井才能达到良好的效果,即气体钻井技术应用必要性评价。

气体钻井技术应用必要性评价主要涉及以下几方面:① 储层保护潜力评价,即与常规技术相比,气体钻井所能达到的储层保护效果,主要针对产层;② 提速潜力评价,即与常规钻井技术相比,气体钻井能够提高机械钻速的程度,主要针对非产层;③ 应对井下复杂情况的潜力评价,即对于常规钻井容易发生井漏、井喷、水敏性井壁坍塌、压差卡钻等的情况,论证利用气体钻井应对上述复杂情况的必要性。

2. 气体钻井技术工程可行性评价

气体钻井技术能否顺利实施受地质条件、地层水产出量等方面因素的影响较大,因此需重点评价气体钻井技术的工程可行性。气体钻井工程可行性评价主要涉及以下几方面。

(1) 地质条件适用性评价

气体钻井技术不适用于松散地层、有大段破碎段的基岩地层、易缩径地层及出水量大的地层。因此,须先通过地质资料分析是否存在上述不适用条件。在确认地质条件适合气体钻井条件前提下,还要额外进行井壁稳定性评价。气体钻井循环介质不同于常规钻井,井筒内没有液柱压力平衡井壁应力。气体钻井一旦井壁失稳缺乏有效的井壁稳定措施,极易导致气体钻井失败。因此,气体钻井对井壁稳定性的要求较高。气体钻井的井壁稳定性评价也不同于常规钻井。在气体钻井条件下能够开展的测井项目非常有限,很难通过已有气体钻井的资料获得气体钻井井壁稳定性评价的测井资料。目前气体钻井所用测井资料仍然是通过常规钻井的测井项目获得的。应用常规钻井条件下的测井资料进行气体钻井井壁稳定评价时必须结合室内测试进行测井信息校正。气体钻井井壁稳定性评价的主要任务包括：井眼应力状态分析、易失稳地层特性分析、岩石力学特性等参数测试、液相侵入规律分析、利用测井信息校正获取气体钻井条件下的岩石力学特性、气体钻井坍塌密度剖面和井眼半径预测剖面。

（2）地层水产出能力评价（即井眼净化能力评价）

气体钻井技术所采用的气体钻井液具有高压缩性，当井孔内地层水出水量过大时，在井内的地层水当量液柱压力作用下，气体钻井液被压缩数十倍，将导致井底钻头处气量不足以有效携岩，即井眼净化能力达不到要求，无法获得新的进尺。因此，评价地层水产出能力非常重要，对于地层水产出能力大的地层，不适合采用气体钻井技术。

3. 气体钻井技术经济可行性评价

除论证气体钻井必要性和工程可行性外，还需要评价与常规钻井技术、增产措施相比，气体钻井通过储层保护提高产能、通过提速缩短建井周期等是否具有获得的经济效益优势，即气体钻井技术经济可行性评价。气体钻井技术经济可行性评价主要涉及以下两方面。

（1）缩短工期带来的效益评价

一般而言，地层硬度越大，气体钻井提速作用越明显，工期缩短越多，带来的经济效益越大。但由于变换钻井工艺导致设备运输与租赁成本增加，因而采用气体钻井技术施工必须达到一定的工程量方有经济可行性。随着气体钻井技术的进步与成熟，一般认为采用气体钻井技术施工的井段长度超过 500 m 便具有经济可行性。

（2）提高产能带来的效益评价

地热井的产能越大，其使用价值就越大，提高地热井产能能够明显提高地热资源开发的经济效益。因此，应评价采用气体钻井技术较常规钻井技术提高地热井产能的潜力，进而评价提高产能带来的经济效益。

4.4.2 气体钻井提速工艺技术

1. 气体钻井的地面设备

（1）根据气体钻井的井眼尺寸、井深和地层产水能力等综合因素，配备空气压缩机组。

（2）根据所钻地层是否长期有大量烃类流体产出,决定选用的气体类型是空气还是氮气。

（3）根据所钻地层的预测最大压力决定井口组合(对空气钻井的非储层提速,采用低压旋转头,或采用常规防喷器组合加中低压旋转头;对储层钻进,采用高压、防喷器组合加高压旋转头)。由所钻地层排空的压力确定气体钻井的排屑系统(如果是非储层的空气钻井提速,则只用排屑管线;如果是钻开储层,则在采用排屑管线的同时,必须在防喷器组合上连接井控节流管汇、防喷管线和压井管线)。

空气钻井地面设备如图 4 - 9 所示。

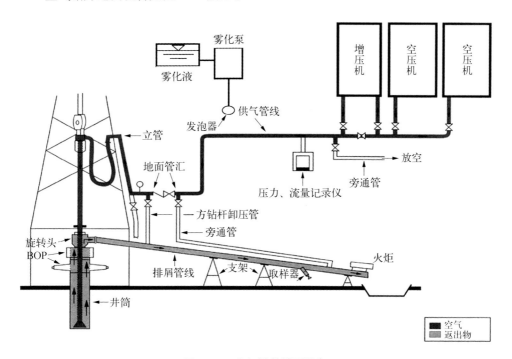

图 4 - 9　空气钻井地面设备

2. 气体钻井的井下工具

与常规钻井液钻井一样,气体钻井中的高压气体由立管经水龙头或顶驱注入钻杆,经钻头水眼到达井底,携带破碎的岩屑和其他地层产出物(油、气、地层水)经环空返至井口。但由于气体在本质上是不同于液体的特殊流体,故其井内循环流程有很多的特殊之处。因此其采用的井下工具也与常规钻井工艺不同。一般气体钻井的井下钻井工具组合:钻头+冲击器(气体冲击回转钻井工艺时使用)+箭型止回阀+钻铤+钻杆+(旋塞阀+箭型止回阀)+钻杆……+方钻杆下旋塞阀+方钻杆(或至顶驱)。

钻头或冲击器上方的箭型止回阀,作用是防止停止注气时环空气体携带岩屑回流至钻杆内,从而造成钻头水眼堵死。地表浅部的(旋塞阀+箭型止回阀)作用是避免接单根前放空全部钻具内高压气体,接单根后重新向钻具内注入高压气体,浪费时间与动力。因此,在下钻到底后,钻杆上装第一组单向阀,这样在后续钻进中,由该单流阀到钻头的大段钻杆内的高压气体就不会在接单根时被泄掉,大大节省了接单根的时间。当钻进井段足够长时(一般为 200 m 以上时)再增加一组单向阀,以防该部分钻杆内高压气体在接单根时释放。

除钻头处的单向阀以外,钻柱上的单向阀一定要与旋塞阀配用,旋塞阀在下、单向阀在上,否则起钻时将无法泄掉单向阀之间封住的高压气体。起钻时,先通过泄压管线泄掉立管至钻杆柱单向阀之上的高压气体,然后正常起钻。当起出单向阀时,先关闭单向阀下的旋塞阀,然后卸掉单向阀,之后将钻柱与方钻杆连接,打开旋塞阀,通过泄压管线泄压,泄压后正常起钻。

气体钻井中钻头一般不装喷嘴(为减小注入压力)。在使用大尺寸钻头(如 $17\frac{1}{2}''$①钻头)时,堵一个水眼造成两股强射流的不对称井底流场,对井底清岩是有好处的。对装有小尺寸喷嘴的情况,计算中应校核其超临界流的致冷效应,防止出现结冰现象。

如果用空气潜孔锤钻进,则应参考供应商的产品资料,空气潜孔锤有其适应的压力和气量。如果注气量远大于空气潜孔锤的工作气量,则应在空气潜孔锤之上,加装分流阀,分流一部分气体直接至环空。空气潜孔锤工作中应定期加入大量抗爆型润滑油。同时应避免钻杆内铁锈等固相杂质进入空气潜孔锤。

如果用井下螺杆钻具,则应在流动计算中根据螺杆的气动外特性曲线,考虑其注入气量和压力降,并确定合理的钻压和钻速。

在气体钻井中对井下三器(稳定器、减震器、震击器)原则上建议不用或少用。在气体钻井中由于环空携岩方式主要靠高速气流对岩屑的冲击,同时也由于气体钻井处理井下复杂情况与事故的能力差,故希望环空畅通,希望钻柱简单,希望钻进过程

---

① 英寸,1 英寸 = 0.025 4 米。

中少发生井下复杂情况。

气体钻井过程中由于井筒内无钻井液,故钻柱的强度设计有所不同,钻机的提升力计算也不相同。如果是定向井、水平井,则钻柱的扭矩、起下钻摩擦阻力等的计算也不相同。

气体钻井中套管强度设计也有极大不同,因为井内无液柱压力,故应按掏空计算。

3. 气体钻井的地面返出设备

气体钻井的地面返出流程主要是井口旋转头,排屑管线,有易燃气体时还需要有燃烧池。

钻井液钻井携带岩屑是靠黏切力和浮力,当钻井液停止流动时靠黏切力,没有浮力携带岩屑会悬浮而不下沉。气体钻井中几乎没有黏切力,没有浮力,岩屑靠高速气流的冲击被运移。在水平管道中,由于气体流速与重力垂直,岩屑极易沉淀,极易在流道和拐弯处产生阻挡。因此,气体钻井的排屑管线绝不同于钻井液钻井,只要有根管线可以流钻井液就可以同时排除岩屑。如果气体钻井采用多拐弯、多变径的排气管,岩屑极快就会沉淀、堵塞。

气体钻井的排屑系统有环保密闭型和开放型两种。环保密闭型很少使用。由西南石油大学建议,并被我国现场广泛采用的典型开放型气体钻井排屑管线及其附件如图 4-10 所示。

连接在旋转控制头上的气体钻井排屑管线一定要保证直(无拐弯)、通(无变径、无阻挡)、斜(向下一定斜度,有利于大颗粒岩屑流动运移)、适当直径。如图所示,直、通的排屑管线一般下倾 15°左右,为安全其方向在顺风向 45°左右。其内径一般与井筒环空面积相当(过大直径造成流速低携岩差,过小直径造成对环空憋压而不利携岩),采用等径的直通管,不要变径,不要拐弯。排屑管线长度推荐 100 m,通燃烧池。

在某些井场受限的情况下,不得不采用拐弯的排屑管线。此时要考虑尽量少拐弯、拐缓弯(圆弧过渡弯、而不是直角弯)。拐弯处的冲蚀是大问题。但不赞成采用直角弯带盲管段的抗冲蚀结构(在排屑量突然增大时容易堵塞)。整条排屑管线要固定牢靠,因为在举水、排水过程中的瞬间冲击动能是极大的,有拐弯的排屑管线应格外小心。

4. 气体钻井的主要工程难题

(1)地层出水

地层出水是气体钻井技术面临的最大难题。采用气体钻井技术时,往往开始钻

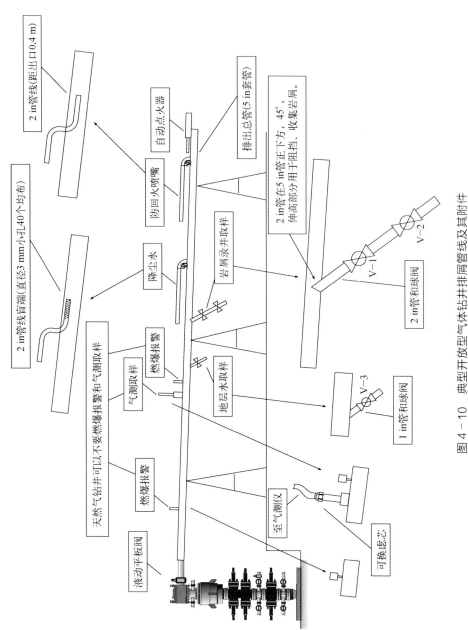

图4-10 典型开放型气体钻井排屑管线及其附件

注：无易燃气体时可去除燃爆报警、防回火喷嘴、自动点火器等装置。

进的地层不含水,但随着钻孔深度的不断增加,几乎总会遇到一些出水层段。当刚开始遇到出水量较小的层段时,如果出水层段以上地层中有泥岩、页岩地层,岩屑在井孔内上返时容易形成泥球、滤饼,导致岩屑上返不正常。此时,可通过泡沫泵向钻杆内持续注入少量清水(或通过其他设备向钻孔内持续注入清水)的方式化解泥球、滤饼,使岩屑上返正常并获得新进尺。随着钻孔深度的进一步增加,井孔内累积的地层出水量会不断增加,直接导致井孔内的水体液柱压力不断增加,不断压缩从钻头处返出用于携岩的气体。当被压缩后的气体沿井孔上返流速低于携岩流速时,岩屑将无法顺利上返,此时须借助泡沫钻井技术予以辅助携岩。与非含水地层不同,在含水地层使用泡沫钻井技术时,须向井内注入高浓度甚至纯泡沫液,以尽量减少因注入泡沫而人为增加的井内液柱压力,进而减弱对气体产生的压缩效应。当地层出水量恒定时,井深越深,井孔内液柱压力越高,气体被压缩的幅度就越大。

为应对非储层地层产水量大而影响气体钻井技术的应用问题,通常在产水量大的井段用水泥浆封堵产水地层,用水泥浆封堵地层水与封堵坍塌掉块井段不同。水泥浆进入微小裂隙通道后,只要初凝后很快就能将产水层的产水通道堵塞,而不用等水泥浆强度慢慢增长,因此用水泥浆封堵非储层产水地层是提高气体钻井技术适用性的有效方法。在钻遇储层时,不能采用水泥浆封堵方法时,可借助泡沫钻井技术适当提高返屑能力进而获得一定深度的进尺。当采用泡沫钻井技术也无法有效返屑时,可下放套管临时封隔储层地热水,封隔之后变径继续钻探,待终孔时再将此前临时封隔的地热水通过射孔方式打开。

综上所述,地层出水是气体钻井技术最大的天敌,可借助水泥浆封堵非储层产水层和下放套管临时封隔储层水的方式有效应对。

（2）井壁稳定

气体钻井中因为井筒内没有液柱压力支撑井壁,导致气体钻井稳定井壁的能力差。一般松散地层、蠕动变形的软岩地层,以及大段破碎地层不适合应用气体钻井技术,其他地质条件下采用气体钻井技术时,其井壁稳定性一般可以通过工程手段予以解决。例如,破碎段长度较短(一般小于 5 m)时,可通过向破碎地层内挤入水泥浆,利用水泥浆与破碎地层内的岩块胶结凝固作用稳定地层与井壁,待水泥浆强度增长到预定值后,扫塞继续钻探。

气体钻井技术井壁稳定性一般不好通过室内试验判断,通常都采用现场经验法判断,当利用工程手段后仍无法稳定井壁时,应果断停止气体钻井技术。

4.4.3　贵州铜仁松桃苗王城地热井气体钻井工程实例

1. 钻井地质条件

本项目地热资源热储类型为带状热储,开采裂隙型地热水,目标取水段深度为
1500~2500 m,设计于1800 m钻遇主构造。目标取水段岩性为南华系铁丝坳组含砾砂岩和
清水江组凝灰岩、板岩,上覆地层主要为南华系、震旦系、寒武系地层。整体地层岩性硬
度中等,地层可钻性一般。在钻遇主构造及构造影响带时,容易发生掉块卡钻现象。

本井设计钻遇地层岩性、厚度、层底深度见表4-1。

表4-1　设计钻遇地层岩性、厚度、层底深度一览表

系	组(群)	地层代号	岩性描述	地层厚度/m	层底深度/m	备注
第四系		Q	泥土、亚黏土、砂	10	10	
寒武系	清虚洞组	$\in_1 q$	灰岩、白云质灰岩、白云岩、泥质条带灰岩,薄层状泥质灰岩。	400	410	富水
	杷榔组	$\in_1 p$	页岩、黏土岩夹钙质黏土岩	240	650	
	明心寺组	$\in_1 m$	砂岩、页岩夹灰岩	180	830	
	九门冲组	$\in_1 jm$	页岩、砂岩夹灰岩	20	850	
	牛蹄塘组	$\in_1 n$	含磷硅质岩、含炭质粉砂质页岩、磷块岩等	75	925	
震旦系	留茶坡组	$Z_2 lc$	硅质岩、硅质白云岩	20	945	含水
	陡山沱组	Zbd	页岩、薄层泥质白云岩	50	995	含水
南华系	南沱组	$Nh_2 n$	含砾砂岩,含砾黏土岩	240	1235	
	大塘坡组	$Nh_1 d$	炭质页岩、含炭质粉砂质页岩等	400	1635	
	铁丝坳组	$Nh_1 t$	含砾砂岩	50	1685	含水
前南华系	清水江组	$Pt_3 q$	板岩、变余凝灰岩、变余砂岩	>500	2200	

2. 钻井工艺设计

全井采用气体钻井技术施工,设计施工用压缩空气参数如下:钻井耗气量为 120 m^3/min,最高钻进气压为 6.0 MPa。

3. 井身结构设计

本井井身结构设计为三开:一开井眼直径为 311.2 mm,下入 ϕ244.5 mm 表层套管,全井段固井;二开采用 ϕ215.9 mm 钻头,下入 ϕ177.8 mm 技术套管,采用实管形式,进行穿鞋戴帽固井;三开采用 ϕ152.4 mm 钻头钻达完钻井深,裸眼完井。井身结构设计参数见表 4-2。

表 4-2　井身结构设计参数表

井段	钻孔直径 /mm	钻孔深度 /m	套管直径 /mm	套管壁厚 /mm	套管下深 /m	套管类型	固井方式
一开	311.2	0~500	244.5	8.94	0~500	实管	全井段封固
二开	215.9	500~1500	177.8	8.05	470~1500	实管	穿鞋戴帽
三开	152.4	1500~2500	裸眼				

注:表中二开深度为最小深度,只要二开钻进时采用空气潜孔锤正循环冲击回转钻进工艺或空气牙轮钻头正循环回转钻进工艺能够得到进尺,则二开深度越深越好。

4. 地面气体钻井设备配备

本井配备空压机与增压机主要性能参数见表 4-3。

表 4-3　空压机与增压机主要性能参数表

序号	设备名称	数量	最大排气量 /(m^3/min)	最高排气压力 /MPa	功率/kW	驱动方式
1	空压机	4 台	31	2.5	300	柴油机
2	增压机	1 台	120	12	650	柴油机

5. 钻井工艺参数

(1)钻压与转速

本井钻进时转速始终采用钻机一档钻进,转速为 65 r/min,选用的钻压参数见表 4-4。

表 4-4　钻压参数表

钻井井段	一开(φ311.2 mm 井眼)	二开(φ215.9 mm 井眼)
钻压/kN	24~30	20~25

（2）风压与风量

空气潜孔锤正循环冲击回转钻井工艺施工过程中风压不可控，风压大小随钻孔深度和钻孔内涌水量变化而变化。风量可控，钻孔深度越深，地层涌水量越大，选用的风量越大。本井选用的各开钻进风量参数见表 4-5。

表 4-5　各开钻进风量参数表

井径/mm	井段/m	钻井工艺	风量 /(m³/min)	地层出水量 /(m³/h)
311.2	0~67	空气潜孔锤	30	0
311.2	67~253	空气潜孔锤	60	0
311.2	253~415	空气潜孔锤	90	20
311.2	415~500	空气牙轮钻头	90	30
215.9	500~770	空气潜孔锤	90	0
215.9	770~970	空气潜孔锤	120	20
213	970~1200	空气潜孔锤	90	5(堵漏后)
213	1200~1450	空气潜孔锤	120	10
211	1450~1650	空气牙轮钻头	120	15

（3）钻时钻效分析

本井的钻时钻效如表 4-6 所示。

表 4-6　钻时钻效统计表

钻井工艺	井径/mm	井段/m	风量/(m³/min)	地层涌水量/(m³/h)	机械钻速/(m/h)
空气潜孔锤	311	0~67	30	3	30
	311	67~167	60	3	15
	311	167~253	60	3	9
	311	253~415	90	12	6
空气牙轮钻头	311	415~500	90	15	3.5
空气潜孔锤	216	500~770	90	0	40
	216	770~818	90	0	40
		818~940	120	12	10
		940~970	120	15	4
	213	970~1200	120	5(堵漏)	20
	213	1200~1450	120	10	8
	211	1450~1650	120	15	3.5

　　因此,通过风量的调整,有效解决了地层出水问题,空气钻井的机械钻速得到了大幅度提高。

第 5 章

地热井固井技术

5.1 地热井井身结构与套管

5.1.1 地热井井身结构

地热井井身结构设计与油气井井身结构设计原则上没有大的区别。不同的是中低温地热系统需要考虑复杂地层问题，不同压力系统的油气压力控制相对重要性有所降低。而大排量采水时受泵体直径影响，近地表通常需要较大井眼尺寸，下层套管有时须挂在表套底部。

超高温地热井在井身结构设计时应充分考虑不同深度地层热水在循环时的温度升高对井身结构的影响，确保在循环中断、地层大量出水、严重井漏等特殊情况时，井身结构能保证钻井的安全，不发生严重的井喷事故。要求每层套管下深应严格按水会汽化来进行设计，设计的套管层次要比常规油气钻井更安全。在这种情况下，可以考虑不同层段出水差异对井身结构的有利影响。

碳酸盐岩地层一般采用裸眼完井技术，技术套管一般下到碳酸盐岩顶部，因为酸碱盐岩顶部一般风化较好，漏失更为严重。因此，井身结构设计时，应严格控制进入碳酸盐岩的深度，一般控制在 3 m 左右，发现岩性改变即可下入套管。

在砂岩储层一般目的层可以采用打孔管完井技术，此时一般目的层与上部地层属同一个压力系统，岩性方面也并没有需要套管封隔的特殊性岩。因此可以设计目的层以上某些层段不下技术套管，钻完目的层后直接下入下部打孔管（筛管），上部套管。固井时采用封隔器与分级注水泥器，先用封隔器封隔下部打孔管层段，再通过分级注水泥器对上部套管外进行注水泥固井，这种方式也称为半程固井技术。

5.1.2 高温情况下套管强度设计

套管失效是高温地热井中常见的井内事故，也是问题比较突出的事故。套管是维持正常生产的保障，套管失效将直接影响地热能开发的成本和进度，如果处理不当将极有可能造成新的问题，甚至导致地热井失效，经济价值降低。

资料显示，目前国内外学者针对水泥环完整性、套管应力场作用规律进行了大量研究，并形成了套管-水泥环-地层理论基础以及评价方法。因此，进行该课题研究的理论背景丰富,依据充分。同时井筒完整性对地热资源后期开采、井的寿命周期至关重要,因此对水泥环及套管开展研究具有重要意义。此外,前期开展了大量有关水泥环完整性的研究,并形成了部分阶段研究成果,这些理论成果和方法对于探究水泥环完整性对套管作用规律具有借鉴意义和指导作用,具体如下。

(1)套管内温度在升高过程中,热应力作用在套管上是逐渐增大的,由于水泥环的约束作用,套管上的径向热应力不断增大,套管的轴向热应力同样增大,并且轴向热应力轴向叠加。

(2)通过热应力的作用后,径向热应力使套管发生形变,进而导致水泥环的形变,使得水泥环出现裂缝,对井筒完整性造成破坏,套管失效概率大大增加。

(3)套管上的轴向热应力的叠加,引起套管的压缩作用,套管轴向受压,导致套管屈服破坏,工程上表现为井口抬升,对井口设备和地面管线造成损害。

(4)根据套管、水泥环和地层的模拟结果可知,温度的不同作用将导致套管和地层热应力分布不均匀,不均匀的热应力将导致套管被破坏,从而失效,主要是引起套管的变形、缩颈变形或破裂。

地热井套管强度设计所受载荷不同于油气井,其开采过程中压力变化幅度并不大,应重点考虑温度引起的应力变化。国内大量的实践表明,采用预应力固井技术可在一定程度上减少热应力引起的套管失效。预应力固井时,须在井底安装地锚或井底采用快凝水泥,在上部水泥未凝固前,通过钻机或千斤顶给套管施加一定的拉伸载荷。

对于地热井来说,由于井口与采热地面装置连接,井口附近套管受力更为严重,可能引起井口抬升过多的情况,为此在井口附近采用伸缩补偿装置可以在一定程度上改善井口附近套管受力。

5.1.3　套管材质与扣型选择

对于超高温地热井,设计时还应考虑套管高温下强度减弱的影响。图 5-1 为某厂商的不同套管材料在不同温度条件下的屈服强度曲线,从图中可以看出,在 200 ℃条件下,套管的屈服强度已下降 10%~15%(较 20 ℃时的屈服强度)。

天津等地的国内套管厂曾针对稠油热采井开发了高温专用套管,该套管连接强

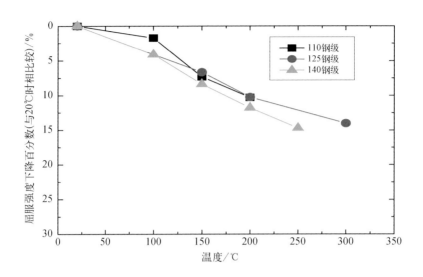

图 5‑1　某厂商的不同套管材料在不同温度下的屈服强度曲线

度高,抗热变形好,密封性能可靠。其采用热稳定性能高、抗挤毁强度高的 Cr‑Mo 钢管体,以及高拉伸强度、抗热变形强、高气密性的特殊螺纹。该套管能够满足注汽作业 6 次以上,使热采井开采寿命延长 1 倍以上,较好地解决了长期以来稠油热采井套损率较高的难题。

　　高温地热井巨大的温度应力导致螺纹连接的失效概率大增。传统的长圆扣螺纹在较大轴向应力情况下易发生滑脱,故针对这种螺纹,国内行业标准推荐的抗拉安全系数高达 1.6~1.8。而针对偏梯形螺纹,虽然我国行业标准未做修订,但国外大多数大公司的标准已将安全系数修正为 1.3~1.4。因此,对于温度引起轴向应力较大的地热井,建议设计采用偏梯形螺纹。虽然偏梯形螺纹在没有采用端面密封情况下,丝扣密封性稍弱于长圆扣螺纹,但只要采用合格的螺纹密封脂,并按规定进行上扣,则可以取得较好的水密封效果。

　　热井水往往含有腐蚀成分,含有 H_2S 时会引起套管的应力氢脆,含有 CO_2 时会对套管产生严重腐蚀。若同时含有这两种成分,则需要材料具有更高的抗腐蚀性能。通常地层水只含有 H_2S 时,需要采用特别控制套管金相组织的抗硫套管。只含有 CO_2 时,须采用不锈钢套管。同时含有这两种成分时,则需采用超级不锈钢、双相不锈钢、钛合金等材质的套管。

5.2　地热井水泥技术

5.2.1　水泥石性能

对于中低温地热井,水泥浆应降低成本,满足封固要求即可。结合地热开采对固井水泥的性能要求,适于地热开采的固井水泥优化配方为:G 级水泥+20% 粉煤灰+0.5%JSS+0.035%TEA+0.5%CaCl$_2$+1.5%G33S(w/c[①],密度为 1.57 g/cm^3)。

对该固井水泥优化配方进行性能评价。结果表明,该配方密度较低、耐温性能好、强度较大、浆液稳定性好,满足地热开采对固井水泥的性能要求。这为地热开采从固井水泥材料方面提供了新的解决方案。

地热井循环温度为 90~120 ℃,井底静止温度更高,开采时蒸汽温度将高达 300 ℃。为防止水泥石强度衰退,须向水泥浆中加入石英砂。通过加入石英砂来降低水泥石中的 Ca(OH)$_2$ 和钙硅比(c/s),能有效抑制硅酸盐油井水泥在高温下的强度衰退现象。

当温度超过 110 ℃时,波特兰水泥的抗压强度会显著降低。同时孔隙度和渗透率增加,使地层腐蚀性流体渗入,其抗压强度会进一步降低。高温地热井温度通常为 150~350 ℃。研究表明,加入硅粉可以提高水泥高温抗压强度。图 5-2 为波特兰水泥和波特兰水泥+硅粉在 120 ℃下的抗压强度。

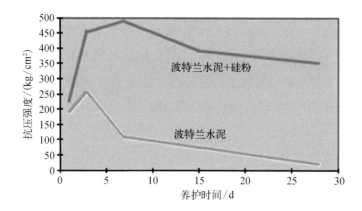

图 5-2　波特兰水泥和波特兰水泥+硅粉在 120 ℃下的抗压强度

————————————

① w/c: water cement ratio,水灰比。

其作用机理是加硅粉水泥在高温水热条件下,SiO_2 可吸收水泥熟料水化时析出的 $Ca(OH)_2$,水热合成 CSH,降低了"液相"中的 Ca^{2+} 浓度。这就打破了 C_2SH_2 或 C_2SH、C_3SH 等高钙水化硅酸盐的水化平衡,它们将逐渐水化为低钙硅酸盐,使 CSH 成为水泥石的主要水化产物,而纤维状的 CSH 单体高温稳定强度高。因此提高了硅酸盐油井水泥在高温下的强度和热稳定性。随着硅粉加量的提高,水化平衡进一步倾向于生成低钙硅酸盐,当硅粉的加量使碳硅比(物质的量比)接近或达到 1∶1 时,不仅水泥石强度衰退有所缓解,而且水泥石强度发展呈现增长。

此外,还有一种观点认为常用的波特兰水泥是硅酸钙矿物,其主要组分是硅酸三钙(C_3S)、硅酸二钙(C_2S),占到 75%~80%。在水泥中添加 35%~40%的细硅砂或硅粉,将碳硅比调到 1.0~1.2 时,可形成雪硅钙石($C_5Si_6H_5$)。当养护温度高于 170 ℃ 时,雪硅钙石通常又会转化为硬硅钙石(C_6Si_6H)。

有一种适用于高温气井的新型磷酸钙水泥材料,其体系中粉煤灰与铝酸钙反应生成硅铝酸钙 $CaO\cdot Al_2O_3\cdot 2SiO_2$,粉煤灰中的铁与石英也和铝酸钙反应生成钙铁榴石($Ca_3Fe_2SiO_4$),反应后的水泥石抗压强度大大提高。

还有一种特种高温低密水泥浆,体系中添加有 15%~40%硅酸钙、5%~20%多磷酸钠、25%~45%粉煤灰、足够的水、1%~3%α-烯烃磺酸盐(发泡剂)、0.5%~1.5%三甲铵乙内酯(泡沫稳定剂)。

在养护温度为 150 ℃ 时,相同配方及养护环境下,800 目石英砂的水泥石强度较 300 目石英砂的水泥石强度更高。超细石英砂在水化早期能更有效地消耗水泥水化产生的 $Ca(OH)_2$ 晶体,促进水泥水化速度和水化程度,充填水泥硬化浆体中的微细孔隙,改善水泥硬化浆体的微观结构,进而达到提高硬化浆体强度的目的。即石英砂的目数越高,石英砂颗粒粒径越小,在高温环境下早期强度发展越快。且石英砂目数越高,水泥石强度的二次发展越快,水泥石抗高温衰退能力越强。分析其原因,可能是粒径较大的石英砂比表面积较小,与水泥水化过程中产生的 $Ca(OH)_2$ 发生反应时,反应速度较慢,而且反应也不够充分。而粒径较小的硅粉比表面积较大,有利于反应平衡向形成低钙硅酸盐方向移动,因而提高水泥石强度效果较好。

在超高温条件下,水泥石性能变差,开采过程中损伤难以避免。但地热水封隔毕竟不同于油气封隔,首要的是要保证渗透率降低到一个较低的水平。采用紧密堆积理论,通过水泥及添加剂颗粒级配,可以形成超低渗透水泥石,从而取得较好的密封效果。

5.2.2　抗高温水泥浆

对油井 G 级水泥浆在 90 ℃条件下的常规性能进行试验研究,发现水泥浆的性能产生了较大的变化,主要体现在以下 3 个方面。

(1) 流动度衰退快,可泵期短。试验研究发现,在 90 ℃条件下,油井水泥浆在 50 min 内流动度由 23 cm 衰退至 14 cm,失去可泵性。在这种情况下极易出现水泥浆液顶替不到位,水泥浆液难以渗透至地层微小裂隙甚至堵塞管道等问题。轻者可能影响固井质量,重者会导致固井失败,从而带来巨大的经济损失。

(2) 浆沉降稳定性差。试验发现,在 90 ℃条件下,油井 G 级水泥浆失水量大,游离液多且沉降不稳定。这些性能指标均不能满足规范要求,未经优化的油井 G 级水泥浆往往难以保证固井质量。

(3) 浆液密度高,对地层压力大。按照满足泵送要求流动度配制出来的浆液密度在 1.9 g/cm³ 左右。但是在地热资源开采中面对的地层往往裂隙较为发育,破裂压力低,用常规密度的水泥浆来进行地热固井极易压裂地层,导致水泥浆液漏失,达不到固井的目的。

高温深井固井是一项复杂的系统工程,需要根据实际情况灵活运用合适的固井技术,仔细评估固井作业的所有方面,不断发展新的设备、工艺和材料。新型固井材料的开发对提高固井质量起着十分重要的作用。

耐高温固井水泥由基本油井 H 级水泥、G 级水泥,外加一定量的外掺料(硅粉、密度调节剂等)及水泥外加剂等构成,其性能主要通过外掺料和外加剂来调节。为了提高固井质量,国内外固井工作者研制出了上百种油井水泥外加剂,这些外加剂的应用改善了水泥浆及水泥石的性能,从而提高了固井质量。

油井水泥外加剂用量最大的主要有 3 类:降滤失剂、调凝剂和分散剂。它们被称为“油井水泥三大剂”,几乎所有优质水泥浆体系中都包括这 3 大组分。应该说明的是这些外加剂一般都是复合使用的,单一使用难以获得综合性能优良的水泥浆。常用油井水泥外加剂如下。

(1) 促凝剂

常规促凝剂包括氯盐、碳酸盐、碱和有机化合物等,典型的代表产品有氯化钙、氯化钠、氢氧化钠、碳酸钠、氯化铁、氯化铝、甲酰胺和三乙醇胺。虽然氯离子对套管有一定的腐蚀作用,但其仍是目前使用最多的促凝剂。高温高压井固井时,一般不会用到促凝剂,但有时为了提高水泥浆的早期强度或是缩短候凝时间,会引入少量促凝剂。

（2）缓凝剂及高温缓凝剂

常规油井水泥缓凝剂包括木质素磺酸盐及其异构体或衍生物,单宁、磺化单宁及其衍生物,酸、羟基羧酸、异构体或衍生物及其盐类,葡糖酸及其衍生物的钠盐或钙盐,相对低分子质量的纤维素及其衍生物,有机或无机磷酸盐、硼酸及其盐类等。缓凝剂大多数是复合物,即使是木质素磺酸盐也要复配上一定量的无机酸、有机酸或它们的盐类,弥补各自性能的不足,使缓凝组分之间具有互补性,以扩大使用范围,使稠化时间与加量呈线性关系,也可消除单一缓凝剂低温时加量小、过于灵敏而高温时加量过多等弊病。

（3）降滤失剂

从降失水机理来划分,水泥浆降滤失剂有两大类,具体如下。

颗粒及中小分子聚合物材料包括膨润土、石灰石粉、聚合物微粒(胶乳体系)。水溶性聚合物包括纤维素衍生物(CMC、HEC、CMHEC)、非离子型聚合物(如聚乙烯毗咯烷酮复合体系,聚乙烯醇类)、阴离子型聚合物[(如 N,N -二甲基丙烯酰胺类聚合物、磺化苯乙烯聚合物或其共聚物、阳离子型聚合物(聚乙烯胺类)]。典型代表有低黏 CMC、CMHEC、HEC、丙烯酸类聚合物和共聚物等,国内常用水泥浆降滤失剂产品有 S24、S27、LW - 1、LW - 2、MS - 88、PA 等。

目前高分子聚合物高温降滤失剂的发展方向主要是线性高分子聚合物和胶乳型聚合物,如 N,N -二甲基丙烯酰胺- AMPS 共聚物,AA/AMPS 共聚物和 CMHEC 高温(204 ℃)耐盐(10%)降失水体系,AMPS - VP - AM - AA 四元共聚物,聚乙烯亚胺及聚乙烯多胺(亚胺)与磺化苯乙烯反应的产物和苯乙烯-丁二烯胶乳(以非离子表面活性剂或其他类型的表面活性剂为胶乳稳定剂)等。道威尔- SCHLUMBERGER 公司研制开发了 UNFLAC 通用型降滤失剂,适应温度为 10~232 ℃,适应密度为 1.2~2.9 g/cm^3,适应淡水至饱和盐水配浆。国产胶乳由于性能不稳定,现场实际使用的报道不多,目前正在进行这方面的攻关。

（4）水泥浆分散剂和消泡剂

分散剂主要包括:木质素磺酸盐及其衍生物,聚萘磺酸盐类,磺化醛酮缩合物,磺化乙烯基聚合物及其衍生物,柠檬酸类,AMPS 聚合物类,其他如多糖、羟基羧酸类。

国内的抗高温分散剂较少,能在 150 ℃ 以上保持优良效果的抗高温分散剂更少。国外主要发展乙烯基单体聚合物及其衍生物,这类油井水泥分散剂具有稳定性好、抗高温、不引气、减阻效果好、耐盐等优点。

油井水泥消泡剂是有起泡趋势的水泥浆体系中的重要组成部分。其消泡机理主要是改变体系的表面张力,适合各种水泥浆体系而消泡能力强的消泡剂是很难得到的。配浆水的消泡和水泥浆的消泡是两个概念,同时解决这两个问题的消泡剂更是难得。目前最为常用的消泡剂是有机硅类、脂类消泡剂。

(5)胶乳

早期用于油井水泥固井的胶乳是聚二氯乙烯、聚醋酸乙烯酯体系,效果较好,限于 50 ℃ 以下使用。20 世纪 80 年代开发的苯乙烯-丁二烯及其衍生物的共聚物胶乳可用于 176 ℃,国内外类似的产品有 DOW465、LATEX2000 等。固井用胶乳还有聚苯乙烯、氯苯乙烯、氯乙烯共聚物、氯丁二烯-苯乙烯共聚物及树脂胶乳等。

目前,国内在油井水泥外加剂方面,已形成 11 大类 100 多个品种,在分散剂、低温防气窜剂、常规性能降滤失剂等方面,其性能已接近或超过国外同类产品的性能。与国外抗盐、抗高温外加剂相比,国内这类外加剂在使用温度低于 120 ℃ 时具有良好的性能。但当温度高于 120 ℃ 时,性能优异的外加剂种类较少且性能不稳定,尤其是高温降滤失剂、高温防气窜剂和高温缓凝剂这三类产品问题更严重。且国内抗高温外加剂的抗盐性能普遍不理想。另外,对减少和防止高温强度衰退的硅质材料研究不多且性能不稳定。此外,国内油井水泥外加剂"各自为政",相互间配伍性较差。

火山喷发岩浆岩水热型地热往往存在严重的漏失。如某地区从上至下裂缝空隙非常发育,钻井过程中经常处于盲钻状态,地表至目的层(10~3000 m)中的任何一点都有可能发生漏失。且每一次发生的漏失几乎都是完全漏失,无漏层或漏点规律可循,因此对固井水泥浆的堵漏和防漏能力要求很高。针对这一现状,可以优选纤维加入低密度水泥浆中,配制成低密度纤维水泥浆体系,以提高水泥浆堵漏和防漏能力。

纤维是一种惰性材料,化学性能稳定,能在高速搅拌作用下均匀分散在水泥浆中。在漏失性地层处,可通过纤维堆积和架桥作用在漏失层井壁上形成网状结构,从而对漏失层进行封堵。另外,纤维边缘较为粗糙,与裂缝和孔隙的边壁接触产生较大摩擦、阻挂和滞留作用,可以在漏失通道中桥接形成网状架桥结构。上述网状结构能承受一定的压差,水泥颗粒将充填在纤维网架结构的不规则空间中,形成致密的堵漏层,从而达到对漏失性地层进行有效的封堵。

有研究人员进行了纤维素的优选,并对水泥浆的相关性能进行了研究。他们得出以下主要结论:

(1) 纤维素为惰性材料,加量为 0.4% 时,对水泥浆的流变性几乎没有影响;

(2) 通过对水泥浆的堵漏实验进行研究,选纤维 B 作为 1.65 g/cm^3 和 1.35 g/cm^3 低密度水泥浆体系堵漏纤维,形成的滤饼薄,堵漏效果相对较好;

(3) 分别向两种低密度水泥浆体系中加入了不同比例的高纯硅粉,同时室内实验证实,添加硅粉的水泥石强度没有发生衰减;

(4) 不同密度的低密度水泥浆中都表现出,随着微硅的加入水泥石弹性模量降低,泊松比增大,抗压强度略有降低,但影响不大,水泥石弹性模量的降低,将提高水泥石的抗折强度和抗冲击韧性,对延长地热井开采寿命有着重要的意义;

(5) 低密度水泥浆体系通过颗粒级配后,降低了水泥石的渗透率,且加入了纤维,由于纤维的直径比水泥颗粒小,在水泥中能相对充分地分散,纤维可分布在水泥颗粒之间的空隙中,堵塞了水泥石的空隙通道,使得水泥石的渗透率降低。

高温固井技术与常规钻井技术最大的不同是要确保高温固井时不发生井喷事故,同时保证水泥在高温条件下的各项性能不衰减、变异,这就要求必须采用高温轻质水泥。

影响水泥浆液设计的因素包括:井深、井底循环温度、井底静止温度、钻井液类型、水泥浆密度、泵入时间、拌合水质量、滤失控制、流动特性、凝固和自由水、水泥质量、干/液添加剂、强度发育等等。与高温油气井不同,高温地热井水泥使用的硅粉粒度为 175~200 μm,而不是 15 μm,而且也不用粉煤灰(fly ash)作为低密度添加剂。

设计地热水泥浆液时需要测试:稠化时间、水泥浆密度、自由水、滤失、抗压强度、流变性、水泥与金属的胶结强度,以及水泥对套管的腐蚀作用。具体如下。

稠化时间:在孔底压力和温度条件下水泥保持可泵性。测试仪器是 HTHP 稠度仪,单位 Bc。模拟井内温度,测量稠度,当稠度达到 70 Bc 时,记录时间。水泥浆稠度达到 70 Bc 时的时间就是稠化时间或可泵时间。通常认为稠度达到 70 Bc 时水泥浆不具有可泵性。同时记录稠度从 40 Bc 升至 100 Bc 的时间,该时间被称为过渡时间,用来表示水泥从可泵到不可泵的变化速度。另外,还要预留 1 h 时间,以防意外。

水泥浆密度:水泥浆的密度不能压裂地层,通常比钻井液密度高 0.12 g/cm^3。

自由水:测试水泥拌合与开始胶凝和凝固时间内自由水析出量。实验中,首先将浆液在大气压力下加热至 88 ℃,然后倒入 250 mL 量筒,静置 2 h。测量水泥上部的析出量。通常自由水析出量的最大允许量为 0.5%。析出水对水泥性能的影响主要在于析出水会在水泥内形成水口袋,当温度升高时造成套管挤压从而被破坏。

滤失:在水泥注入过程中失水。API 测试压力为 0.7 MPa,测试时间为 30 min,模拟井内条件。失水通常在(50~100)mL/30 min(0.6 L 水泥浆)。

抗压强度:有两种方法可进行抗压强度的测试,一种方法是破坏实验,另一种方法是测量声波。

流变性:使用 Fann 黏度仪进行流变性测试。在室温和大气条件下模拟井底条件,测试 300 转、200 转、100 转、6 转和 3 转读数。

此外,对于高温水泥还需要优选添加剂以调节水泥浆性能,这些添加剂包括减轻剂、减阻剂、降滤失剂、堵漏剂以及消泡剂。具体如下。

减轻剂:当水泥的静液压力超过地层破裂压力时可使用减轻剂降低水泥浆液的密度。减轻剂会降低水泥的最终抗压强度,还会降低稠化时间。最常用的减轻剂是怀俄明膨润土,加量为 2%~16%(BWOC)。该膨润土能够保持其自身体积 16 倍的水,因此可以保证水泥凝固时没有自由水析出。

减阻剂(分散剂):可以改善水泥浆的流动特性。减阻剂可以降低摩擦阻力和泵压,从而促进紊流的形成。

降滤失剂:可以防止水泥浆因脱水而提前凝固。如果储层压力低于水泥浆压力,容易造成水泥浆中水向地层中漏失。降滤失剂有助于维护水泥浆性能,包括黏度、稠化时间、流变性和强度发育。最常用的是有机聚合物,加量为 0.5%~1.5%(BWOC),以及羧甲基羟乙基纤维素,加量为 0.3%~1.0%(BWOC)。

堵漏剂(LOC):利用中–细颗粒的云母片可以有效地控制水泥浆向地层裂缝中漏失。云母片完全惰性而且对温度不敏感,可以与水泥干混。传统钻井液用堵漏剂不要用在水泥浆中,由于完井后堵漏剂会碳化,在漏失区造成高孔隙度,使地层流体流入发生腐蚀。

消泡剂:可以防止发泡。加量为 0.1%(BWOC)。最常用的消泡剂是聚丙二醇。

5.3 高温地热井固井工艺

5.3.1 地热井封固要求

地热井在采用传统的井身结构时,表层套管水泥是否返到地面对于地热井至关重要。在表层套管下深较浅的情况下,该条件较容易满足。但在表层套管下深较深时,保证水泥返到地面须附加较多的水泥量。如果仍不能返到地面,应采取地面返灌水泥等补救措施。如果套管尺寸较大,最佳的方式应是内插法固井,在见到水泥返出地面后停止注水泥,可以有效实现表层套管的水泥封固到地面。

传统地热井井身结构还对以后各层套管的水泥返高提出更高要求,要求水泥在重叠段实现良好封固,但做到这一点并不容易。一般在地层水丰富的情况下,水泥在凝固时水泥浆中的水会与地层水发生离子交换,从而严重影响固井水泥石结晶形成,造成固井质量差。重叠段固井质量差直接使上部冷水进入井筒,严重影响水温,造成开发效益降低。因此从井筒有效封固出发,应避免采用传统的搭接式井身结构,直接将每层套管下到地面。

采用套管直接重叠到表层套管内的井身结构对固井质量要求要较低,此时固井质量差的危害程度要相对较轻。

固井水泥的作用不仅是封固不同温度、压力的水层,还要实现有控效益开采。而且油气井大量的套损井的资料分析表明,管外地层水对套管也有一定的腐蚀作用。此外,部分复杂层段如易变形与滑移地层从套管保护出发应避免有水泥充填。这些都对固井水泥封固提出了新的要求,应有针对性地进行分析,科学合理设计水泥封固层段与封固要求。

5.3.2　固井工艺

提高固井质量的关键技术措施是在保证套管安全、合格下到位置后,采取"居中、压稳、替净"措施,保证固井质量。

当设计水泥浆返出地面时,要保证一定量的水泥浆返出地面,保证上部水泥环质量。

地热井完井一般采用裸眼完井,但对于上部套管及管外水泥环来说,要考虑高温流体的影响(黄同生,2000;Ravi et al.,2008;Brian et al.,2009)。高温地热井固井工艺关键技术主要表现在以下几个方面。

(1)固井水泥石的强度是保证水泥环长期有效封隔的关键。高温通常导致水泥石强度下降,当温度高于110 ℃时水泥强度降低,在230 ℃时抗压强度降低50%左右,温度越高,强度下降越严重,严重影响固井质量。

（2）高温使固井水泥浆的凝固时间难以控制，容易导致固井失败，可以采用固井前充分循环冷却等方式，使固井时循环温度满足固井的要求。

（3）在超高温条件下，固井套管受温差影响，产生的热应力引起套管的拉伸和压缩、径向膨胀和屈曲。在套管设计时，需要考虑温度对套管强度的影响。为了使套管受到更大的约束力，固井水泥要求返至地面。

（4）在高温地热井固井中，钻井液容易发生胶凝，导致固井顶替效率降低，使得环空中留有残余的钻井液，未替尽的钻井液会因高温形成高压蒸汽挤坏套管。为了防止固井环空中残留钻井液，国外一般采用反循环固井技术。先利用冲洗液冲洗套管与套管之间的环空，然后在环空反循环注入水泥浆，同时确保在作业期间没有残余液体，这种固井技术在地热钻井中取得了很大的成功。

高温井固井时应严格遵循水泥浆试验评价程序，不仅要根据井内温度考虑施工时间，设计水泥浆凝固时间，而且在固井施工前，应取现场水样、水泥样进行复核试验，确保凝固时间满足施工要求。特别是应注意钻井液、水泥浆、隔离液之间的相互影响，按不同比例进行混合试验，保证不会发生提前异常稠化。

水泥浆配浆水严重影响稠化时间，由于地热井大多具有较高的地层渗透率，固井水泥浆在这类地层容易失水，导致浆体的含水量下降，从而大大缩短凝固时间。因此对于温度较高的地热井，应严格控制水泥浆的失水，避免因水泥浆过度失水、凝固时间显著缩短而导致固井失败。此外，还应评价不同配浆水比例对水泥稠化时间的影响，以保证施工成功。

由于水泥进入井筒后，在凝固前总是会与地层水发生离子交换，水泥凝固过程中的体积收缩会加剧这一过程。从保证固井质量出发，在保证水泥浆安全注替前提下，适当控制水泥浆凝固时间，可以有利于提高固井质量。

以肯尼亚 Naivasha、olkaria 地区为例，该地区的地层是火山喷发区地层，从上至下裂缝和溶洞非常发育，因此井漏、高温是该地区的主要特点。该地区从地表至目的层中的任何一点都有可能发生漏失，每一次发生的漏失几乎都是完全漏失，且无任何漏层或漏点规律可循。钻井过程中即使在二开后采用空气泡沫钻井，还是存在井口不返钻井液的情况，使得固井施工时的井眼清洁得不到保证，导致在固井施工时极易出现憋堵。

肯尼亚地热井固井技术难点包括以下几个方面。

（1）高温

地热井开采的是地下高温蒸汽，再利用这些蒸汽进行发电。据来自甲方的数据，在投产期井底的温度最高达 352 ℃。钻井过程中,如果钻遇高温层,泡沫的出口温度有时也达 90 ℃以上,而对于固井的目的来说也是为了更好地保护这些高温蒸汽。这样高温就成为固井必须面对的一个问题,其影响主要来自两个方面:一是在长期高温的条件下,凝固后的水泥石随着时间的增加强度衰减;二是如果固井施工结束后,不是全井都有水泥封固,而存在自由套管段,套管将在高温产生的热应力作用下损坏。更为严重的情况是如果套管与套管环空之间存在圈闭水,会对套管进行挤压,以肯尼亚的井身结构为例,ϕ339.7 mm 套管和 ϕ244.5 mm 套管之间存在圈闭水,则这些水在 300 ℃以上高温受热膨胀,最终挤毁套管。

（2）漏失

作业区位于东非大裂谷内,裂缝溶洞发育。当钻出套管鞋后,用清水钻进就可以判断出清水漏失后的第 1 个漏层。再往下换空气钻就几乎无法判断漏层的位置,只能依靠空气钻是否能返出来判断其他的漏层位置。

（3）水泥浆体系

自肯尼亚地热井项目启动以来,甲方出于降低成本的考虑,固井一直在使用甲方提供的当地生产的标号为 32.5 的建筑水泥,因此水泥浆体系存在以下问题:

① 水灰比:油井 G 级水泥每 100 g 只需要 44 g 水,配出的水泥浆密度为 1.89 ~ 1.92 g/cm³,60 ℃养护 8 h 后,水石泥抗压强度便可大于 10 MPa。而每 100 g 当地水泥则需要 60 g 水,配出的水泥浆密度为 1.67 ~ 1.70 g/cm³,而且流动性能差,60 ℃养护 8 h 后,水石泥抗压强度不足 1 MPa。

② 鉴于当地地热井地温高的实际情况,为防止意外高温的出现和满足固井施工时间的需要,不得不在当地水泥浆体系中加入高温缓凝剂,这又大大降低了水泥石的强度。为了增加造浆率、降低游离水、防止水泥浆凝固过程中体积收缩,要求在水泥浆体系中加入 2%的土粉,这也在一定程度上影响了水泥石的强度。

③ 由于当地水泥不属于任何级别的油井水泥,肯尼亚市场范围内通用的两种速凝剂（$CaCl_2$ 和 G209）配当地的水泥,在肯尼亚所做的一系列实验数据表明,这些速凝剂没有明显促凝作用。

（4）其他影响因素

ϕ508 mm 井眼大,管内外有水泥窜槽现象,ϕ339.7 mm 套管和 ϕ244.5 mm 套管由于甲方没有电测井径的仪器,无法测出井径。注灰量和附加量均具有太多的经验性成分。即使知道漏层所在井深,也无法控制水泥返高。

该地区采用的是常规固井加回填的施工方法,即每次常规固完井后,每隔8 h进行一次回填作业,每次回填10~15 m³,直到水泥返地。自2007年6月第1口井开钻至今,共固井52口,完成常规固井156次,回填作业432次。其中固井与回填次数最多的一口井OW‒903B井,全井总回填次数为39次。回填次数多是肯尼亚地热井项目固井非常显著的一个特点。通过搜集大量的实钻资料,仔细研究地热井钻、完井规律,查阅大量国外有关地热井固井方面的资料,从优化水泥浆体系和控制施工参数、工艺流程方面入手,具体方案如下。

(1)肯尼亚OLKARIA地区地热井温度高达300 ℃左右,因而对水泥浆体系提出更高的要求。普通水泥浆的水泥石蜕化和水泥浆严重稠化问题直接关系到固井工程的成败。通过改变水泥配方和筛选外加剂配方调节水泥稠化时间,以满足地热井固井施工要求。

通过外加剂筛选评价实验,制定模拟井下温度和压力的措施,以及水泥浆稠化特性试验方法。对于井深在2000~5000 m的套管注水泥一般要求有3~3.5 h的富余稠化时间,为保证达到要求的稠化时间,筛选缓凝剂等外加剂及其加量。实验通过模拟地热井1000 m井深、120 ℃、60 MPa条件下进行稠化性能实验,在解决水泥石高温蜕化和水泥稠化问题的同时,要确保水泥浆体性能达到固井施工要求。

实际实验模拟120 ℃/60 MPa条件确定固井配方为:

GlassA+(1.0%~4.0%)Mica+(1.0%~3.0%)Bentonite+(0.2%~0.4%)CA‒FL111+(0.2%~0.4%)CA‒RF3P+(0.2%~0.4%)CA‒R10。

(2)优化固井设计,具体包括以下几个方面。

① 设计返高到上层套管鞋下第一个最大裂缝,使常规固井时顶替的水不能到达套管与套管环空。如果井筒里的水或者注入的前置液到达套管与套管环空,在回填的时候将有可能将这部分水封隔在套管之间形成水段,这对地热井的危害显而易见。

② 增加回填时注入量。以往的设计回填量均为10 m³,实际增加回填水泥浆量在15 m³左右,增加一部分回填量可以减少回填次数,减少候凝时间,缩短周期。

③ 减少附加量。前期的固井设计由甲方提供,附加量为100%~120%。此区块裂缝发育,固井作业只能靠回填堆积外环空完成。根据前期的固井数据,回填平均次数分别为ϕ508 mm套管2次,ϕ339.7 mm套管4次,ϕ244.5 mm套管3次。由此可见增加附加量也很难一次固井成功。而附加量降低到40%后可以避免浪费。

④ 适当增加浮箍与浮鞋之间的套管段长度。甲方更改传统设计,由以前阻位以

下一根套管改为两根套管,这样可以为胶塞顶替套管内虚滤饼留下空间保证管鞋水泥质量,另外当在漏失不严重情况下,有足够水泥填充到管鞋处。

（3）表层套管采用外插管固井：外插管固井适用于封固段短、外环空间隙大的井型。肯尼亚地热井钻井工艺中一开使用 $\phi666$ mm 钻头,下入 $\phi508$ mm 套管,井深为 60 m 左右,而且一般没有漏层。使用外插管固井可以一次固井成功,不会出现窜槽,在保证固井质量的前提下,缩短了钻井周期。

第 6 章
高温钻井轨迹测控

在同一个高温地热田,往往需要钻很多口地热井用于发电。如果地热井采用普通的直井方式,则地面需要大量的管线。这不仅增加了地面的成本,而且会导致大量的热量损失。因此采用定向井方式,在一个平台钻若干口定向井,将几口井产出的热水集中就地实现利用就成为最经济的方式。

我国华北地区广泛分布的奥陶系灰岩地层,其缝洞体在平面上发育非常不均匀。如果采用常规直井时没有钻遇缝洞体,则单井产量就会非常低。此时运用侧钻技术,向垂直于地层原生裂缝方向钻进,则钻遇裂缝发育带的概率大幅度增加,甚至钻穿多个原生裂缝,从而产生更好的经济效益。

火成岩(火山侵入岩、喷发岩)本身基质孔隙度非常低,裂缝是其主要的渗流通道。在裂缝风化形成时期不太长时,裂缝发育带是非常好的渗流通道。当形成时间非常久远时,虽然裂缝中会充填次生矿物结晶,但通过水平井以垂直于裂缝方向钻井,可以钻遇更多裂缝,通过多级压裂技术进行改造也可以提高产能。

以上两类热储层是目前我国的主要热储层,因此推广水平井技术对于提高地热开发效果具有非常重要的意义。

地热定向井基本可以应用石油水平井、定向井的技术,但也存在一定的差异,主要在于储层与开发的流体不同。

6.1　定向井、水平井轨迹设计

地热钻井要尽可能用丛式井组技术实现地面管线的最大程度地简化,从而实现更好的热利用效果。因此需要从系统的角度评价一个工程需要采用几个平台,每个平台钻几口井,每口井的具体轨迹。水平井技术是提高开发效益的重要方式。水平井的方向、水平段长、改造措施是影响水平井的关键因素。

目前石油行业普遍采用的工厂化钻完井技术通过钻机的快速移动,实现固井、候凝、电测固井质量等作业的脱机离线作业,从而减少钻机的占用时间,同时做到钻井液等的重复利用,减少污染物排放等,实现降低成本、加快整体钻井周期的目的。

6.1.1　平台井组设计

1. 优选平台(或井场)个数

优化丛式井总体设计是一项复杂的工作。首先,应根据地热系统的供热负荷、热储特征、构造特征、开发井网的布局、井数,考虑目的层垂直深度、地面条件、注采井维护工艺对钻井工艺技术要求,测算建井过程、生产过程中每个阶段各项工程费用成本构成,再进行综合性经济技术论证。其次,在此基础上,测算出每一个平台能够控制的构造面积和每一个丛式井平台的井数。最后,对所有目标点优化组合,经反复修改和计算,达到理想的分组效果。优化组合的井组数就是需要建造的平台数。

2. 优选平台位置

优选平台位置可按照平台中心位置的优选原则(如平台内总进尺最少、水平位移最小等),兼顾地面条件进行优选。根据井网布置、地面条件、拟定的平台个数、地层特点、定向井施工技术措施、工期、成本等反复进行计算,直到选出最佳平台位置。

3. 优选地面井口的排列方式

根据每一个丛式井平台上井数的数量选择平台内地面井口的排列方式。丛式井地面井口排列方式应有利于简化搬迁工序,从而使总体钻完井组的时间最短。丛式井平台内井口的常用排列方式有两种,具体如下。

(1)"一"字形单排排列。该排列方式适合丛式井平台内井数少的陆地丛式井,其有利于钻机及钻井设备移动,井距一般为 5~10 m。

(2)双排或多排排列。该排列方式适合一个丛式井平台上打多口井(十口至几十口)。为了加快建井速度和缩短投产时间,可同时动用多台钻机钻井。同一排里的井距一般为 5~10 m,两排井之间的距离一般为 30~50 m,这样便于双钻机进行作业。

4. 丛式井的井身剖面和钻井顺序

根据上述丛式井平台个数和位置的优选结果及确定的平台井口的布局,优化每口井的剖面设计和确定钻井顺序,也是丛式井设计的重要内容。

丛式井井身剖面优化设计的原则是,尽量采用简单井身剖面,直-增-稳三段剖面,降低施工难度,均衡防碰空间,相邻丛式井造斜点垂深要相互错开(距离不小于 50 m),水平投影轨迹尽量不相交。

钻井时应先钻水平位移大、造斜点位置浅的井,后钻水平位移小、造斜点深的井。这样做是为了防止在定向造斜时,磁性测斜仪器因邻井套管影响发生磁干扰,即有利于定向造斜施工和井眼轨迹控制。

定向井实施时可以采用目前的"工厂化"钻完井理念,采用批钻方式,运用离线脱机作业技术,做到测井、固井、测试、搬家等占用钻机时间的最小化。此外通过批钻方式,做到钻井液等材料的重复利用,从而大幅度降低钻井成本。"工厂化"钻完井具有以下几项优势。

(1) 降低作业成本

"工厂化"钻完井针对多口井同时进行钻完井作业特点,形成"一套班子、一支队伍",实现统一组织协调、统一管理、统一技术规范的"三统一",节约了人工和材料成本。并且在技术上通过井身结构优化、钻机快速移动技术、钻井液等材料的重复利用、优化生产组织模式等集成应用,减少了钻机作业日费和专业服务成本,减少了完井服务费用,降低了生产设备的成本。在丛式井作业中通过使用共享设备,生产设备费用可节约 50%,单井综合成本可降低 25% 左右。

(2) 缩短建井周期

建井周期是指从钻机搬迁开始到完井的全部时间,是影响钻完井成本的一个重要技术经济指标,也是决定钻完井工程造价高低的关键参数。在"工厂化"钻完井过程中采用流水线施工方式,井间铺设轨道,使钻机整体快速移动,不仅可以节约钻机搬迁时间,同时可以避免固井作业、水泥候凝、测井占用钻机时间。

如在长庆油田苏南区块,通过"工厂化"钻完井作业,平台钻井周期由 380 d 降到 245 d,降幅约为 35%,在加快施工速度、缩短投产周期方面效果突出。

(3) 节约资源消耗

采用批量化钻井作业模式,钻井液可实现多口井资源的重复利用。在"工厂化"作业模式下,同一开次钻井液体系相同,完全可以循环利用,不仅能减少资源消耗,还能实现绿色施工,减少废弃钻井液拉运和无害化处理费用。2012 年下半年,中国石油集团川庆钻探工程公司在川渝地区累计重复利用旧钻井液约 2×10^4 m^3,减少超过 1×10^4 t 的重晶石粉消耗,还极大地缓解了重晶石等资源性材料的供求矛盾。

(4) 减少废弃物排放

"工厂化"钻完井由于钻井液等重复利用,大幅度减少了钻井废弃物排放,因而实现了更好的社会效益。

离线作业,又称脱机作业,指可独立完成而不需要使用钻机完成的作业,就是通过合理安排丛式井钻井程序,使大量操作不占用井口,实现非进尺操作的同步、交叉完成,提高钻机进尺工作时效,减少进度曲线的水平段长度。如无钻机测、固井,利用撬装上扣机在钻机前场完成钻具立柱组合、水泥头、井口装置、转换头上扣、甩钻具等。这些技术可以实现同步交叉作业、提高钻机进尺工作时效,且满足多口井重复使用的需求。

采用无钻机测井方式来检测固井质量,即采用吊车牵引或在井口安装特定装置,这不仅能够节省钻机来回移动次数,还可以有效缩短钻井周期,避免了固井候凝、测井占用钻机时间,为后期施工创造有利条件,降低成本。

"工厂化"钻完井主要特点可归结为以下几方面。

(1)系统性。"工厂化"钻完井在施工过程中不仅整合了技术要素、先进的设备要素,还整合了先进的管理手段,以期实现经济效益最大化。

(2)集成性。"工厂化"钻完井集成了井场部署、井眼轨道设计、井眼轨迹控制、钻井液体系优选、油基钻屑处理等知识和技术,实现了钻井技术的高度集成。

(3)批量化。通过技术的高度集成,对同一井组各井同一开次进行批量化作业,减少作业风险,提高作业效率,对钻井液等资源进行重复利用。

(4)标准化。采用标准化设备、标准化井身结构、标准化施工流程、标准化材料设施等,减少施工过程中的风险。

"工厂化"钻完井通常采用以下几项技术。

(1)钻机移运性。为了缩短钻机搬运时间,提高钻井效率,对钻机底座进行改造,以适应工厂化钻井对钻机快速移动的要求。

(2)钻机自动化。国外为提高钻机作业效率,尽可能减少用人,钻机设计上自动化程度都比较高,配有顶驱、自动化井口设备、自动排管系统、自动送钻、数字化司钻操控系统等,作业数据能够实现卫星传送。为减少接、卸单根时间,采用13.5 m甚至更长的长单根钻进,配合钻机自动化设备,以进一步提高作业效率。

(3)表层小型钻机批钻。国外部分采用车载小型钻机批量钻表层井眼,并下入表层套管,完成固井作业。表层采用小型钻机批钻节省了大钻机的作业费用,节省了每口井表层固井的候凝时间,也有利于充分发挥大钻机的作用,更加专业化,更加高效。

(4)丛式井地面井口设计。"工厂化"钻完井丛式井组设计不同厂家做法虽有所区别,但大同小异,均采用"一"字形单排井设计或双排井设计。采用丛式井组设计有利于实施集中作业,便于提高效率,有效减少非生产时间。在丛式井组设计中,优化井场布局十分关键,既要考虑钻机高效搬运,也要考虑水处理集中、服务和供应集中等问题。通过集中装置实施服务和供应集中作业,利用管理优化方法实现有效减少井场布置、钻机装卸及钻完井等作业的非生产时间。

（5）流水线式同步作业程序,实现边钻井、边生产。通过实施优化的"工厂化"的同步作业,使用两台钻机批量钻井。第一台钻机依次完成同一井场所有表层井段的钻、固井作业,紧接着用另一台快速移动钻机钻第一口已经胶结好的井,依次完成各井余下井段的钻井和固井作业。依此类推,直到完成所有井的全部作业,省去了大量的水泥候凝时间和测井时间,有效提高了"工厂化"钻井效率,降低了总成本。以一个 6 口井井场为例,相对于优化前的"工厂化"批钻井、完井、返排、生产作业过程,优化后的同步作业可节省 62.5%的时间。

（6）优化井下系统,多项关键技术集成应用。"工厂化"钻井中,多项关键技术得到了集成应用。广泛应用适应三维丛式井的钻头、导向钻井液马达、旋转导向钻井系统、随钻测井仪器等井下工具。

（7）应用自动化和信息化技术,实现多井场作业实时管理。应用自动化和远程控制技术,实时监控和管理钻完井作业的每一道工序,实现一个团队同时管理多个井场作业的目标,既保证了施工安全,又节省了作业时间,大幅度降低了作业成本。

（8）多方协调作业,实现各作业环节无缝衔接。"工厂化"钻井强调通过建设方、钻井承包商和技术服务公司的多方协作,实现各个作业环节的无缝衔接,以缩短或省去非生产时间。多方协作过程包括地质资料和方案的共享及作业方和物资材料供应方等各方的协调优化管理等。

（9）科学系统的管理方法,优化多方力量实现高效作业。"工厂化"钻完井借鉴通讯、机械制造和电子企业管理领域卓有成效的精益管理方法,以提高经济效益。

6.1.2　水平井井眼方向选择

水平井方向受地应力及地层本身裂缝的影响。裂缝的形成一般在古代地层变形时引起,逆冲断层形成时会形成平行于断层方向的裂缝,这已在新疆准噶尔盆地西北缘大量钻井中得到证实。在该地区某火山喷发岩水平井,每钻进 90 m 左右就钻遇一个裂缝发育带。完钻后的微电阻率成像测井证实,其裂缝方向基本都是与井眼方向垂直。而当时在布井时就参考了该地区主要逆冲断层方向,设计的水平段方向与逆冲断层垂直。

在白云岩地层也会形成与火成岩地层类似的裂缝结构。大量的裂缝存在是白云岩地层获得高产的主要原因。我国华北地区广泛发育的白云岩,该地区自早古生代开始,盆地隆起,形成断、陷相间格局,发育大量的断层,也造成了地层产生大量因变形而形成的裂缝,如图6-1所示。

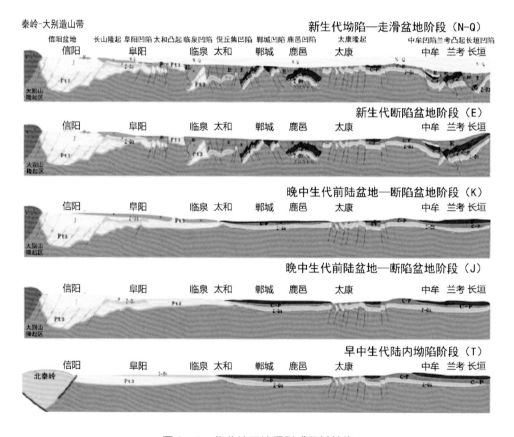

图6-1　华北地区地层形成及其结构

正断层在形成时也会伴随着地层的变形,一般也有在垂直于断层方向变形更大的现象,此时水平段的方向也应与断层方向垂直。

如果在砂岩地层实施水平井,由于不同方向的主地应力不一致,导致不同方向渗透率出现差异。一般最大水平主地应力方向受压较强,地层致密性较好。因此沿最小水平主地应力方向导流能力较好。若此时沿最大水平主地应力方向钻水平井,则会获得较好的增产效果,即利用地层岩石各向不同性质获取最大化的产量。在进行多段增产措施时,压裂产生的裂缝也会沿垂直于井眼的方向延伸,从而实现较好的改造效果。

在直井布井时也应考虑水平主地应力及裂缝的方向。一般井排方向应是导流能力较差的方向,只有这种井排方向才能尽可能减少井间干扰,取得最佳的开发效果。而注入井则应布在导流能力好的方向,并与采水井在平面上错开。

6.1.3　超高温定向井、水平井轨迹设计要求

超高温地层由于深部井段温度高,井眼方向监控仪器不能适应高温环境,因此一般在浅层完成定向与增斜,在深部井段只进行简单的稳斜钻进,必要时放宽对目的层的井底位移要求。

(1)造斜点选择

造斜点应选在浅层中比较稳定的地层,避免在岩石破碎带、漏失地层、流沙层或容易坍塌等复杂地层定向造斜,以免出现井下复杂情况,影响定向施工。在设计垂深小、位移大的定向井时,则应提高造斜点的位置,在浅层定向造斜,既可减少定向施工的工作量,又可满足大水平位移的要求。在井眼方位漂移严重的地层钻定向井时,选择造斜点位置时应适当改变造斜方向,尽可能使斜井段利用井眼方位漂移的规律钻达目标点。

(2)最大井斜角

大量定向井钻井实践证明,井斜角小于 15°时,方位不稳定,容易漂移。井斜角大于 45°时,测井和完井作业施工难度较大,扭方位困难,转盘扭矩大,并易发生井壁坍塌等现象。所以,常规定向井的最大井斜角应尽可能控制在 15°~45°。

地热井如果位移较小,浅层造斜后设计稳斜角较小,可以设计成 S 形井眼,即在位移达到接近设计水平时,再进行降斜。这种轨迹虽然在后期面临套管磨损严重的问题,对井的寿命有一定不利影响,但由于可以减少造斜与轨迹控制难度,因而超高温地热井也可以采用。

(3)井眼曲率

井眼曲率不宜过小,以免造斜井段过长,增加轨迹控制工作量。井眼曲率也不宜

过大，以免造成钻具偏磨、摩阻过大、键槽、其他井下作业（如测井、固井、射孔、采油等）的困难。常规定向井中应控制井眼曲率最大值为（5°～12°）/100 m，最大不超过 16°/100 m。

不同钻井方式，对井眼曲率的选择范围不同，具体要求如下。

① 井下动力钻进：动力钻具（如直螺杆＋弯接头）造斜井段的造斜率一般选取（5°～16°）/100 m。

② 转盘钻进：不同增斜钻具组合增斜率不同，通常较大增斜率钻具方位漂移较大，因此钻增斜井段的增斜率通常选取（4°～8°）/100 m，钻降斜段利用钟摆钻具或光钻铤的降斜率一般选取（2°～6°）/100 m。

需要注意的是在下套管时，下次开钻钻出套管鞋后，往往测得的井斜会略低一点。考虑到下套管后出套管鞋 30 m 左右还要对套管保护，底部钻具组合中没有稳定器，难以对井眼轨迹进行有效的控制，在下套管时通常要在套管下入前后留一定的稳斜调整段。

地热开发往往需要在硬地层钻水平井，无论是火成岩还是灰岩、白云岩，其岩石强度都较高，可钻性较差。此时水平井轨迹设计应考虑充分利用转盘钻增斜从而提高钻井速度。

通过大量水平井钻井实践可知，滑动钻井时，由于钻压很难做到充分优化，往往只能根据感觉进行调整，这导致其钻井速度大大低于地面驱动钻杆转动时的速度。而硬地层往往还存在钻压敏感，即钻压与机械钻速并不是等比例增长，在钻压施加到一定范围时，机械钻速都处于较低的状态，只有突破一定值后，钻压的增量才与机械钻速的增量呈线性关系。因此对于硬地层，采用牙轮钻头钻进时更适合较低的转速、较高的钻压钻进。

在这种硬地层水平井轨迹应设计多增剖面，即先设计一段造斜段，一般造斜到井斜达到 10°以上即可，再设计转盘钻增斜段，最后再设计井下动力钻具调整进靶段。为减少井下动力钻具钻进的井段，设计的井下动力钻具造斜率应略高，以目前井下动力钻具可以实现的造斜率为原则。

在沿最大水平主地应力方向钻进时，转盘钻增斜与稳斜常见的方位漂移现象并不严重，实践的几口水平井均没有发生这一现象。因此在适当放宽对方位控制的情况下，这一方式并不需要进行过多的方位干预。而顺地层趋势钻进可能恰恰会钻达垂直于地层裂缝的方向，效果更好。

6.2　轨迹测量方法与仪器

6.2.1　不同热储测量参数要求

水平井的测量控制目标是钻达地质要求的储层。对于定向井来说,几何测量完全可以满足要求,目前一般采用无线随钻测量仪器测量几何参数。这种测量仪器目前国内已有多家厂商可以生产,采购成本与服务价格均较低,可以满足大多数井的导向要求。

对于超高温地层或气基钻井来说,依靠钻井液脉冲传输信号的 MWD 无法进行有效的测量,这时需要采用设计有线随钻进行导向控制,单点测斜监控井眼轨迹。

对于水平井,要保证水平段在最佳储层延伸,就需要对地层参数进行有效的监控。地质导向就是一套综合运用录井、随钻测井等实时地质信息和随钻测量的实时轨迹数据,根据地质认识调整井身轨迹,准确入靶,并使井身轨迹在储层有利位置向前延伸的技术。其基本原理是地层对比和深度校正,即根据录井和随钻测井提供的钻时、岩屑、荧光及气测等录井信息和自然伽马、电阻率等测井信息对地层,尤其是标志层进行识别和对比。根据标志层的实钻垂深、预估的标志层距储层顶底的距离和水平井所在区域的构造特征,预测出不同位移处储层顶底的垂深,及时校正设计,调整钻井轨迹,确保准确入靶以及合理穿越储层。

地层在纵向上由于沉积环境的改变和后期成岩作用的影响,不同的岩性会呈现出不同的元素和伽马能谱组合的特征。因此,建立不同地区纵向上元素和伽马能谱变化特征的剖面,就能在钻井过程中通过特殊录井技术快速判断地层辅助导向。除了采用常规的综合录井技术外,还可采用 XRF 元素录井技术、伽马能谱录井技术等特殊录井技术辅助随钻伽马测量。这些特殊录井技术除了可以辅助地质导向,还可以快速识别岩性、辨别沉积环境、判识矿物的类型,后期还可以计算有机碳含量、矿物组分含量,丰富了录井评价非常规储层的技术。

针对薄储层目前已有定向测量的自然伽马、电阻率仪器,这些仪器可以探测储层上下边界,从而可以更好地实现地质导向。

高温地热储层的温度比一般油气田要高,井下工具和仪器需要应对更高的温度。井下超高温会使仪器的压力密封件、电子元件的精密仪器和传感器失效(Sverrir,

2006；Syed et al.，2008）。

　　目前常用的耐高温随钻测井和井下监测等工具能在 175 ℃ 以下的环境中正常工作，但当流体的温度超过 175 ℃ 后，密封件和电子元件可能会被损坏。采用隔热材料对井下仪器进行隔热处理后，可在一定程度上提高耐温性能，目前中国航天科工集团第三研究院的纳米高温隔热材料能满足 800 ℃ 的温度。但是，即使采用隔热材料，器件内部温度也会持续增加，电子元件在井下的正常工作时间也会受到限制。提高电子元件性能的主要途径包括降低电子元件功耗、高效率的散热技术、绝缘保护技术和改进电子元件封装技术。目前国外正在研究芯片冷却技术、陶瓷芯片等，以提高电子元件的抗温性能。同时，利用新型材料替代传统氟橡胶材料或用金属-金属密封技术也可以提高井下仪器的密封性能。斯伦贝谢 TeleScope ICE 系列超高温随钻测量系统（MWD）集成陶瓷电路技术和多芯片组件技术，在 200 ℃ 环境中经过 3.5×10^4 h，200 万次振动冲击测试，显示出良好的稳定性能。高温也是传感器失效的重要原因。随着技术研发的不断推进，传感器的耐温能力也不断获得提升。道达尔和哈里伯顿联合研发了系列超高温高压传感器，目前已开发耐温 230 ℃ 的 Ultra 系列的方位、伽马、随钻压力传感器。GE 公司通过提升碳化硅基高温电子器件的复杂性和集成度，研发的带有源电子器件和包装材料的组件经过测试表明，在 300 ℃ 下的作业寿命能超过 2000 h。对于钻定向井与水平井来说，地层超高温、钻进深度较深、井眼轨迹控制精度要求不高的情况下，可以采用单点测斜仪来进行测斜。

　　冰岛多数高温地热井钻进深度是 1500~3000 m，且有许多井是定向井。选择定向井是考虑环境的因素，而且近垂直结构比较容易实现，通常钻进 300~600 m 开始造斜，偏角为 30°~45°，最终的水平位移一般为 700~800 m。定向钻井需要钻井液马达。不同于在 Soultz 钻进花岗岩时的情形，在冰岛使用钻井液马达大大提高了机械钻速。钻井液马达的弹性部件（橡胶定子）不能承受高温，通过钻井液循环的冷却作用解决了该问题。这一措施很有效，在 2000 m 处，即使地层温度超过 300 ℃，井筒温度仍可维持在 100 ℃ 以下，有效的冷却效果也使得随钻测量工具能够在深井工作。

6.2.2　轨迹监测要求

　　直井段应按一般井的要求进行井斜监测，要求直井段的底部钻具组合测斜位置为无磁钻铤具，便于利用磁性仪器测出井斜的方位，根据井斜监测结果及时调整钻具组合,避免井眼质量不合格。在钻达每次下套管井深时,还应进行多点测斜,通过连续的井斜测量可以较为准确地计算出井眼轨迹。

在钻达设计造斜位置前一定井深时,应对井眼轨迹进行计算,计算出实际的偏移量,再根据实际的直井段位移情况及时调整造斜点位置,这样才能以最佳的方式钻达设计的靶区。在实钻过程中每取得一个测点数据后,都应进行轨迹的计算,并优化待钻井眼轨迹,使井眼轨迹控制始终处于高效可控状态。

为保证水平段钻井效果,一般在设计阶段应给出导向控制的钻井参数、录井参数、岩性、测井参数等储层与上下地层的差异。同时要求实钻过程中将随钻测量的这些参数与设计参数进行对比,从而对井眼轨迹状态进行有效的控制。

地热井采用同一个井场的丛式井钻井方式时,应考虑防碰的要求。施工时先钻位移较大的井,并根据位移差异设计不同的造斜点,使相邻井的造斜点相差 50 m 左右,减少相互之间的磁干扰现象。

实钻中,每一口井钻完后,应对下一口井进行施工设计。根据已钻井的轨迹情况,优化待钻井的轨迹剖面与技术措施,从而达到防止井眼相碰,简化操作难度的目的。

6.3　定向井轨迹控制技术

定向井水平井的轨迹控制包括直井段、斜井段、水平段(定向井的稳斜段)控制,应以经济高效的技术实现有效的控制,确保钻井的安全经济。

6.3.1　直井防斜技术

直井段的关键在于采用有效的防斜技术,保证井眼质量,同时在一个平台钻多口井情况下,防止井眼相碰是重要的监控内容。为达到这一目的,一般同一平台的直井段应采用相同的底部钻具组合,使用相近的钻头与钻井参数。即便发现已钻的井参数与措施不合理,为了降低井眼相碰的概率,也尽量不要改变。

在井斜监测时也应采用同样的仪器、同样的钻具组合进行监测,并利用防碰扫描软件计算相邻井的距离。在考虑测量仪器误差的情况下,一般采用分离系数法判断相碰的可能性。当发现分离系数较小时,应及时采取措施,必要时考虑预定向。钻进中也应通过扭矩变化、返出铁屑等判断是否已发生井眼相碰。如果发现相碰应及时采取措施,对老井眼采用补贴,对新井眼进行侧钻等。

直井段的防斜效果直接影响到斜井段的工艺与中靶效果。应在设计造斜点之前50 m左右用电子多点测仪器一次井斜与方位,以此计算轨迹偏移,再优化造斜点位置与轨迹剖面,从而实现经济、高效的施工。

6.3.2 中高温时轨迹控制技术

轨迹控制的目标是准确实现设计的轨迹目标,满足地质与生产的需求。

1. 地质录井、测井对储层的校核与纠正

钻井前收集全部水平井邻井的地质录井、测井资料,进行地层小层对比,全面细致地认识储层地质特征和电性特征,确定地层对比标志层,制定储层地质录井标准和测井解释标准。利用地质资料研究水平井部署井区储层特征,建立水平段水文地质模型,校核原地质设计,制定水平井地质导向方案。

对于钻导眼井的水平井,导眼井要取全取准钻时和钻井参数等录井参数,结合导眼完钻测井解释成果和资料,建立综合柱状剖面,将导眼井与邻井和钻前地质模型对比,卡准储层,确定储层钻时、全烃、岩性、电性标准,结合工程参数,校核储层地质设计参数的准确性及误差,并根据实际情况给予纠正。

水平段钻井过程中,将正钻地层的钻时、全烃、岩性、电性特征与已建立的邻井或导眼井的地质录井标准和测井解释标准相对照,结合水平段水文地质模型,对储层进行校核与纠正。

2. 储层地质跟踪录井及导向

储层地质导向就是在水平井钻井过程中,根据实际地质情况变化,对储层地质变化情况做出正确判断,对钻井轨迹进行调整,使之处于储层中的合理位置。

准确地质导向的前提是正确判断轨迹是否处于储层中。判断依据是,正钻地层的钻时、全烃等录井参数是否与根据邻井或导眼井建立的地质录井标准相符合,录取的岩性、含油性是否与邻井或导眼井储层岩性、含油性相一致。如果使用的是随钻测井仪器,可实时对比正钻地层电性特征是否与邻井或导眼井储层电性特征一致。若轨迹在储层中,就应执行原地质设计施工。若轨迹不在储层中,就要根据实际情况进行轨迹调整。

3. 工程、地质密切协作提高储层钻遇率

地质设计要与工程结合,保证地质设计的轨迹工程上能够实现。工程上也要进行轨迹优化,实现地质目的。这样才能顺利施工,降低地质风险,提高储层钻遇率。造斜段钻进过程中,地质人员要根据钻遇地层实际情况,准确录取并卡准标志层,与邻井或导眼井精确地层对比,结合地质模型,预测轨迹着陆点。如地质设计有变化,就要与工程人员紧密配合,及时调整地质和工程参数,优化轨迹,保证轨迹以最佳井斜、方位和深度着陆和入靶。

地质导向离不开测量仪器与工具,以随时获取地层信息,保证井眼轨迹处于储层最佳位置。但如果过于依赖随钻测井信息,将导致水平井施工成本增加太多,冲减了水平井产生的效益。

根据综合录井钻时、岩屑、荧光及气测录井情况,结合特征曲线综合分析可以判断井下钻头是否钻入储层。在水平井钻井过程中,使用 PDC 钻头、钻井液中加入原油、润滑剂、磺化沥青等有机物质以及改变水平井岩屑运移方式给岩屑、荧光及气测录井带来了一定的困难。这时就要研究特殊环境下的导向方式。如何使用更先进的录井技术,真实地反映地层情况是指导水平井钻进的关键。

1. 岩屑录井

水平井由于自身的特点,岩屑的搬运形式与直井迥然不同。在水平段和斜井段,岩屑可以悬浮、滚动以及跳跃搬运,岩屑返出往往滞后于实际井深数米,PDC 钻头的使用使岩屑更细、更混杂。这就要求采取"精细岩屑录井":结合钻时和气测值,寻找区域上较稳定、可对比性强地层及岩性,储层以上的每一个薄层。岩性、颜色在钻井都是确定储层垂深的一个依据,也是判断钻井轨迹脱轨方向的"眼睛"。

如某区第二薄砂层顶部 0.15~0.20 m 的绿灰色粉砂质泥岩、0.60 m 左右的灰褐色泥岩、0.80 m 左右的灰色泥质粉砂岩,底部 0.17 m 左右的绿灰色泥质粉砂岩、1.50 m 左右的褐色泥岩,第三砂层顶部 0.20 m 左右的绿灰色粉砂质泥岩、1.20 m 左右的褐色泥岩、底部 0.12 m 左右的绿灰色粉砂质泥岩、0.22 m 左右的褐色泥岩等,都是确定储层垂深和储层脱轨方向的判断参照依据。

如 XX1 井在第二水平段 2381.00~2398.50 m,垂深为 2011.68~2011.78 m,岩屑中有 10% 褐色粉砂质泥岩,相应的 GR 升高,按常规判断是钻井轨迹出储层了,但仔细查找岩屑中无顶、底界的岩屑标志。储层顶界垂深为 2010.58 m,储层厚 1.70 m,储层底界垂深应在 2012.80 m,结合 XX2 井取心,在距储层顶 1.10 m 处,有不规则的褐色泥岩

团块富集成宽 0.05~0.08 m 的条带。据此判断 GR 升高是受储层内部泥岩条带影响,对轨迹仅做了轻微的向上调整,很快 GR 曲线就恢复了砂岩特征。

又如 XX3 井在钻第二水平段 2383.00 m 时见 5% 的褐灰色粉砂质泥岩,判断钻井轨迹触及储层顶界,向下微调轨迹,保证了钻井轨迹未出储层。这样以储层顶、底界岩性、颜色、垂直深度的变化来控制钻井轨迹在储层中运行,保证了 XX4 井第三号薄砂层,XX5 井第二号、第三号薄砂层都取得了储层有效长 100%。XX6 井钻井用 MWD,全凭岩屑、垂深判断轨迹,获得储层有效长 98.58%。由此可见,"精细岩屑录井"在薄储层水平钻井过程中起到了关键作用。

2. 钻时录井曲线

一般砂泥岩储层的钻时明显快于泥岩或非储层,储层越好,其孔隙度与渗透率也越高,在这种情况下机械钻速就越高。依据这一特征,通过监测钻时变化就能判断是否在储层钻进,通过钻时变化可以及时调整井眼轨迹走向,甚至这种方法比近钻头地质导向能更早发现井眼轨迹偏离储层。在碳酸盐岩或火山喷发岩中,由于裂缝是主要的热水通道与储集空间。在有大量裂缝存在时,其钻时同样也快于裂缝不发育地层的钻时,因而在这种情况下钻时也能间接判断是否在好储层中钻进。

3. 储层界线的确定

综合录井在水平井钻进中的导向作用就是确定储层界线预测储层变化趋势,指导水平钻进。地质师可以根据现场地质资料、电测资料结合其他邻井实钻资料、构造图、地震剖面以及 MWD、LWD 数据来综合判断确定储层界线。可以采取以下步骤。

① 直眼井综合录井、电测数据和井斜数据用来确定储层顶底线最初位置。

② 在钻进中,根据钻时、岩性、荧光录井、气测录井判断岩性和储层。

③ 邻井实钻情况:通过对比多口邻井实钻资料,可作出储层厚度变化趋势。

④ 构造图、地震剖面也能反映储层厚度、形态、走势。

⑤ 用钻时气测确定岩性界线斜深,根据 MWD、LWD 井斜数据计算出垂深。还可以根据 LWD 测伽马曲线变化的半幅点确定储层界面。如果钻井轨迹频繁进出储层顶底线,根据这种方法比较容易地确定储层界线。钻时以及伽马曲线与岩性储层有较好的对应关系,用录井资料可综合判断储层界线。

根据以上方法钻前对一号储层顶底界线进行了预测,在钻进中又综合现场录井情况,特别是标志层定位修正了储层顶底界线,为水平井钻进起到了导向作用。

新疆油田在这一理论基础上针对不同的地质条件,采用了四种导向方式:

（1）MWD+岩屑录井,应用在控制程度较高的稠油水平井;

（2）MWD+综合录井,应用在控制程度较高的稀油水平井（使用综合录井能更好地进行油气水层识别）;

（3）LWD（PeriScope15）+地质录井,应用在控制程度较低、薄层、底水等复杂储层水平井;

（4）电磁波无线随钻地质导向技术+综合录井,可用于欠平衡钻井、空气钻井和泡沫钻井。

强化现场地质导向具体做法为"勤对比、找标志、卡储层、早调整",准确捕捉标志层,卡准储层深度。

6.3.3　超高温井段轨迹控制

造斜时正常情况下可以采用无线随钻测量工具进行轨迹的监控。但如果井温较高,则可以使用有线随钻方式,在仪器下井前先进行循环降温,仪器入井后采用泵冲送入方式,座键后立即钻进,这种方式可以大大降低仪器的工作温度,适合更高温度条件下的轨迹调整。有线随钻测量仪器虽然号称"穷人的 MWD",存在接立柱时须起下一趟井下仪器的问题,但由于定向效率高,对于高温地热的硬地层来说,也是可以选择的仪器。

完成定向后,通常井斜达到 10°以上时,即可换转盘钻继续进行增斜钻进与稳斜,此时就可以利用单点测斜进行轨迹监控。一般可以采用自浮式单点测斜。在接单根时投入仪器,完成测斜后取出仪器即可。测斜仪器采用保温套保护就可以适应更高的井内温度。

采用转盘钻方式钻进时,由于钻进速度通常是滑动钻进速度的 1.5 倍以上,从而更有利于提速。

火成岩强度高,且对钻压敏感,在提高速度方面,除采用先进的钻头与提速工具外,钻压的强化对钻速影响更大。

超高温地层由于监测的粗放,难以对于轨迹进行较为精确的控制,此时应适当放宽对轨迹控制的要求。尽量少对井眼轨迹进行干预。事实上,如果钻具组合中近钻头的刚性不是太强时,钻头本身就有沿最好钻地层钻进的趋势。而最好钻的地层往往恰恰是最好的储层,这类地层的孔隙、裂缝发育,地层连通性好,必然就是好的热储层。而地层脆性增大也有利于改造效果。因此在设计、使用钻具组合时,水平段应优先使用近钻头刚性较弱的钻具组合,对井眼轨迹进行有限的调整与控制。

6.4　地热井资料录取

地热井需要录取必要的地质资料,为完井后试产、后续钻井方案编制与调整提供依据。

6.4.1　地热井录井

在钻井施工过程中,地质录井的任务是按地质设计要求,实时采集各项地质录井资料,及时发现并评价高产水层。各项地质录井资料质量是否符合设计与标准要求,将直接影响(探明或评价)地下地层、岩性、构造、含水等情况,进而影响地热开发速度及效果。因此,地质录井在地热勘探与开发中是一个关键环节,必须认真做好。

常规地质录井资料主要包括岩屑、岩心、井壁取心资料,其可直接反映地下储层信息,起着建立地质剖面、进行地层对比、为分析化验提供基础资料的作用。通过对井壁取心和岩心资料分析,能够更直观地反映储层含水性。

常规录井是地质录井的基本工作,由于定量化程度低,常应用于地层对比清楚、无特殊要求的开发井,对于探井、特殊工艺井等还须进行综合录井。

1. 钻时录井

钻时是钻头钻进单位进尺所需要的时间,用"min/m"表示。钻时的变化能反映地层的可钻性,即反映地层的胶结程度与成岩性。一口井由浅到深地层岩性变化很大,其可钻性也就有所差异,反映在钻时曲线上就会有高有低。因此,根据钻时可以粗略地判断岩性及进行地层对比。

2. 地层压力监测

钻时录井通常与地层压力监测结合进行,将录取的钻时与钻井参数进行 dc 指数或其他模型的计算,分析地层压力。

对于大多数的地区来说,一般只存在一套压力系统,dc 指数法地层压力随钻监测计算,只用一条正常趋势线方程就能完成。而对于多套压力系统的油气田,采用一条正常趋势线方程就很难满足地层压力随钻监测精度的要求,必须采用多条趋势线来进行地层压力监测计算。

3. 岩屑录井

岩屑是地下岩石被钻头破碎后形成的"钻屑",习惯上把随钻井液上返至地面的钻屑称为岩屑,通常称为砂样。在钻进过程中,录井人员按地质设计要求的间距和相应的返出时间,系统采集岩屑,进行观察、描述,绘制成岩屑录井草图,再运用各项资料进行综合解释,恢复地下地层剖面的全过程就叫作岩屑录井。

岩屑录井在勘探过程中具有相当重要的地位。它具有成本低、速度快、了解地下情况及时、资料系统性强等优点。它可以获得大量的地层、构造、储盖组合关系、储层物性、含水情况等信息,是我国目前广泛采用的一种录井方法。

4. 岩心录井

钻井过程中,用取心工具,将地层岩石从井下取至地面,并对其进行分析、研究,从而获取各项资料的过程叫作岩心录井。

岩心资料是最直观地反映地下岩层特征的第一性资料。由于钻井取心成本高、速度慢,在勘探开发过程中,只能根据地质任务要求,适当安排取心。

井壁取心的目的是弥补常规取心漏取造成地质资料缺失,证实地层的岩性、物性,以及岩性和电性的关系,或者为了满足地质方面的特殊要求。根据不同的取心目的,选定取心层位。

5. 核磁共振录井

核磁共振录井资料在解释评价中的作用有以下两个方面:一是可以用自由或可动流体弛豫谱形态定性判断储层性质;二是判断储层物性,区分储集层与非储集层。

核磁共振录井共可获得 4 项参数,具体如下。

(1) 孔隙度(%):岩石中孔隙体积与岩石总体积的比值称为孔隙度。孔隙度有绝对孔隙度(总孔隙度)和有效孔隙度之分,这里指的是绝对孔隙度。绝对孔隙度是指岩石的总孔隙体积与岩石外表体积之比。

(2) 渗透率($\times 10^{-3}\ \mu m^2$):在一定的压差下,岩石本身允许流体通过的性能叫渗透性,渗透性的好坏用渗透率来表示。渗透率的大小反映了岩石允许流体通过能力的强弱。

(3) 束缚水饱和度(%):储集层岩粒表面都有一层水被紧紧束缚不能自由移动,称为束缚水,束缚水占孔隙体积的百分数称为束缚水饱和度。

(4) 可动水饱和度(%):可动水饱和度是可动水占孔隙体积的百分数。可动水饱和度可用于地层出水量的预测以及水淹层评价。

6. 工程录井

工程录井是在录井服务过程中利用综合录井仪对各种参数进行实时监测,对工程数据异常进行预报,实时指导钻井,优化钻井技术措施,避免钻井工程事故发生,减小工程施工的复杂性或风险性,为科学、快速、优质钻井提供技术支持。工程录井的作用包括以下3项。

(1)能够连续监控和记录钻井过程中的各项施工参数、曲线,实现钻井数据库的档案管理,以备后续总结和研究。

(2)能够实时监测钻井工程参数、曲线的变化,实现及时预报工程事故,以避免工程事故的发生或进一步恶化,保障钻井安全。

(3)能够更科学地为钻井队提出优化的钻井参数,实现优化钻井,降低成本,提高钻井时效。

工程录井测量参数包括两项,具体如下。

(1)钻井参数:实时检测和记录大钩负荷、大钩高度、钻压、悬重、立压、套压、泵冲、转盘转速、转盘扭矩等;实时计算参数有垂直深度、钻头成本、钻头纯钻时间、钻头纯钻进尺等。

(2)钻井液参数:实时采集的参数有各单池体积,进、出口密度,进、出口温度,进、出口电导,进、出口流量,泵速等;实时计算参数为总池体积。

利用工程参数录井服务于钻井工程,优化钻井参数,降低井下复杂情况与事故的发生是综合录井技术发展的重要方向。目前国内外在这方面已取得了一些突出的成果,主要表现在及时发现钻井过程中的工程参数异常,及时避免钻井事故与复杂情况的发生,同时对钻井参数进行分析,优化钻井参数,从而提高钻井作业的效率。在国外最新的发展方向是综合钻井前邻井各种资料及地震资料,建立地质力学模型,钻井时依据随钻测井、综合录井及其他途径获取的各种资料,不断修正地质力学模型,优化钻井技术措施,避免钻井复杂情况与事故。其代表性技术有 Schlumberger 公司的NDS、Baker Hughes 公司的 Copilot 等。具体作用有:

① 井漏、钻具刺漏的监测与预报;

② 井涌的监测与预报;

③ 盐侵与油气水侵的监测与预报;

④ 地温异常的监测与预报;

⑤ 牙轮钻头工作寿命预报;

⑥ 阻卡的识别与判断;

⑦ 钻井参数的分析与优化。

6.4.2　地热井测井

测井是指利用电缆或其他途径,下入测量仪器,测量地层电性、物理特性,从而对地层进行识别、评价的方法。根据测井的环境不同有裸眼测井与套管测井。其中套管测井在套管内环境进行测井,主要用于生产评价与固井质量评价(参见第 4 章)等。裸眼测井是勘探开发获取第一手地层与含水性的重要方法之一。裸眼测井获取的地层信息也是识别地层,评价地层,从而提高钻井效率,降低钻井复杂情况与事故的重要手段。

根据地层及其含的油、气、水特性,为识别与评价地层及其所含流体,测井常用的方法有井温测井、井径井斜测井、自然电位测井、伽马测井、声波速度测井、密度测井、中子测井、固井声幅测井(CBL 测井)、放射性同位素示踪法注入剖面测井等。

1. 井温测井

利用温度传感器可以测量井筒各处的温度数据。温度测井数据可以得出井筒温度剖面,从而优化生产层段和生产措施。

对于地热生产井,温度测井可以判断各层出水温度及出水量,给出对井筒出水流体温度的影响。对于注水井同样可用于间接判断各层的吸水指数。

在井漏情况下,井温测井是判断漏层的重要手段。

2. 井径井斜测井

在钻井过程中,由于地层受钻井液的冲洗、浸泡以及钻具的冲击碰撞等,实际的井径往往和钻头的直径不同。通过测量井径的变化,可以为地层评价及井眼工程提供一些重要的参考信息。测量井眼直径的变化,是利用井径仪来完成的,井径测井是一种用带极板或井中扶正器进行的操作。目前使用的井径仪,就其结构来讲,主要有两种形式。一种是进行单独井径测量的张臂式井径仪,另一种就是利用某些测井仪器(如密度仪、井壁中子测井仪、微测向仪等)的推靠臂,在这些仪器测井的同时测量井径。

不论哪种井径仪,它们的测量原理基本相同,主要由受弹簧力作用而伸张的井径臂(也叫井径腿)和将井径臂的张缩变化转换成电阻变化的电位器组成。

3. 自然电位测井

自然电位测井是在裸眼井中通过测量井轴上自然产生的电位变化,研究地层性质的一种测井方法。它是世界上最早使用的测井方法之一,是一种最简便而实用意义很大的测井方法,至今仍然是砂泥岩剖面的必测项目。它在区分地层岩性,尤其是在区分泥质和非泥质地层方面,具有突出的优点。自然电位测井在砂泥岩剖面中,有着广泛的用途,具体如下。

(1)划分储集层,自然电位曲线上偏离泥岩基线的异常是地层具有孔隙性和渗透性的标志。一般有明显异常的地层都是储集层。

(2)判断岩性,对于简单的砂泥岩剖面,储集层是砂岩,非储集层是泥岩。

(3)判断油气水层,完全含水、岩性较纯、厚度较大的纯水层 SP 异常最大。

(4)地层对比和研究沉积相,SP 曲线常常作为单层划相,井间对比,绘制沉积体等值图的手段之一。

(5)估算泥质含量,碎屑岩泥质含量增加,自然电动势减小,从而使 SP 幅度减小。

(6)确定地层水电阻率。

4. 自然伽马与自然伽马能谱测井

一般沉积岩的自然伽马放射性要低于岩浆岩和变质岩,因为沉积岩一般不含放射性矿物,其自然放射性主要是岩石吸附放射性物质引起的,而岩石吸附能力又有限。

(1)高自然放射性的岩石:包括泥质砂岩、砂质泥岩、泥岩、深海沉积的泥岩、钾盐层等,其自然伽马测井读数为 100 API 以上。特别是深海沉积的泥岩和钾盐层,自然伽马测井读数在所述沉积岩中是最高的。

(2)中等自然放射性的岩石:包括砂岩、石灰岩和白云岩,其自然伽马测井读数为 50~100 API。

(3)低自然放射性的岩石:包括岩盐、煤层和硬石膏,自然伽马读数为 50 API 以下。其中硬石膏最低,小于 10 API。

根据上述分类可以看出,除钾盐层以外,沉积岩自然放射性的强弱与岩石中含泥质的多少有密切的关系,岩石中含泥质越多,自然放射性就越强。

5. 声波速度测井

声波速度测井简称声速测井,测量地层滑行波的时差 Δt(地层纵波速度的倒数）。主要用以计算地层孔隙度、地层岩性分析、地层压力分析等,是一种主要的测井方法。它的井下仪器主要由声波脉冲发射器和声波接收器构成的声系及电子线路组成。

6. 密度测井

密度测井是利用伽马射线穿过物质,与物质发生作用,造成射线强度衰减,其衰减值与物质密度由函数关系来测量。体积密度是指岩石的总体密度值,对孔隙地层来说,它包括岩石的固体骨架和占据孔隙空间的流体,如水、油或气。

伽马射线与物质之间发生三种主要相互作用,即光电吸收、康普顿散射和电子对效应。

用伽马射线束(即光子束)照射靠近井眼的地层,并穿过物质时,一些被吸收,一些穿射过去,还有一些被散射。实际上,散射产生新的光子,其飞行方向与入射光子不同。在离伽马射线源的两个固定距离上,记录散射伽马射线的强度,则可测定地层对入射伽马射线的减弱能力。

利用两个探测器测得的散射伽马射线强度和仪器刻度数据之间的精确相关关系,可求得地层体积密度。这一相关要求仪器采用具有合适能量和强度的源,以及合适的源距和探测器能量鉴别阈值。探测器测到的散射伽马射线强度随岩石体积密度的增高而降低。

岩性密度测井是国外 20 世纪 70 年代后期研制的一种新的测井方法。它是在密度测井的基础上发展起来的,是利用康普顿—吴有训散射伽马射线与地层作用的光电吸收(效应)和康普顿散射效应,同时测定地层的岩性和密度的测井方法。

7. 中子测井

以中子与地层介质相互作用为基础的测井方法称为中子测井。广义的中子测井应包括连续中子源的中子测井和脉冲中子源的中子测井。前者按探测对象可分为超热中子测井、热中子测井和中子伽马测井。后者可分为中子寿命测井、碳/氧比能谱测井和活化测井等。但人们习惯把前者称中子测井。

中子测井测量地层对中子的减速能力,测量结果主要反映地层的含氢量。在孔隙被水和/或油充满的纯地层中,氢只存在于孔隙中,且油和水的含氢量大致相同。因此,中子测井反映充满液体的孔隙度。

8. 固井声幅测井(CBL 测井)

固井声幅测井是用于测量套管与水泥环胶结程度的测井手段。它的测量传感器是由声波发射探头和声波接收探头两个关键部位组成。仪器在井内由声波发射器发射频率为 20 kHz 的声波。声波通过井内介质(钻井液)传向套管、水泥环、地层。后又经折射到达声波接收探头,其各处的传播特性被接收探头接收。在这个传播路径内,如果固井质量好,套管与井壁之间的环形空间充满水泥,而且水泥和套管胶结良好,在套管外紧紧固结上一层水泥环。由于固结的水泥与套管的声阻抗差别比较小,声耦合比较好,因而套管波能量容易通过水泥环向地层传播,则套管波衰减较大,接收到的折射波幅度就小。如果固井不好,套管与水泥胶结不好,或者管外根本没有水泥,只有钻井液存在,钻井液与套管的声阻抗差别很大,声耦合极差,套管波能量不易通过界面传播到管外介质中去,使套管波能量衰减得少,接收到的折射波幅度就大。由此可见,由套管波引起的折射波幅度大小能够反映水泥胶结的情况。

声幅测井只记录声波全波列中套管波的幅度,因而只能检测固井Ⅰ界面(套管与水泥环的界面)的胶结情况,但储集层间的窜通还可能是由于水泥环-地层界面(固井Ⅱ界面)胶结不好所致。声波变密度测井(VDL)记录井下接收探头接收声波全波列,可以定性反映固井Ⅱ界面的胶结状况。

9. 放射性同位素示踪法注入剖面测井

在正常的注水条件下,用放射性同位素释放器将吸附有放射性同位素的固相载体(微球)释放到注水井中预定的深度位置,载体与井筒内的注入水混合,并形成一定浓度的活化悬浮液,活化悬浮液随注入水进入地层。由于放射性同位素载体的直径大于地层孔隙喉道,活化悬浮液中的水进入地层,而同位素载体滤积在井壁地层的表面。地层吸收的活化悬浮液越多,地层表面滤积载体也越多,放射性同位素的强度也相应地增高,即地层吸水量与滤积载体量和放射性同位素强度成正比。将施工前后测量得到的两条放射性测井曲线作叠合处理,则对应射孔层处的两条放射性测井曲线所包络的面积反映了地层的吸水能力。采用面积法解释出各层的相对注入量,进而可确定注入井的分层注水剖面。

10. 注入剖面多参数测井

开发后期,由于长期注水冲刷,使地层的孔隙喉道扩大,加之压裂、酸化等作业措施,地层产生裂缝,传统的放射性同位素示踪测井在确定注水剖面方面有一定的局限性。20 世纪 90 年代初期,我国各油田开始研制将多个传感器组合在一起测量的注入剖面测井仪器。1995 年,大庆油田研制成功的五参数组合仪是将井温仪、压力计、涡轮连续流量计、磁性定位器、伽马仪组合在一起,在相同的注入条件下实现一次下井多参数同时测量。注入剖面多参数测井通过多参数综合解释,排除部分同位素污染、漏失等对资料解释的影响,在高渗透地层、条带裂缝地层中有很好的应用效果。

11. 电磁流量测井

三次采油过程中,聚合物具有黏度高、分子量大以及非牛顿流体等特性,使传统的注入剖面测井方法诸如涡轮流量计、同位素示踪等难以适应聚合物注入剖面的监测需要。电磁流量计是根据电磁感应原理来测量管道中的导电流体。不管流体的性质如何,只要其具有微弱的导电性(电导率大于 $8×10^{-5}$ S/m),即可进行测量。油田三次采油注入的聚合物混合溶液的导电性能良好,符合这种测量条件。大庆油田应用的电磁流量计井下仪器自上而下依次为过芯加重、上扶正器、电磁流量计探头(含磁性定位器)和下扶正器。其中电磁流量计探头是测量流量的核心部分。

12. 示踪相关流量测井

放射性物质通过释放器释放到井筒中,示踪剂呈聚集的形式随井液流动。通过具有一定距离的两个探测器时,探测器会有明显的变化信号,在时间-幅度的坐标系里会有明显的波形变化。由于两个探测器的距离很短,这一波形不会有太大变化。通过相关分析的方法就可确定出放射性物质流经两个探测器的时间间隔,探测器的距离是已知的,就可以计算出流体的流速。结合流道的横截面积即可计算得出流量。该方法为配注井吸水剖面测试提供了一种新工艺。

13. 能谱水流测井仪(SPFL)

能谱水流测井仪是测试技术服务分公司从哈里伯顿公司引进的仪器。该仪器的主要技术特点是,以活化氧作为测试对象,它可以直接探测管内、外的水流速度。通过对水流速度的测量,结合流道的横截面积,可间接计算得出水流量。

第 7 章
设计、施工管理与 HSE

地热钻完井需要通过设计与施工管理实现。设计与施工应结合地热井的特点,采用针对性的流程进行设计与管理,才能取得较好的效果,保障地热钻完井的效果与质量。

地热钻完井工程具有不确定性大、高投入、高风险等特点。通过实施 HSE 管理体系,构建风险评价模型,采用风险识别、风险削减措施、风险预防控制措施、应急管理进行风险管理是钻井 HSE 管理的基本方法。与常规 HSE 管理不同,钻井 HSE 还包括环境保护等内容。

7.1 设计要求

地热钻完井一般需要追求较低的总体成本,在大多数情况下,都需要在没有进行充分地质勘探的情况下进行设计与施工。特别是地热供暖项目,在一个地区钻井数量不大的情况下,如果做详细的地震勘探、再进行构造地层的识别与解释,则成本可能比整个钻完井成本都要高,导致开发效益大幅度降低。因此在地质资料有限的情况下,开展钻井设计就非常关键。更多时候需要进行探采结合,通过首口井取得地质认识,再进行调整,以达到最佳开发效果的目的。

7.1.1 钻井设计要求

地热井设计时一般存在地质资料不充分的情况,有时可能就只有电法与重磁勘探资料,有时可能对于地下是否存在水层有一定认识,但对于地层的埋深、层序、物性掌握程度较差,这些都会导致在设计时的不确定性增大。而一个地热项目一般需要若干口注入井与采水井,这就要求在设计时需要按一定的程序,进行不断的探索、优化,才能实现项目的最佳开发效果。

首口井成功钻探,并获取足够的认识对于项目的效益具有非常重要的作用,因此投资都应重视首口井的设计。

设计前应充分研究地质资料,从多种途径获取地质资料,尽可能减少设计的盲目性。要求对主要目的层埋深、性质有较深入的了解,此外,还应充分了解钻遇地层的情况,特别是可能钻遇的复杂地层、复杂的地层压力系统。

设计中关注的复杂地层主要为盐膏层。这类地层钻井时易于缩径卡钻,需要较高的钻井液密度平衡地层的蠕变,这导致井身结构与钻井液密度使用与正常地层有显著的差异。如华北地区许多地方古近系地层中含有盐膏层。某些地区平衡地层蠕变的钻井液密度达到 $1.80 \ \text{g/cm}^3$ 以上。

地层压力系统是设计最关键的问题。在有地震资料的情况下,可以通过地震层速度资料,结合邻区测井与实钻资料可以预测地层压力,虽然预测精度不会太高,但在一定范围内寻找地层压力在平面与纵向的变化趋势还是可以做到的。这可以指导井身结构设计,避免钻井过程中"打遭遇战"。但在没有地震层速度资料的情况下,只能根据地层演化规律,以及邻区钻井情况做大致的推测。在这种情况下,钻井设计应留有一定的余地,避免出现意外情况导致钻井失败。

一般认为异常地层压力的成因条件多种多样,其中一种异常压力现象可能是由多种互相叠加的因素所致,其中包括地质的、物理的、地球化学和动力学的因素。但就一个特定异常压力体而言,其成因可能以某一种因素为主,其他因素为辅。主要包括:快速沉积造成的不平衡压实作用、水热增压、构造挤压、生烃作用、蒙脱土脱水作用、浓差作用、逆浓差作用、石膏/硬石膏转化、流体密度差异、水势面的不规则性。

尽管关于异常地层压力形成的机制有上文所述的 10 种之多,但不平衡压实作用是最常见的异常地层压力产生的机制,同时水热增压和构造挤压也是非常重要的增压机制。应对这些可能形成异常地层压力的因素进行分析可以避免设计出现较大的偏差,为钻井安全、顺利提供保障。

在一个地区计划开发地热时,可能都会收集邻区的热储层资料,这些资料是钻井设计的基础。但由于地层形成环境多样化,后期改造作用也存在诸多可能,导致实钻情况与预想差距较大。因此虽然设计前要充分研究热储层,但在设计时仍应考虑热储层的差异,考虑出现各种变化的应对方案。如华北地区广泛发育的碳酸盐岩地层,由于存在风化作用,形成了许多的缝洞体结构,是良好的热储层。但这种热储层在不同的地区存在较大的差异,甚至同一个构造中,如果钻遇了落水洞或地下溶洞,就可能获得高产,反之可能产量就较低,无法实现较好的商业产能。而白云岩地层如果长期处于构造运动的作用下,可能会形成大量的裂隙结构,从而也是一种较好的热储层。在第一口井设计时应该设计深一些,在钻探时如果钻遇上部灰岩地层,发生严重漏失证实地层具有较好的产水能力时,可以就地完钻。而如果钻井过程中没有发现缝洞结构,则可以继续向下钻探裂隙发育的白云岩热储层。

华北地区泰山群是普遍存在的基岩地层。这类地层经过长期风化也会形成大量的裂隙结构,但这种裂隙结构也会存在平面上的严重不均质性,相应地钻井后地层产水能力差异就非常大。而如果地层长时间构造运动不强烈,则裂缝又会被结晶矿物充填,需要采用增产措施才能形成较好的热水产能。

开发水热型地热面临的问题还有井眼深度的确定。在西藏羊易地热田开发时曾对这一问题进行过讨论。一般认为如果浅层与深层温度相差不是太大的情况下,从钻井成本考虑,一般倾向于开发浅层地热,这样无论是工程难度还是工程投资都会大幅度减少,从而可以实现更好的效益。但地热开发需要兼顾持久性与整体效益。浅层地热由于热水补给的不稳定,可能随着开采的进行,近地表冷水较快浸入,使地热田温度快速下降。虽然早期钻井投资节省了一部分,但由于地面设备不能发挥作用,整体开发效益并不理想。

在设计环节,应结合地层特点,提前规划增产措施。如果是裂缝性地层,应在第一口井完成后,设计定向取心与电阻率成像测井,分析地下裂缝的发育情况及发育方向,评价压裂/酸压增产潜力,同时规划回注井的方位与井距。如果本身地层产水能力较强,则从可持续发展出发,回灌井应在垂直于裂缝发育方向。如果地层产水能力较低,则通过压裂方式形成人工缝后,再在裂缝延伸方向设计回灌井。为保证回灌井能钻遇人工裂缝,回灌井应设计成定向井,以一定的角度穿过人工裂缝带。

如果是灰岩地层,则应结合完钻井做进一步物探工作,分析缝洞体发育位置,通过向缝洞体发育位置侧钻获得较高产量。如果属于以缝为主的缝洞体结构,则应沿垂直于裂缝方向侧钻形成水平井方式,最大限度钻遇地层裂缝,提高单井产量。

例如,银川天山海世界项目设计时考虑到该地区未钻探井,该工程为探采合一工程,设计先钻直井。应先进行岩心分析与测井资料分析,获得地层裂缝发育方向与产状信息,同时进行地层产水能力评价。

(1) 如果直井地层产水能力较好,则在产水能力最好的地层钻出 U 形井。水平井循环过程中注入的水部分进入地层,而在采出端地层水部分与注入水共同采出,通过数值模型进行分析,优化水平段长度。必要时可对水平井实施分段酸压,以提高注入水与地层水交换的能力,提升采热效果。

（2）水平井水平段设计成垂直于裂缝发育方向，按设计的水平段长度与水平段靶前距钻连通水平井，实现与直井连通。评价地层裂缝导致的水平井井眼稳定性。如果稳定性差，水平井与直井下入打孔管完井。如果稳定性好，可以直接裸眼完井。

（3）采用磁导向方式，在直井下入磁发射仪器，在水平井中下入磁探测仪器，实现两井贯通。中国石油集团工程技术研究院该技术已施工 50 余次，成功率达 100%。

最终该井在 600 m 钻遇断裂带，获日产 1.5×10^4 m³ 的高产 40 ℃ 热水，并没有实施两井连通方案。但该井设计环节就考虑了各种可能性，为该井的成功钻探提供了保障，坚定了投资方信心，最终实现了最佳的效果。故设计时应针对各种情况，预见最好情况与一般情况，并按坏的情况准备应对的方案，这样才能保证地热工程取得成功。

地热井钻井设计除以上环节外还应考虑热储层保护、钻头、钻具组合与钻井参数、钻井液技术、固井设计等内容。

7.1.2 完井设计要求

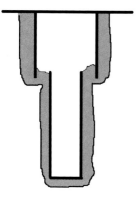

图 7-1 中浅层水文井
常用井身结构

地热井的完井涉及从钻开热储层到交付生产的环节。完井设计包括井身结构、井口装置、生产管柱、测试求产等内容。

中浅层水文井一般采用的井身结构如图 7-1 所示。其采用套管搭接结构，使用微台肩悬器实现套管悬挂。该井身结构具有节省套管、开口直径大等优点。但对于地热开发来说，存在一定的不足，主要表现在以下两个方面。

（1）上部开口直径过大会造成热水的流速过低，可能不易达到优化的范围，造成热损失严重。

（2）搭接式结构会造成重叠段密封完整性难以保证，从而造成上部冷水也一同采出，使得系统的热效率降低。

因此地热井，特别是高温地热井应采用石油行业通用的井身结构，即套管应直通到井口。如果因为水量较大,上部需要较大尺寸的套管,也应有足够的重叠段,并采用尾管悬挂固井技术,确保下部套管不发生弯曲,同时保证重叠段的密封效果(图 7 - 2)。

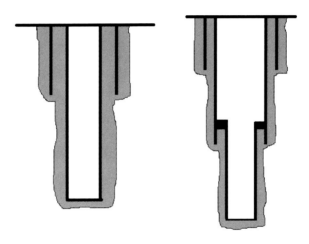

图 7 - 2　推荐使用的地热井典型井身结构

地热井生产一般采用无油管生产,即生产套管内没有生产管柱,这种生产方式可以适应高流量要求。这对井筒完整性提出了更高的要求,同时要求生产套管与固井水泥采取一定的高温层段导热与低温层段保温的措施。一般在生产套管的上部低温井段,为减少热损失需要采用隔热措施。而在生产层段,为充分进行热交换,则需要采用导热措施。

目前,高温地热井可以在普通水泥中加入珍珠岩粉,以提高保温效果。对于中低温地热井,可以采用泡沫水泥固井,利用泡沫水泥的多孔特性使得水泥石骨架热传递的面积更小,传热路径更长,以取得更好的保温效果。

目前,成熟的套管隔热技术采用双层真空套管。但这种技术受套管强度限制,只能适用于较低的工作压力或浅井,且成本较高,目前仅在稠油热采井中有一定的应用。而最新的隔热涂层技术则可以以较低成本取得较好的隔热效果。如比较成熟的等离子中喷涂金属氧化锆涂层就是一种较好的隔热措施。

高温地热井套管在受热时会发生膨胀。如果温度过高,套管将受到较强的热应力。因此井口装置应采用浮动状态,允许两层套管相对移动,这样可以最大限度减少井口套管因热应力引起的损坏。

7.2 施工管理要求

7.2.1 环境管理

地热能是清洁能源,但开发过程如果方式控制不当,也可能对环境造成一定的危害。一般在地表水动力系统以下的承压水都是长期与地层接触,溶解了部分地层中的矿物质,因此矿化度一般较高。不同地区由于沉积环境不同,沉积的地层矿物也不同,地下水矿化度与成分差异较大。因此地下水采出地表后,如果进入地表水系,则势必对地表水系产生影响,国家对可排放进入地表水的成分都有详细规定。

天津市发布了《天津市地热回灌运行操作规程(试行)》(津国土房热〔2006〕1031号),要求对地热水进行同层回灌。

河北省也发布了地方标准《地热回灌运行操作规程》DB13/T 2553—2017,要求如下。

(1)回灌目的层与地热开采热储层基本相同,回灌水源应是供暖后尾水经过密闭系统进入回灌井。

(2)进行异层回灌时,要求开采层的水质与回灌井热储层的水质类型基本一致,矿化度相近,且开采井水质优于回灌井。同时应在回灌前对 2 种水质进行配伍试验,并对回灌水源水质进行评价,在保证回灌热储层不受回灌水影响的前提下方可回灌,否则不应回灌。

这些标准都将承压水及地层作为需要保护的资源,但这一做法并不符合国际通行的惯例。例如,加拿大在油气开采中要求回注水只要在地表水动力系统以下的承压水层即可,不一定在开采层同层回灌,也没有对回灌层位提出更多要求。因为加拿大认为承压水含盐度高,不是工农业生产可动用的资源,没有必要进行保护。在中国没有相关法规进行规定前,应遵守相关标准规范的要求。

从可持续发展出发,回灌井应在充分研究水动力系统的基础上进行设计,原则上回灌应通过一定的路径补偿到开采层位。一方面,该路径可以使回灌水得到充分的加热。另一方面,回灌水可以弥补热水开采的亏空,实现可持续开发。在这种情况下,回灌井可以选择渗透性好、埋深浅的位置进行回灌,同时兼顾地面管网建设成本,以及地面的热损失。

国内有专家提出地热水的梯级利用,即在高温情况下利用蒸汽动能进行发电,在中温范围内可利用地原热泵进一步发电,再低温度则可用于供暖,但这种方式导致更多热量在地面散失,热效率降低,使地层热源衰竭,不利于可持续发展。应在进行热田数值模拟基础上,通过合理的开发方案,兼顾开采强度与可持续性,合理设计地面利用地热的强度,使回灌水有一定的温度。如肯尼亚地热发电就仅利用地热水动能进行发电,发电后的高温热水直接回灌,不再进行梯级利用。

7.2.2　技术管理

地热钻井既不同于水文钻井,也不同于石油钻井,有自己的特点,宜建立自己的标准体系。目前地热能专业标准化技术委员会正在起草地热的标准体系,这必将使地热钻完井逐步走向规范管理。

浅层地热钻井的管理相对简单,可以采用交钥匙工程的方式,将全部钻完井工程大包,由钻井服务单位进行施工。甲方监管的重点内容是工程质量,也就是把好测井、下套管、固井等关键环节。其他工作可以通过合同形式,对施工方进行约束,这样可以减少建设方管理工作量,从而实现控制成本的目的。

随着井深加大,钻井风险也将逐步增大。在这种情况下,再沿用交钥匙工程的方式管理将会带来工程的隐患,也难以调动施工方的积极性,因为施工方可能难以承受风险的损失。这时建设方管理就要不只做质量监控,也需要承担一部分的进度控制以及处置异常地质风险的责任。事实上建设单位投资落实后,建设进度将在很大程度上影响投资回收期。而在供热项目建设过程中还与供暖季密切相关,如果到了冬季未完成工程建设,将会对建设方造成难以估量的经济与政治损失,因此建设方的管理非常重要。

在这种情况下,建设方应成立建设项目部,项目部应配备钻井工程、地质、测试、地面等专业的技术与管理人才,对建设项目进行全程跟踪管理。组织进行钻完井设计方案论证及设计编制,组织进行队伍与工作量招标工作。在施工过程中对质量进行把关,并及时解决钻完井过程中出现的各种异常地质问题,协助施工方解决工程问题,从总体上更好地把控工程进度与质量。

7.2.3　质量控制

地热井质量指标包括井身质量与结构完整性。其中井身质量包括井斜、方位、井底位移,在这方面可以参考石油行业标准,因为这个标准也考虑了井网结构、修井等作业对套管磨损等情况。井径扩大率是结构完整性的一个间接指标,也可以参考石油行业标准。这两项参数可以通过完井后测井获取,在监督时,可要求测井公司提供测井的部分数据。在定向井中,通常会进行电子多点测量井斜与方位,由于电子多点测量精度高于电缆测井,因此应以电子多点测的井斜方位为准。这时监督方应自己卡准每个点的时间,并自己读取数据。如果让服务方读取数据,则服务方可能会取舍部分数据,从而使不合格的井身质量变为合格。

影响结构完整性的主要因素是套管的密封性与水泥环的密封性。通常套管的密封性可以通过固井后的试压进行验证,要求生产套管采用管内全部为清水的方式试压到 20 MPa,稳压 30 min 后,压力降小于 0.7 MPa 为合格。而水泥胶结情况则需要通过水泥凝固后的声波测井解决,要求在非水泥固结段标定为 100% 回波情况下,固井合格段的声波反射率不大于 30%,优质段不大于 10%,且要求水泥需要封隔的地层界面两侧各有不少于 25 m 的优质封固段。

7.3　政府监管

政府监管一方面应有利于行业的发展,另一方面应避免对环境产生危害。政府监管主要体现在施工安全、井身结构对环境的影响、完整性质量、回灌层位及效果评价、项目关闭措施等方面。

施工安全主要体现在市场的准入与项目批准环节,通过审查施工单位的资信与安全措施,批准项目的实施与施工队伍的准入。

井身结构是影响井完整性的关键环节,应保证表层套管封隔距地表水动力系统层位下的隔水层下方至少 50 m。地表水动力系统的判别依据是自地表以下,地层水矿化度不超过国家 Ⅱ 类水质标准的层位。如在鄂尔多斯盆地洛河组地层水普遍可以达到国家 Ⅱ 类水质标准,这个层位无论地层埋深多少,都必须采用表层套管封隔,除非开发的本来就是这一层热水。

由于在石油开采过程中发现大量套管在没有水泥封固时,会存在地层水腐蚀套管的现象。因此原则上政府相关部门应要求地热开采与回灌井套管外采用水泥全封固。建设单位应向政府提供套管外声幅测井记录,以证明除开发动用热水层段以外,全部水层套管外都有水泥封固。

如果只有一层表层套管,下部为裸眼,则表层套管下深应适当加深。

在井筒完整性监测方面,政府相关部门应要求施工单位在附近钻地表可动用水取样监测井,通过定期监测水样的变化来界定地热开发是否存在污染近地表水的可能。如果发现地热开发已影响到近地表水,则应责令项目运营单位采取补救措施,消除对近地表水的污染。

回灌的监控主要是通过要求项目建设单位提供的原始的井身结构、固井质量、射孔层位、注入压力与流量变化等资料完成的。如果发现射孔层位到上部较好水层之间没有优质水泥封固段,应要求建设单位采取打水泥隔板等措施进行补救,避免回灌水进入上部水层。在注入过程中如果发现注入流量、压力出现明显变化,政府相关部门应组织相关的专家进行评估,评价是否存在由于长时间的生产,导致套管或管外水泥密封失效。如果出现密封失效,应采取适当的补救措施。

项目关闭应进行环境评价,政府相关部门应要求项目运营单位提交关闭的封井方案,并评价是否会对环境产生潜在的危害。一般要求项目运营单位应在开发层段及以上、上层套管底部、井口附近等都要打水泥塞进行封闭。

7.4 地热钻完井 HSE 管理特点与要求

7.4.1 地热钻完井 HSE 管理概念

HSE 管理体系是指实施安全、环境与健康管理的组织机构推行的职责、做法、程序、过程和资源等而构成的整体。它由许多要素构成,这些要素通过先进、科学的运行模式有机地融合在一起,相互关联、相互作用,形成一套结构化动态管理系统。从其功能上讲,HSE 管理体系是一种事前进行风险分析,确定其自身活动可能发生的危害和后果,从而采取有效的防范手段和控制措施防止其发生,以便减少可能引起的人员伤害、财产损失和环境污染的有效管理模式。HSE 管理体系突出强调了事前预防和持续改进,其具有高度自我约束、自我完善、自我激励机制。因此 HSE 管理体系是一种现代化的管理模式、是现代企业制度之一。

HSE 管理体系是三位一体管理体系。H(健康)不仅是没有疾病,而应该是身体的、精神的和社会适应的完好状态。S(安全)是指在劳动生产过程中,努力改善劳动条件、克服不安全因素,使劳动生产在保证劳动者健康、企业财产不受损失、人民生命安全的前提下顺利进行。E(环境)是指与人类密切相关的、影响人类生活和生产活动的各种自然力量或作用的总和,不仅包括各种自然因素的组合,还包括人类与自然因素间相互形成的生态关系的组合。健康、安全与环境方针是 HSE 管理体系建立和实施的总体原则。HSE 管理体系是一个企业中所有人对安全的价值观、态度、能力和行为的综合表现(即企业文化)。

地热钻完井 HSE 管理原则:任何决策必须优先考虑 HSE;安全是企业生存的必要条件;企业必须对全体员工进行 HSE 培训;各级管理者对业务范围内的 HSE 工作负责;各级管理者必须亲自参加 HSE 审核;员工必须参与岗位危害识别及风险控制;事故隐患必须及时整改;所有事故事件必须及时报告、分析和处理;承包商管理执行统一的 HSE 标准。

HSE 基本方法:公布健康、安全、环境业绩,营造持续改进的 HSE 文化氛围,学习先进 HSE 文化,形成中国特色的健康、安全、环境文化氛围。

7.4.2 地热钻井作业 HSE 风险特征

通常对钻井作业风险识别按作业过程划分为钻前作业、钻进作业和特殊作业。下文将分别介绍三种作业过程中的风险。

1. 钻前作业风险

钻前作业风险主要包括钻机拆迁与安装、设备试运转以及开钻前准备三个作业过程的风险。钻机拆迁与安装风险示意图见图 7-3,设备试运转风险示意图见图 7-4,开钻前的准备风险示意图见图 7-5。

2. 钻进作业风险

钻进作业风险主要包括井控装备、试压过程、钻进、下套管、中途测试、起下钻柱、接单根、取心、倒钻具等九个作业过程中的风险。具体详见图 7-7~图 7-14。

3. 特殊作业风险

特殊作业风险主要包括固井作业、测井作业、卡钻处理、井漏处理、溢流处理作业过程中的风险。其中,固井作业风险示意图如图 7-15 所示,卡钻处理风险示意图如图 7-16 所示,井漏处理风险示意图如图 7-17 所示、溢流处理风险示意图如图 7-18 所示。

常用的风险控制措施的类型主要有:排除、代替、隔绝、工程技术、管理、安装警告装置、使用个人防护用品和应急响应。

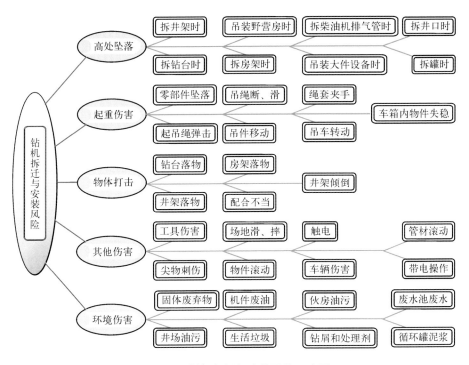

图 7-3　钻机拆迁与安装风险示意图

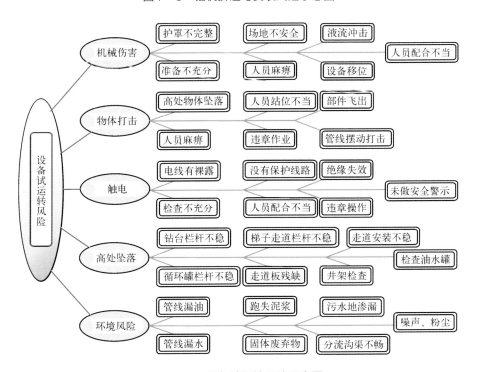

图 7-4　设备试运转风险示意图

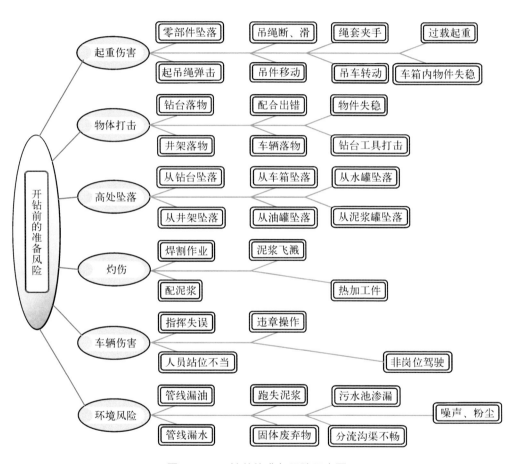

图 7-5　开钻前的准备风险示意图

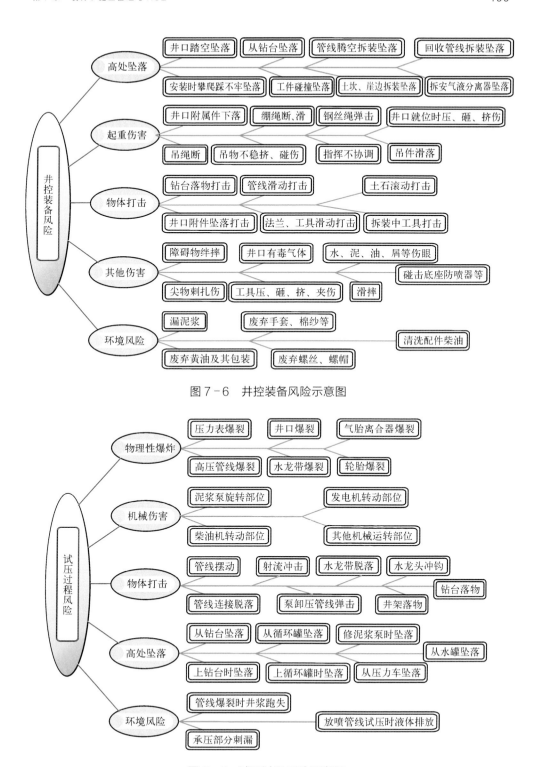

图 7-6 井控装备风险示意图

图 7-7 试压过程风险示意图

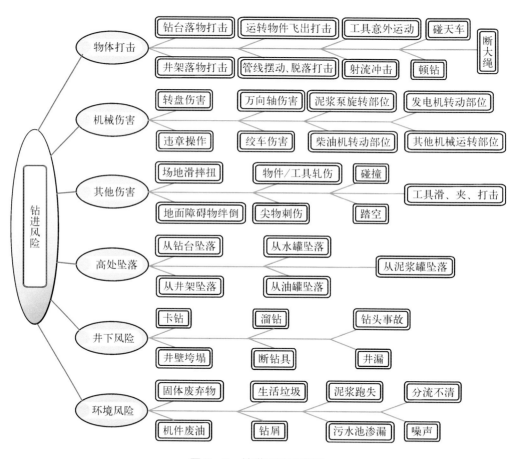

图7-8　钻进风险示意图

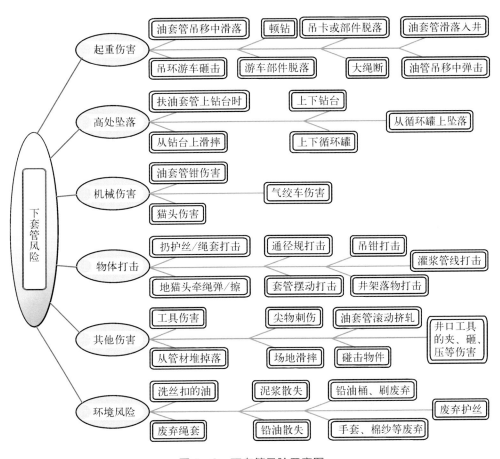

图 7-9 下套管风险示意图

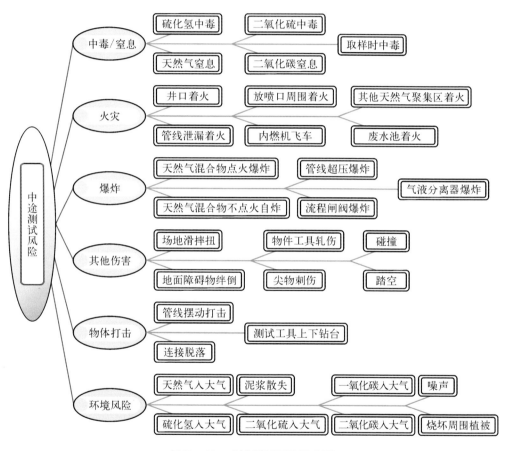

图 7-10　中途测试风险示意图

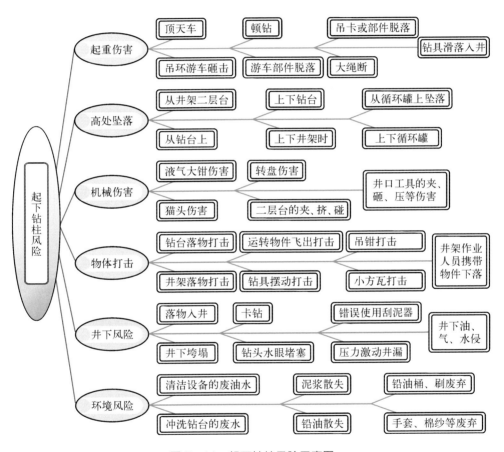

图 7-11　起下钻柱风险示意图

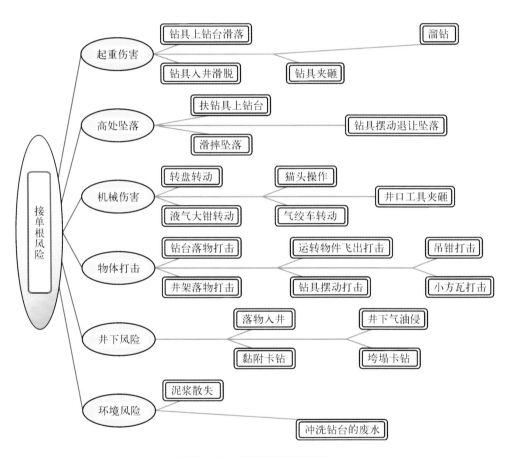

图7-12　接单根风险示意图

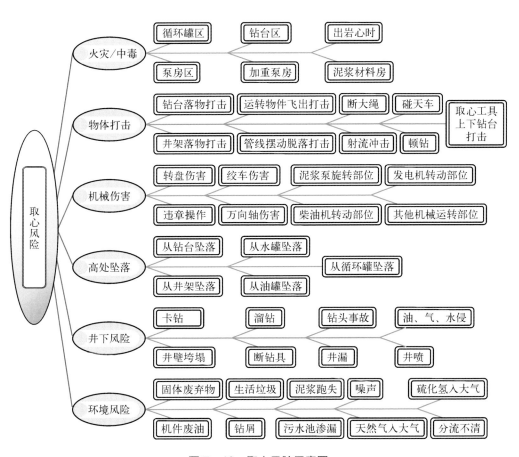

图 7 - 13 取心风险示意图

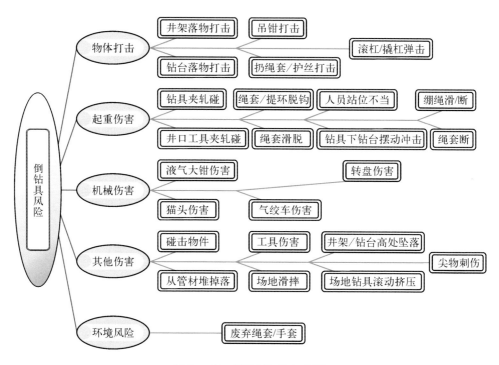

图 7‑14　倒钻具风险示意图

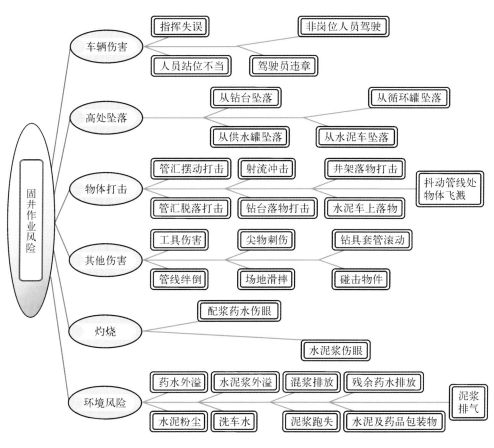

图 7-15　固井作业风险示意图

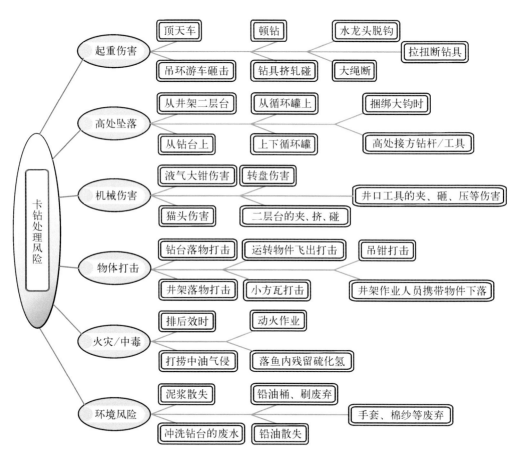

图 7‒16　卡钻处理风险示意图

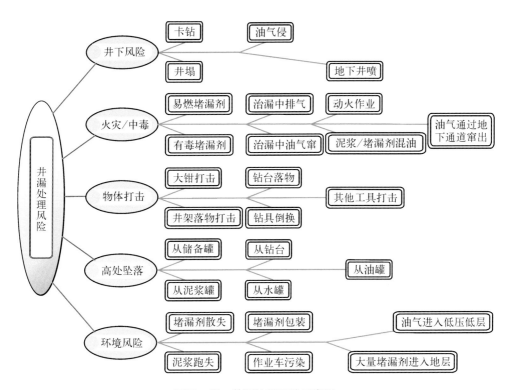

图 7-17　井漏处理风险示意图

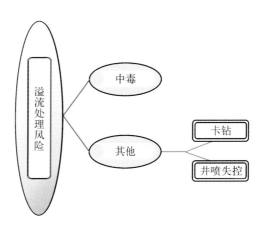

图 7-18　溢流处理风险示意图

7.4.3　地热钻完井安全生产

1. 钻机搬迁

（1）吊装作业

吊装作业的要求包括以下几项。

① 物件超过额定负荷、吊绳和附件捆扎不牢、不符合安全要求不吊。

② 指挥信号不明、重量不明、光线暗淡不吊。

③ 埋在地下的物体、未打固定卡子、歪拉斜挂不吊。

④ 工件上站人或工件上浮放有活动物不吊。

⑤ 氧气瓶、乙炔瓶等具有爆炸性物件不吊。

⑥ 带棱角，快口未垫好不吊。

⑦ 检查吊索磨损情况，设置吊装设备牵引绳。

⑧ 指挥人员、司索人员应持有有效的吊装作业资格证书。

⑨ 安全监督应旁站监督。

（2）登高作业

登高作业的要求包括以下几项。

① 作业人员应持有有效的吊装作业资格证书。

② 正确穿戴个体防护装备，正确佩戴保险带，保险带挂钩应高挂工作面。

③ 设置监护人。

④ 在高空使用撬杠时，操作人员要立稳。如附近有脚手架或已装好构件，应一手扶住，一手操作，撬杠插进深度要适宜。如果撬动距离较大，则应逐步撬动，不宜急于求成。

⑤ 高空作业时，应尽可能搭设临时操作台。操作台为工具式，宽度为 0.8~1.0 m，临时以角钢夹板固定在柱上部，低于安装位置 1.0~1.2 m，操作人员在上面可进行屋架的校正与焊接工作。

⑥ 登高用的梯子应牢固，使用时应用绳子将其与已固定的构件绑牢，梯子与地面的夹角一般为 65°~70°。

⑦ 操作人员不得穿硬底皮鞋上高空作业。

⑧ 高空操作人员使用的工具、零部件等，应放在随身配带的工具袋内，不可随意

向下丢掷。

⑨ 在高空用气割或电焊时,应采取有效措施,防止火花落下伤人。

（3）装、卸车作业

装、卸车作业时应注意:① 设备重量应与汽车载荷相匹配;② 设备装车时应捆绑牢固。

（4）设备安装作业

设备安装作业的要求包括以下几项。

① 吊卸、吊装钻井泵、绞车、猫头、柴油机、发电房、MCC 房、SCR 房等大型、重型设备时,施工单位负责人应到现场指挥,安全监督应旁站监督。

② 起放高架水罐、高架油罐时,绳索吊挂应正确,吊车驾驶员操作平稳,危险区域不得站人,高空作业必须拴安全带。

③ 吊装绞车和转盘等重型设备、大型设备或其他特殊设备或工具时,不得与钻台其他工作同时进行,要有专人负责挂绳套,由搬安专业人员负责指挥。

④ 防护设施还未安装齐全时,在该区域应有明显的安全警示标志,或者搭建临时安全防护设施,提醒、保障作业人员作业时安全。

⑤ 各运转设备的护罩和防护装置、各类人行梯子、防护栏杆必须安装齐全、固定牢靠,大门坡道要栓保险绳,用绳卡卡紧、卡牢。

⑥ 天车、转盘、井口三者的安装,中心线应调校在一条垂直线上,偏差不大于 10 mm。防碰装置应安装齐全,高度适中,灵敏有效可靠,且应进行必要的测试。吊环、水龙带、高压软管等应安装保险绳。

⑦ 井场电器设备应达到防爆要求,不得使用裸线,排列整齐,绝缘良好,不得与其他物体摩擦。使用电焊等移动电器工具设备时,必须安有漏电保护器。

⑧ 各种管线连接、循环系统各连接处要做到不刺不漏,高压管线按要求试压合格。各种钻井仪器仪表灵敏、准确、记录清晰、可靠。

⑨ 安装结束,井场各作业场所（点）要设置齐全相应的安全警示标志,标志牌应保持清洁、醒目,挂放在正确的位置。

⑩ 安装结束后,钻井队应组织队上各相关专业人员从天车到底座,从后场到前场,按照安装标准和要求进行全面、仔细的检查验收,对存在的问题记录在案,并跟踪落实整改。试运行后,经上级部门检查验收合格后才能开钻。

（5）起放井架作业

起放井架作业的要求包括以下几项。

① 起放井架时必须实行一人指挥，一人操作，一人协助。井架两侧 20 m 内和正前方 50 m 内不得站人。

② 起放井架前，要有专人检查主体设备的运转情况，特别是刹车系统的工作状态。

③ 起放井架大绳、快绳、死活绳头的固定，以及销子、保险销、各设备的固定、连接等应严格检查。检查完毕后，检查人员应签字确认，经队长、搬安负责人同意后方能起放井架。

④ 严禁在大风、大雨、大雾天气和夜间起放井架。

（6）动力设备调试运转作业

动力设备调试运转作业的要求包括以下几项。

① 试运转前，组织专业人员按相关标准对动力设备进行全面安装大检查，对重点要害部位进行复查。

② 试运转过程中，岗位人员对设备情况进行观察检查，按规定要求认真调试，经有关部门和人员验收合格、签字批准后，方可正式运转。

③ 按设备运行操作规程，在设备运转时进行认真观察，发现问题及时整改，保证设备设施运行正常。

④ 发现机器故障，应立即停用。对不能整改的重大安全隐患，应及时向上级部门汇报，待整改完成后，方能正常运行。

2. 钻井作业

（1）钻鼠洞作业

钻鼠洞作业的要求包括以下几项。

① 采用水力冲鼠洞作业时应保证方丝扣连接可靠，上扣扭矩达到要求，施工操作平稳。

② 用涡轮钻鼠洞时要专人指挥，白棕绳的直径符合要求，捆绑牢固，严禁用链钳来控制涡轮的倒转。作业人员应撤离到安全区域，以防涡轮、方钻杆倒转伤人。

③ 起吊导管、涡轮钻上钻台前，施工人员应仔细检查钢丝绳、吊钩、绳套等是否损伤、变形，尺寸是否符合要求。气动绞车必须由熟练工操作，并有专人指挥。

（2）检修、保养设备作业

检修、保养设备作业时应注意以下几点。

① 检修电器设备、设施时，应双人配合进行，要先截断电源，挂上"禁止合闸"的提示牌后，由专人监护，才可作业，并坚持谁挂牌谁摘牌的原则。

② 设备检修应安排在下钻至套管鞋进行，在起下钻过程中不得检修设备，严禁在空井情况下进行。

③ 检修钻井泵时，井队大班必须到场监护，必须断开钻井泵气源后才能进行检修作业。

④ 检修液气大钳时，检修人员必须断开气源，井队大班到场监护，否则不准进行检修作业。

⑤ 换大钳钳牙、液气大钳钳牙时，必须戴上护目镜，严禁使用硬、脆物体敲击，井队大班监护。

⑥ 对绞车内部进行检修时，必须断开通向绞车气路的气源。司钻操作台上的各控制开关一律倒在放气位置，并挂上"正在检修"的安全警示牌。司钻不能离开操作台，由专人对绞车内的工作人员进行监护。

⑦ 机房检修或换链条时应切断动力，井队大班提出安全注意事项并监护。

（3）调配、使用钻井液作业

调配、使用钻井液作业时应注意以下几点。

① 强化钻井液的使用管理，减少钻井液跑、冒、滴、漏现象，废弃钻井液必须进入污水池处理。

② 处理、调配钻井液时，如须加入腐蚀性化学药品，钻井液人员必须现场监护，作业人员应戴上护目镜、防腐手套、围裙。

③ 钻井液管理人员按标准保管、存放、使用好钻井液材料。各钻井液材料不能堆积太高，防止倒下伤人。钻井液材料要分类摆放，有明显的安全标志。

④ 按规定正确使用加重泵、传送带、钻井液枪等设备，防止机械伤害，高压冲击。

⑤ 钻井液材料下垫上盖，做到工完料尽场地清，妥善处理外包装等固体废弃物，防止污染环境。

（4）正常钻进作业

正常钻进作业时应注意以下几点。

① 各岗位对井场重点要害部位按照标准和要求每天进行一次例行检查，对发现

的问题(或隐患)及时整改,要限定整改时间及整改责任人。

② 作业人员应严格执行钻进作业的安全操作规程。气层钻进时,严格执行坐岗制,及时发现并处理井下溢流问题。

③ 现场作业人员司钻操作证、井控操作证、特殊工种作业操作证等证件的持证情况必须满足作业要求。未取得相应证件或证件过期的人员不能上岗。

④ 消防器材、防护器材配置须符合设计要求。各岗点上应摆放相应的灭火器材,储水罐上应接有消防水龙带接口。

⑤ 每周开展安全自检,重点检查钻机的提升系统、刹车系统、防碰天车、钻井泵安全阀、电器线路、井控装备等,并做好记录,对查出的问题及时整改。

(5) 取心钻进作业

取心钻进作业时应注意以下几点。

① 严格执行取心钻进的技术措施和安全操作规程。

② 在高含硫地层中取心,当取心工具离地面只有 10 柱钻具时,操作人员须佩戴空气呼吸器进行作业,出芯过程中,钻台、井口应备 H_2S 监测仪。

③ 当岩芯心筒已经打开或岩芯移走后,应使用便携式硫化氢监测仪检查岩芯筒,在 H_2S 的浓度低于安全临界浓度之前,操作人员应继续使用正压式空呼。

④ 取心工具入井前后和出芯过程中,取心队、钻井队的技术负责人必须上钻台把关、监护。

(6) 欠平衡钻进作业

欠平衡钻进作业时应注意以下几点。

① 施工单位制定欠平衡钻井安全预案,按设计要求进行验收,钻遇含硫地层的裸眼井段不能进行欠平衡钻进。

② 井队专业人员对作业区内的所有电器设备及电控箱进行检查,确保所有电器、开关及线路的防爆性能可靠。

③ 欠平衡钻井设备安装完毕后,必须进行调试、试运转,并按旋转防喷器额定工作压力试压。

④ 按规定配备可燃气体监测仪、硫化氢监测仪,配备足够数量的空气呼吸器,空气压缩机。在液气分离器、循环罐、钻台、机房、发电房等各关键部位,应配备灭火器等消防器材。

⑤ 在天车、钻台、液气分离器、节流管汇、振动筛、循环罐、点火筒附近应设立风

向标。

⑥ 循环罐液面监测记录时间间隔为 10 min,录井仪器连续监测液面、钻时、钻井参数、钻井液性能、气测烃值的变化,坐岗人员发现变化或异常应及时报告值班干部,并进行加密监测。

⑦ 欠平衡钻进中发现硫化氢,必须立即停止欠平衡钻进。根据硫化氢浓度、井口压力决定下一步措施。

⑧ 气体欠平衡钻井时接单根,停止注气后,先将立管内压力完全泄掉后再实施接单根操作,泄压时,作业人员须撤离危险区域。

（7）定向钻进作业

定向钻进作业时应注意以下几点。

① 复杂井段、特殊井段钻进时,值班干部或技术负责人必须上钻台把关和指挥。

② 作业人员必须严格执行定向钻进的安全措施和安全操作规程。

③ 把好定向工具配置、安装、使用的技术关,保证定向钻井的井下安全。

④ 施工单位应制定定向钻进安全预案,并落实到位。

（8）起下钻作业

起下钻作业时应注意以下几点。

① 下钻作业之前,操作人员应仔细检查刹车系统、提升系统、起下钻所要使用的工具。司钻要亲自试防碰天车,确保其有效可靠。

② 在长段裸眼段、阻卡井段起下钻作业,起钻前 20 柱、下完最后 20 柱,督促队上值班干部应亲自把关。

③ 起下钻时,严禁猛提快放,起下钻速度必须控制在 1.0 m/s 内。

④ 下钻时悬重超过 30 t 时,必须电磁刹车或挂水刹车,控制下放速度,防阻卡。上提遇卡不能超过 10 t,下放遇阻不能超过 5 t。

⑤ 高处作业人员必须拴好保险带,特别是井架工要严格检查保险带的有效和可靠性,有问题必须及时更换。

⑥ 起钻作业时,每起 3~5 柱钻杆或 1 柱钻铤,灌满钻井液一次。灌钻井液时,严禁通过反压井管汇向井内灌钻井液。坐岗人员做好起下钻灌入量和返出量的记录,发现问题应及时采取措施。

⑦ 在长段裸眼起下钻作业时,起钻前 10 柱、下完最后 10 柱,钻井队值班干部应

上钻台亲自把关。

⑧ 若起钻过程中因故不得不检修设备时,检修中应采取相应的防喷措施,检修完后立即下钻到井底循环一周半,正常后再起钻,不允许长时间空井。

⑨ 钻具上带有回压阀下钻时,操作人员每下 20~30 柱钻杆向井内灌满钻井液一次,坐岗人员立即校对灌入量与返出量,发现异常应及时报告。

⑩ 起套管时,队上干部要在钻台上把关,倒出时要用绷绳绷,气动绞车要由熟练工操作,防止伤人和损坏设备。

(9) 通井、划眼作业

通井、划眼作业时应注意以下两点:① 钻井队制定通井划眼的技术措施和安全注意事项,并落实在岗位上;② 在复杂井段、特殊井段通井、划眼时,钻井队技术负责人或值班干部亲自把关指挥。

(10) 倒换钻具作业

倒换钻具作业时应注意以下几点。

① 倒换钻具时,操作人员应严格执行操作规程,防止伤人事故的发生。

② 钻具或工具起吊上下钻台时,应派专人指挥,必须戴好护丝,保证水眼畅通。场地上操作人员应远离危险区域,防止伤人事故的发生。

③ 起吊方钻杆、钻铤、井下动力钻具和取心工具等上下钻台时,必须用大钩和绷绳抬起平稳吊放。

④ 操作猫头绳的人员必须是熟练工,具有熟练操作猫头的技能。坚持使用挡绳器,绳打结或毛刺太多的绳索不能上猫头,在拉猫头绳时,应待第一圈绳拉紧后,才能继续缠下一圈。

⑤ 按设备运行操作规程,认真检查保养好各类动力、起吊设备。在设备运转时进行认真观察,发现问题及时整改,保证设备设施运行正常。发现机器故障和毛病,立即停用。对重大安全隐患,必须整改完成后,方能正常运行。

3. 完井作业

(1) 拆装井口作业

拆装井口作业时应注意以下几点。

① 在换装井口作业时,钻井队主要技术负责人或领导应亲自把关,派专人指挥。作业人员要严格执行安全操作规程,防止伤人事故的发生。

② 拆卸、安装井口装置时,要搭建操作平台。固定井口装置时,2 m 以上的高空

作业必须拴保险带。

③ 吊装、吊卸井口的钢丝绳直径为 7/8″以上，作业人员按标准仔细检查吊装井口钢丝绳有无断丝、有无损伤。钢丝绳的接头处必须按钢丝绳的正规穿编联结或用绳卡联结。

④ 严禁整体吊装井口，应拆成两部分或三部分。吊装时必须使用游动滑车为主吊，风动绞车辅助的方法进行。严禁直接用高悬猫头及风动绞车吊装、吊卸。

⑤ 吊装井口时严禁损坏钢圈及钢圈槽，防止砸坏闸门手轮和撞坏、撞弯丝杆，作业人员要精心操作，耐心仔细。

（2）试压作业

试压作业时应注意以下两点。

① 钻井队应按设计和井控规定要求对井口、闸门、管线试压，直到试压合格为止，并做好稳压时间、不同封井器种类试压值的记录。

② 试压前，作业人员仔细检查闸门的开关状态、各管线的固定情况，确保施工安全。

（3）换装井口装置作业

换装井口装置作业时应注意以下几点。

① 吊装井口装置的钢丝绳直径必须符合标准规定，作业人员按标准仔细检查吊装井口钢丝绳有无断丝、有无损伤。钢丝绳的接头处必须按钢丝绳的正规穿编联结或用绳卡联结。

② 确认压井平稳后才能拆装井口。

③ 井口装置吊进、吊出、安装时，施工单位主要技术负责人或领导应亲自把关，专人指挥。

④ 吊装井口装置时必须使用游动滑车为主吊，风动绞车辅助的方法进行，严禁直接用高悬猫头及风动绞车吊装、吊卸。

⑤ 在井口装置吊进、吊出时，作业人员应撤离危险区域。

⑥ 安装井口装置时，2 m 以上的高空作业必须栓保险带。撤、卸、紧螺丝时要搭建操作平台，固定牢固。

⑦ 吊装井口装置时严禁损坏钢圈及钢圈槽，防止砸坏闸门手轮和撞坏、撞弯丝杆，监督提示作业人员小心操作。

⑧ 在换装井口的整个过程中，作业人员严格执行安全操作规程，防止伤人事故的

发生。

⑨ 井口装置安装完毕后,应严格按照井控规定、钻井设计要求试压合格。

(4)测井作业

测井作业时应注意以下几点。

① 钻井队应在测井前将井下情况处理正常,保证井眼畅通,确保电测仪器在井内起下畅通。

② 测井队从现场作业到测井结束过程中,都要履行安全交接手续,填写相关安全交接资料,并签字确认。

③ 钻井队准备好测井安全施工的条件,在测井过程中,井队不得在井架上进行高空作业,在钻台、井场不应进行妨碍测井施工安全的交叉作业,不得使用电焊。

④ 测井时,井队应做好防喷准备,钻台上应留司钻和钻工值班,钻井液出口管应有专人看守,专人记录液面,大门坡道上应备有防喷单根。

⑤ 电测仪器在起吊入井前,钻井队应仔细检查连接部位,确保牢固可靠;井口装置安装牢固,切断转盘动力,将转盘销死。滑轮、马达转动灵活,张力系统、安全装置(如自动熄火装置)工作可靠。

⑥ 测井人员对入井的测井仪器进行检查,并做好记录;起出时认真检查并和入井前核对,发现问题应及时报告。

⑦ 井队值班人员应做好测井配合工作,严禁测井人员乱动钻台上的钻井设备,严禁测井人员亲自操作和使用井队起吊设备和起吊仪器。

⑧ 在井口工作使用工具时,应盖好井口,严禁将工具放在转盘上。

⑨ 电测期间若出现溢流,督促测井队、井队按照电测时出现溢流的规定控制井口,电测结束时,井队尽快抓紧时间下钻,搞好防喷工作。

⑩ 在井场从事放射性测井工作时,要有防辐射警告标志。不能将放射性物质乱扔乱放。当发生放射性测井事故时,要及时上报上级主管部门,采取防护措施,控制事态的发展。

(5)下套管作业

下套管作业时应注意以下几点。

① 钻井队按照下套管技术、安全交底会的要求,做好下套管前的准备工作。

② 钻井队按要求将封井器芯子换成与所下套管尺寸相同的封井器芯子,然后进行试压合格。准备好与井控有关的接头、防喷工具等,随时备用。

③ 钻井队在下套管前,认真检查井架、天车、游车、钢丝绳、刹车系统、动力传输系统,校正好指重表和压力表,连接好灌钻井液管线,保证各种设备和各种仪器仪表处于良好状态。

④ 下套管前召开作业前分工协调会,做好劳动组织和分工、任务安全落实到个人。安全监督强调安全风险及风险削减措施。

⑤ 钻井队要检查各种钢丝绳、绳索、绳套,未达到标准的,应及时更换。套管护丝或其他工具物件只能用绳子拴好后用风动绞车吊下,不能向钻台下扔。

⑥ 套管上钻台必须要有专人指挥,由熟练工操作风动绞车,且风动绞车钢丝绳要符合规定要求,绳套套牢。

⑦ 下套管悬重超过 30 t 后必须挂上水刹车或电磁刹车。严格控制好下放速度。

⑧ 在下套管过程中,每下 40~50 根套管灌注钻井液一次,用专门的钻井液罐计量,钻井队和录井队分别做好灌入量和返出量的记录,保证灌注量,防止挤毁套管。若发现溢流应及时报告处理,防止井喷事故的发生。

（6）注水泥作业

注水泥作业时应注意以下几点。

① 做好水泥浆性能的现场复核试验,凝固时间必须符合设计要求。

② 钻井队认真检查钻井液循环罐闸阀,做到罐与罐之间不能互窜。保证固井用水的水质和数量符合设计要求,准备好固井用供水泵和足够的供水胶管。

③ 固井施工负责人、技术人员必须在注水泥前到现场,组织相关单位负责人,开会讨论施工技术措施,共同组织固井施工。负责固井作业时组织分工、定人、定岗和定责,明确操作要求和安全注意事项并逐岗检查落实。

④ 钻井队在固井施工前,对钻井泵、高压管线、由壬、高压闸阀要认真检查,两台钻井泵必须上水良好,缸套直径合适,高压管线和保险销能承受顶替钻井液时的最高泵压,不刺、不漏不憋。

⑤ 固井施工时,派专人重点关注高压管线的连接、固定情况。高压区附近不能有人,无关人员须撤离危险区域。

⑥ 施工结束时,固井施工队不得将水泥浆、药水等残余物质排放在井场内。

4. 井下事故处理作业

① 在处理事故前,钻井必须制定处理措施和应急预案,作业人员须认真执行。

② 倒扣处理卡钻应坚持按照通井、套铣、带安全接头倒扣的步骤进行,套铣筒不能用来通井划眼。打捞起钻不得用转盘卸扣。

③ 在处理卡钻事故时,强行上提下放活动钻具前,钻井队必须用合适的钢丝绳将大钩捆牢,防止水龙头脱钩。

④ 强行转动钻具时,应锁好转盘大方瓦和方补心的销子,拴好方补心或卡瓦保险绳,防止方补心、卡瓦飞出伤人,相关人员应撤离危险区域。

5. 井漏、溢流处理作业

① 制定相应的技术措施,特别是储层施工作业时应确保坐岗制的落实和到位,必须严格要求和检查。

② 用水泥进行堵漏施工时,应制定防卡技术措施。重点检查闸门倒向、注水泥管线的固定,以及高压区域人员站位。

③ 若出现溢流,钻井队按当时作业工况,及时逐级汇报,及时处理溢流以恢复正常作业或及时做好各种抢险和压井作业准备工作。

④ 含有硫化氢的井,施工单位按规定配备硫化氢监测仪器,准备好防护器具。当空气中硫化氢浓度达到安全临界浓度时,作业人员应佩带正压式空呼,实施防硫化氢应急预案。

⑤ 制定预防井喷的技术措施,若溢流控制不当发生井喷时,钻井队应在第一时间迅速控制井口,并同时启动井喷时的应急救援预案,按应急救援预案迅速组织人员处理和抢险工作,非作业人员须尽快撤离危险区域。

7.4.4　地热钻完井劳动保护与医疗保健

(1) 劳动保护用品

按 GB 39800.1—2020《个体防护装备配备规范 第 1 部分：总则》有关规定和钻井队所在区域特点落实所需特殊劳保用品发放。

(2) 进入钻井作业区人身安全保护规定

依据 SY 5974—2020《钻井井场设备作业安全技术规程》标准执行。进入施工现场,要穿戴劳动保护用品,井场严禁烟火,严禁酒后进入井场,禁止在井场和营区随便丢弃废弃物。

（3）钻井队医疗器械和药品配置要求

执行药品管理办法有关规定和要求。

（4）饮食管理要求

① 具有食品卫生监督机构颁发的《食品卫生许可证》。

② 炊管人员应取得健康证和培训合格证。

③ 建立健全卫生制度、个人卫生制度、食品采购制度、库房卫生制度、消毒卫生制度、环境卫生制度及相应的卫生岗位责任制度。

（5）营地卫生要求

① 营地食堂、澡堂设污水坑,且要密封,污水坑要有围栏。

② 生活垃圾设置在营地外,应对可回收利用的废弃物进行回收。

③ 配置一定数量的密封式垃圾桶,服务员每天清理一次。

④ 服务员应保持营地清洁。

（6）员工的身体健康检查要求

员工定期进行健康体检,从事有毒有害作业的员工每年进行一次。

其他依据 GB 6944、GB 190—2009、GB/T 191—2008 等标准执行。

7.4.5　地热钻完井环境保护

1. 钻前环境管理要求

钻前环境管理应执行 SY/T 5466—2013《钻前工程及井场布置技术要求》、SY/T 5954—2021《开钻前验收项目及要求》和 SY/T 5974—2020《钻井井场设备作业安全技术规程》等标准的有关规定。具体包括以下几点。

① 钻井井位确定后,在修建通往井场公路时,应认真确定车辆行驶路线,避免堵塞和填充任何自然排水通道,现场施工作业机具在施工中要严格管理,不得在道路、井场以外的地方行驶和作业,禁止碾压和破坏地表植被。

② 车辆沿线行驶时,禁止乱扔废弃物。

③ 修建钻机基础时必须按照"三同时"的规定,执行防治污染设施与主体工程同时设计、同时施工、同时投产使用的原则,井场的修建必须满足环保要求。

④ 井场临时用地面积不得超过 12100 m^2（长 110 m×宽 110 m）。

⑤ 岩屑小平台尺寸为 20 m×6.5 m,用水泥打地平。排水沟要抹水泥以防渗、防

塌,过车地段沟上要铺钢板桥。

⑥ 在限定的井场范围内应修筑标准化的防渗废水池,废水池长不大于 32 m,宽 20 m,面积不大于 650 m²,深度不小于 1.5 m,总容积不大于 975 m³。

⑦ 钻机底座表面应有通向废水池的防渗导流槽。

⑧ 应安装钻井泵冷却水循环系统和振动筛的污水循环系统,做好各种油、水管线的试运行工作,防止油、水跑、冒、滴、漏,污染地面。

2. 钻井作业期间环境管理要求

(1) 钻井废弃物处理要求

处理钻井废弃物时应执行《中华人民共和国固体废物污染环境防治法》、GB 8978—1996《污水综合排放标准》,以及新疆维吾尔自治区质量技术监督局 DB65/T 3997—2017《油气田钻井固体废物综合利用污染控制要求》、DB65/T 3998—2017《油气田含油污泥综合利用污染控制要求》、DB65/T 3999—2017《油气田含油污泥及钻井固体废物处理处置技术规范》标准。具体包括以下几点。

① 废水应通过排水沟排入污水池,严禁向指定区域外排放废水。

② 施工队伍应加强设备的维修、保养,杜绝设备用水的跑、冒、滴、漏现象。

③ 废水、废钻井液自然干枯后应进行填埋处理。

④ 存放在井场周围指定岩屑坑中的岩屑,完井后由施工队负责进行掩埋处理,上覆净土厚度不小于 0.5 m。

(2) 钻井材料和油料的管理要求

管理钻井材料和油料时应依据 SY/T 5548.1—1992、SY/T 5548.2—1992、SY/T 5548.4—1992、SY/T 5548.5—1992 标准执行。

(3) 保护地下水源的技术措施

保护地下水源的技术措施时应符合《中华人民共和国水污染防治法实施细则》。

(4) 发生井喷后地面处理措施及要求

① 有关部门和施工单位要分析事故原因,总结经验,从中吸取教训,并将事故经过详细记载,后续工作引以为戒。

② 调查因井喷事故造成的地面污染情况,设备工具损失情况以及经济损失等;积极组织消除地面环境污染。

3. 钻井作业完成后环境管理要求

钻完井后井场应做到"工完料尽,场地清"。废钻井液池在废液干涸后要推填平整,恢复平整地貌。

4. 营地环境保护要求

① 营地设置要充分利用自然的或原有的开辟地以尽可能减少对环境的不利影响。

② 营房占地面积不大于 2250 m^2,每栋房前设一垃圾桶。

③ 有规范的排水沟和污水池。

④ 营地四周严禁乱扔废弃物。

⑤ 营地要定人定岗,分片包干,生活垃圾要集中处理。

7.5　地热钻完井 HSE 过程控制

7.5.1　建设单位 HSE 职责

(1) 我国及世界大多数国家都规定建设单位是第一安全责任单位,因此建设单位应重视 HSE 管理工作,HSE 管理的主要内容包括:

① 严格执行 HSE 管理原则;

② 在活动、产品和服务领域实施有感领导管理;

③ 在活动、产品和服务领域实施 HSE 直线管理;

④ 在活动、产品和服务领域实施 HSE 属地管理;

⑤ 在活动、产品和服务领域实施 HSE 制度标准管理;

⑥ 在活动、产品和服务领域实施目视化管理;

⑦ 对员工持续开展 HSE 培训;

⑧ 在活动、产品和服务领域持续开展危害识别和风险评估活动;

⑨ 长期致力于消除、削减和控制 HSE 风险;

⑩ 建立并有效运行 HSE 管理体系,并完成 HSE 管理目标;

⑪ 严格按工程设计施工,完成施工设计所要求的 HSE 管理目标;

⑫ 执行 HSE 管理标准和要求,接受 HSE 检查、考核、审核和评审;

⑬ 将 HSE 绩效管理纳入企业考核内容;

⑭ 营造良好的企业 HSE 文化氛围。

(2) 建设单位 HSE 职责主要包括:

① 贯彻执行国家有关安全、环保、质量、节能、职业健康、消防、标准化、计量的法

律、法规、方针、政策,组织制定、完善相应的标准、规范、管理制度和实施办法,编制相关发展规划和年度工作计划;

② 建立 HSE 委员会、质量委员会、标准化技术委员会、医务劳动鉴定委员会、节能减排领导小组、职业病防治工作领导小组并对其进行日常管理;

③ 建立质量和 HSE 管理体系以及信息系统,保证正常运行,开展对承包商的审核工作。组织对相关方质量、HSE 资质及市场准入证的审查;

④ 负责地热开发方案及钻井、完井作业的工程设计,对环境影响进行评价;

⑤ 负责年度投资计划的制订,保障施工作业服务承包商的安全投入;

⑥ 负责对地方政府、钻井监督、承包商进行信息沟通,明确环境保护责任;

⑦ 负责钻完井作业的 HSE 钻井技术监督工作;

⑧ 负责协调建设方、钻井区块地方政府关系,确保钻完井施工作业和谐正常运行;

⑨ 负责设计的变更及变更后费用的追加及确认;

⑩ 负责对钻完井作业后的工程进行竣工验收;

⑪ 负责井场废弃用料的清理;

⑫ 承担超出钻井设计突发重大事件 HSE 的经济责任。

(3)建设单位 HSE 管理目标为不损害健康,不发生事故,不破坏环境。

(4)建设单位 HSE 管理内容包括:

① 在活动、产品和服务领域持续开展危害识别和风险评估活动;

② 长期致力于消除、削减和控制 HSE 风险;

③ 建立并有效运行 HSE 管理体系,逐步实现 HSE 管理目标;

④ 参与活动、产品和服务的操作运行承包商要执行 HSE 管理标准和要求,接受 HSE 检查、考核、审核和评审;

⑤ 提供施工作业服务的承包商应建立并有效运行 HSE 体系,并接受 HSE 检查、考核、审核和评审;

⑥ 将 HSE 管理纳入承包商合同管理;

⑦ 将 HSE 管理纳入企业业绩考核;

⑧ 及时按实修订钻井及试修工程定额,按国家法律法规要求足额提取安全费用;

⑨ 编制年度投资计划,保障施工作业服务承包商的安全投入;

⑩ 制订油气田开发方案及钻井、修井作业的工程设计;

⑪ 对钻井、修井作业的 HSE 钻井技术监督工作进行管理；

⑫ 组织对项目工程完工进行验收；

⑬ 营造良好的企业 HSE 文化氛围。

7.5.2 施工单位 HSE 职责

（1）贯彻执行国家有关安全、环保、质量、节能、职业健康、消防、标准化、计量的法律、法规、方针、政策,组织制定、完善相应的标准、规范、管理制度和"井控"实施办法,编制相关发展规划和年度工作计划。

（2）建立 HSE 委员会、质量委员会、标准化技术委员会、医务劳动鉴定委员会、节能减排领导小组、职业病防治工作领导小组并对其进行日常管理。

（3）组织指导、协调和督促有关部门和单位依法履行安全生产、环境保护、职业健康、质量技术监督、节能、消防等工作职责,具体实施安全、环保、职业健康、质量、节能、消防等综合目标管理和考核工作。

（4）建立质量和 HSE 管理体系以及信息系统,保证正常运行、开展内部审核工作。组织进行相关方质量、HSE 资质审查。

（5）负责企业新、改、扩建工程的"三同时"的监督执行。组织指导重点大型施工作业和工程建设项目的安全、环境影响、职业卫生、节能节水评价评估、审查论证和验收工作。对技术设备引进,重点新产品、新工艺、新技术、新设备进行技术鉴定并进行质量监督及标准化审查。

（6）负责企业生产安全、交通运输、消防的安全管理和钻井安全监督工作,负责劳动保护、工业卫生、职业病防治、工伤管理等工作以及伤残鉴定的组织协调工作。监督劳动防护和安全生产费用使用的情况,组织开展安全环保隐患治理,重大危险源的监控及建档管理工作。

（7）严格执行钻完井 HSE 设计,保证工程质量符合钻完井设计要求。

（8）制订详细的员工培训计划,对员工进行 HSE 培训。

（9）协调地方联动关系,制订施工重大突发风险预防预案并定期进行演练。

（10）必要时,根据钻井工程现场实际工况,提出设计变更申请。

（11）按事故处理程序,组织调查、处理企业内生产安全事故、污染事故、质量事故,组织协调和处理安全、环保、质量等方面的重大争议和纠纷。

（12）执行业主井场用料清理和废弃、井场的恢复任务。

（13）负责安全、环保、质量、节能、职业健康、消防的统计、上报以及有关文件资料的收集、整理、立卷、归档。

7.5.3　HSE 管理方法与要求

HSE 采用的管理方法通常包括：有感领导、直线管理、属地管理和目视化管理。

1. 有感领导

企业各级领导通过以身作则的良好个人安全行为，使员工真正感知到安全生产的重要性，感受到领导做好安全的示范性，感悟到自身做好安全的必要性，进而影响和带动全体员工自觉执行安全规章制度，形成良好的安全生产氛围。

（1）各级领导和管理者通过认真落实直线责任，以身作则，深入现场，亲力亲为，组织和参与各项安全活动，提供人、财、物和组织保障，展示有感领导，履行安全承诺。

（2）七个带头，即带头宣贯 HSE 理念，带头学习和遵守 HSE 规章制度，带头制定和实施个人安全行动计划，带头开展行为安全审核，带头讲授安全课，带头识别危害、评价和控制安全风险，带头开展安全经验分享活动。

2. 直线管理

直线管理即各级管理层对各自管理的具体区域安全表现负主要管理责任，而不是主要靠安全员。公司经理、井队长、司钻等，所有管理者均是安全生产的直接责任人，管理层要抓安全工作，同时对安全负有直接责任。

（1）总体原则："谁管工作，谁管安全"。

（2）各级主要负责人对本单位安全工作负全面责任，研究审查安全工作计划，抓好安全生产责任制落实，抓好重大隐患整改，深入安全联系点检查指导。

（3）各级分管领导对分管业务范围的安全管理工作负直接责任，分析把握分管业务的安全形势，检查督促隐患整改，督促落实安全防范措施。

（4）各级机关职能管理部门对分管业务范围的安全管理工作负直线责任，全面履行分管业务范围内的安全职责。

（5）各级安全管理部门安全生产负综合管理责任，做到宣贯到位、检查到位、咨询到位、考核到位，建立起事事有人管、层层有人抓的安全生产责任体系。

（6）各级监督部门对安全生产负监督责任，做到宣传、培训、提示、纠正和制止到位。

3. 属地管理

属地管理即对属地内的管理对象按标准和要求进行组织、协调、领导和控制,其主要是指管理责任主体按照划定的责任区域,对该区域的作业人员、设备设施、HSE管理承担相应的管理责任,体现"谁管工作,谁负责安全"。具体要求如下。

(1)按管理领域和作业区域划分属地。

(2)属地管理遵循"谁的区域,谁负责"的原则。

(3)各级主要领导、管理者是属地管理的第一责任人,员工是岗位区域内的属地责任人。

(4)属地责任人切实履行以下职责:严格遵守岗位安全责任制,做到按章指挥、按章操作;督促属地内的人员严格遵守安全规定;对外来人员(含承包商员工)进行风险告知;对隐患进行整治;对违章情况进行纠正和报告。

4. 目视化管理

目视化管理即利用形象直观的各种视觉感知信息来组织现场生产活动,将生产现场潜在危害显现化,变成谁都能一看就明白的事实,以推动自主管理。目视化管理具体可分为人员、设备、工器具、作业场所的目视化管理。

(1)人员目视化应标示出工种、岗位、上岗资质和其他安全信息。

(2)设备目视化应标示出设备名称、型号、产地、编号、资产号、使用或保管人、检查维修状态(时间)。

(3)工器具目视化应标示出工具名称、型号、性能、管理编号。

(4)作业场所目视化应标示属地责任、岗位职责、工艺流程、操作规程、通道、材料仓储、作业场所、办公区和休息区。

第 8 章
地热井主要复杂情况与事故

8.1 井漏的预防与处理

井漏是钻井过程中常见的井下复杂情况之一。井漏对钻井作业所带来的危害，可归纳为以下几个方面：(1)损失大量的钻井液，甚至无法继续钻进；(2)消耗大量的堵漏材料；(3)损失大量的钻井时间；(4)影响地质录井工作的正常进行；(5)可能造成井塌、卡钻、井喷等其他井下复杂情况与事故；(6)如在储层漏失，将造成严重储层伤害。

8.1.1 井漏的原因

井漏的原因及机理包括客观因素与技术因素。具体如下。

1. 客观因素

大多数井漏是由于钻遇地层中的天然孔隙、裂缝和溶洞造成的。

(1)沙砾层漏失：在浅层中常存在胶结性差的沙砾层，孔隙度大，连通性好，渗透率高，钻进过程中极易发生漏失。

(2)碳酸盐层漏失：碳酸盐地层形成地下溶洞和暗河，而强烈的构造运动又会产生纵横交错的裂缝，其开口由几厘米到几十米不等。

(3)火山岩和变质岩层漏失：火山岩由于岩浆喷发、溢流、结晶构造运动如风化作用等因素，在熔岩内形成了十分发育的孔隙和裂缝，构成易发生漏失的通道。

(4)泥页岩漏失：一般来说，泥页岩井段不易发生井漏，但一些埋藏久远的硬脆性泥页岩，因受地壳构造运动而形成裂缝，因风能作用而形成溶孔及其他层间疏松孔道，易发生井漏。

2. 技术因素

技术因素包括钻井工程因素与后期作业因素，具体如下。

(1)钻井工程因素

①下钻或接单根时，下放速度过快，造成过高的激动压力，压漏钻头以下的地层；

②钻井液柱压力大于地层漏失压力，黏度、切力过高，开泵过猛等造成开泵时过

高的激动压力也会压漏地层;

③ 快速钻进时,岩屑浓度太大,造成环空液柱压力增大;

④ 环空堵塞,导致泵压升高,憋漏地层;

⑤ 加重不均匀或者过多,压漏裸眼井段中抗压强度薄弱的地层;

⑥ 井内钻井液静止时间过长,触变性大,下钻后开泵时憋漏地层;

(2)后期作业因素

① 经过长期开发,地层孔隙压力分布与原始状态完全不同,出现了纵向上压力系统的紊乱,形成多压力层系;

② 由于注水开发,地层破裂压力发生变化,同一层位,上中下各部位破裂压力不同。在平面分布上,同一层位在平面的不同位置破裂压力梯度也不同。

8.1.2　井漏的分类

井漏可按照漏速、漏失通道形状,以及井漏原因进行分类,具体如下。

(1)按照漏速分类

按照漏速,可将井漏分为五类,如表8-1所示。

表8-1　按漏速的井漏分类

漏速 /(m³/h)	≤5	5~15	15~30	30~60	≥60
井漏类型	微漏	小漏	中漏	大漏	严重漏失

(2)按照漏失通道形状,可将井漏分为四类,如表8-2所示。

表8-2　按漏失通道形状的井漏分类

漏失通道形状	孔　隙	裂　缝	孔隙-裂缝	溶　洞
井漏类型	孔隙性漏失	裂缝性漏失	孔隙-裂缝性漏失	溶洞性漏失

(3)按照井漏原因,可将井漏分为三类,如表8-3所示。

表 8-3　按照井漏原因的井漏分类

井漏原因及特点	钻遇天然孔隙或裂缝时引起的井漏,在有限压力作用下,漏失通道的开口尺寸及连通性不发生变化	在井筒钻井液压力的作用下,地层中不足以引起井漏的通道相互连通,并向地层深部延伸,形成更大的通道,引起井漏,漏失通道的开口尺寸及连通性随外部压力变化	地层中本身不存在漏失通道,只当井筒中作用于井壁地层的动压力大于地层的破裂压力时,造成地层被压裂,形成新的漏失通道而引起井漏
井漏类型	压差性漏失	诱导性漏失	压裂性漏失

8.1.3　井漏的预防

(1) 依据地质设计,根据地层孔隙压力梯度、破裂压力和漏失压力曲线,结合已钻邻井实钻情况,正确进行井身结构设计及钻井液密度设计,做到近平衡压力钻井。

(2) 控制钻速,延长钻井液携砂时间,降低环空岩屑浓度。

(3) 在易漏地层钻进,应简化钻具结构,控制合适的排量、钻速、起下钻速度、接单根时下放速度,减小压力激动。

(4) 增强钻井液抑制性,防止井径缩小、环空堵塞而增加环空流动阻力,钻井液抑制性增强还可以降低地层坍塌压力,从而可以在保证安全的前提下减小钻井液密度。

(5) 先期堵漏,提高地层承压能力,扩大钻井液的安全密度窗口。

(6) 在已开发区钻调整井,可以通过停止(加强)注水、注汽等方法调整地层压力。

(7) 加重钻井液时,坚持"连续、均匀、稳定"的原则,避免因钻井液密度不均造成井漏。

(8) 在保证悬浮携岩的前提下,应尽可能降低钻井液的切力,以减少环空流动阻力。

(9) 下钻时应分段循环,开泵时先小排量后大排量,同时旋转钻具破坏钻井液结构力,防止把地层压漏。

(10) 若条件允许,可以用泡沫钻井液、充气钻井液甚至空气进行钻井。

(11) 在钻穿漏失地层时,在钻井液中加入适当颗粒尺寸的堵漏剂封堵细小裂缝和孔洞。不要在已知漏层位置开泵。

（12）钻遇高压层发生溢流，要按照放喷规程，进行合理的套压控制，防止憋漏地层。

8.1.4　井漏的处理

一般而言，处理井漏的基本程序：确定漏层位置，计算漏层压力，确定漏失通道的性质，判断漏层对压力的敏感程度，判断井漏严重度和复杂性，从而制定处理井漏的具体方案。

1. 漏失层位的判断

（1）钻井液密度没有增加时产生的漏失

① 正常钻进中钻井液性能没有发生什么变化时发生井漏，漏失层即钻头刚钻达的位置。

② 钻进中有放空现象，放空后即发生井漏，漏失层即放空层。

③ 下钻时钻头进入砂桥，或进入坍塌井段，开泵时泵压上升，地层憋漏，漏层即在砂桥处或在坍塌井段以下。

④ 下钻时观察钻井液返出动态，若没漏层，钻井液返出体积等于已下钻柱体积。当钻具下入后，井口没有钻井液返出，或返出体积小于钻柱体积时，说明钻头已达到或穿过漏层。

⑤ 钻井过程中曾发生过漏失的层位，应该是首先考虑的敏感区。分析邻井的实钻数据，横向对比相同地层在本井的深度，此点发生漏失的可能性较大。

⑥ 根据地层压力和破裂压力的资料对比，最低压力点是首先要考虑的地方，特别是已钻过的油、气、水层及套管鞋附近。

⑦ 根据地质剖面图和岩性对比，漏层往往在裂缝发育的地方。

（2）钻井液密度增加时产生的漏失

在加重钻井液时或者替加重钻井液过程中发生漏失，应分析本井已钻的地层剖面，哪里有断层，哪里有不整合面，哪里有生物灰岩和火成岩侵入体，哪里有高渗透的厚砂岩。一般来说，开放性的断层和不整合面在钻进时就容易发生漏失，待滤饼形成后，漏失的可能性减小。而高渗透性的厚砂岩、生物灰岩、火成岩侵入体发生漏失的可能性最大，埋藏越浅，漏失的可能性越大。

如果在提高钻井液密度的过程中发生井漏,则漏失层可能在任意裸眼井段,但最有可能的漏失层位是技术套管鞋以下的第一个砂岩层。

2. 漏层位置的测定

如果漏层一时确定不了,可以采用下列方法进行测定。

(1) 螺旋流量计法:将流量计下到预计漏层附近,然后定点向上或向下进行测量,每次测量时,从井口灌入钻井液,如仪器处于漏层以下,钻井液静止不动,叶片不转;如仪器处于漏层以上,下行的钻井液冲动叶片,使之转动一定角度,上部的圆盘也随着转动,转动情况由照相装置记录下来,就可以确定漏层位置。

(2) 井温测量法:首先确定正常的井温梯度,然后再泵入一定量的钻井液进行第二次井温测量,对比两次测井温的曲线,发现有异常段即为漏失层。

(3) 热电阻测量法:先将热电阻仪下入井内的预计漏失点,记录电阻值,再从井口灌入钻井液,此时观察电阻值,若有变化,则仪器在漏失层之上;若电阻值无变化,则仪器在漏失层之下。调整仪器在井内的位置,就会逐步逼近漏层。

(4) 放射性测井:用伽马测井测出一条标准曲线,然后替入加了放射性示踪物质的钻井液,再次下入仪器进行放射性测井,根据放射性异常,即可找出漏层位置。

(5) RFT 测井法:先测一个微电极曲线,在曲线上找出各个渗透层的深度,再把 RTF 测试器下入井内,直接对准各渗透层逐一测定地层压力,这样,就可找到地层压力最低的井段,即漏失层。

(6) 综合分析法:井漏之后,利用电测的四条曲线即微电极、自然电位、井径、声波时差进行综合分析,可以判断漏层位置;若某层漏入大量钻井液,则微梯度及微电位电极系的电阻率的差值缩小,自然电位的幅度变小,井径变小,而声波时差变大。

(7) 声波测试法:在碳酸盐岩地层用声波测井法找漏层的效果较好,在漏失层段弹性波运行间隔时间 Δt_s 急剧增大,而纵向波幅度相对参数 $A_p / A_{P\max}$ 则大大衰减甚至完全衰减,这是判断漏层的主要依据。

3. 井漏的处理方法

处理井漏的基本思路有三条:一是封堵漏失通道,即堵漏;二是消除或降低井筒与漏层之间存在的正压差;三是提高钻井液在漏失通道中的流动阻力。现场要根据井漏的不同情况,采取不同的方法进行处理。

(1) 小漏的处理方法

小漏指进多出少而未失去循环的渗透性漏失,遇到这种情况,应采取如下方法。

① 起钻静止。停止钻进和循环,上提钻头至安全井段,让下部钻井液静止一段时间,待井口液面不再下降时,再下钻恢复钻进。

② 如果漏失量不大,可继续钻进,穿过漏层,利用钻屑堵漏;如果继续漏失,钻头至安全位置,静止堵漏。

③ 调整钻井液性能,降低密度,提高黏度、切力和摩擦系数,以降低井筒液柱压力、循环压力和激动压力,以减少或停止漏失。

④ 在钻井液中加入小颗粒及纤维质物质,如云母片、石棉灰、石灰粉、暂堵剂等堵漏材料进行堵漏。

（2）大漏的处理方法

大漏时钻井液只进不出,遇到这种情况,在没有井喷危险的情况下,首先应考虑的是钻具的安全,此时应立即停钻停泵,上提钻头至技术套管内,如未下技术套管,应一直提完。只要钻具未卡住,就可以从容处理井漏了。

① 静止堵漏

有些漏失,虽然只进不出,但并非大的裂缝、溶洞所造成,是由于压差较大所造成。当钻井液漏入微细裂缝和孔隙之后,由于地层中黏土吸水膨胀和钻井液中固相颗粒的沉淀及漏失,钻井液静切力增加,也会堵住漏层。

② 随钻堵漏

随钻堵漏是将桥接堵漏材料加入钻井液中进行边钻进边堵漏的方法。对于微小裂缝和孔隙性地层引起的部分漏失或钻遇长段易漏破碎带时,若漏速小于 $30 \text{ m}^3/\text{h}$,一般可采用随钻堵漏。

③ 桥接堵漏

桥接堵漏主要是利用不同形状、尺寸的桥接材料,根据不同的井漏性质,以不同的组分与钻井液混合配成堵漏浆液,直接注入漏层的一种堵漏方法。桥接堵漏主要是靠堵漏材料在漏失通道中"架桥"、充填、嵌入等作用,达到堵漏的目的。

④ 高炉矿渣堵漏

在钻井过程中,在水基钻井液中加入少量的高炉矿渣,能在地层表面凝固,形成密封。如已发生漏失,可提高高炉矿渣的加量,控制稠化时间,让其漏入孔隙或裂缝后稠化凝固,起到堵漏作用。

⑤ 水泥浆堵漏

由于水泥在凝固前呈流态状,可以适应各种漏失通道的需要,同时水泥浆凝固后具有很高的承压能力和抗压强度,有很好的堵漏效果,对于大裂缝或溶洞引起的严重井漏、破碎带地层引起的诱导性井漏,如果不是储层,可考虑采用水泥浆堵漏。

此外,还有聚丙烯酰胺絮凝物和交联物堵漏、重晶石塞堵漏、石灰乳-钻井液堵漏,PMN 化学凝胶堵漏,树脂类堵剂堵漏等方法。

(3) 大裂缝大溶洞的堵漏

溶洞大致可分为两类:封闭性溶洞及连通性溶洞。在钻井过程中,钻具突然放空,一般都是遇到了溶洞或大裂缝,在地下水流动性不太大的情况下,可以用下列方法堵漏。

① 充填与堵剂复合堵漏

从井口投入碎石、粗砂、水泥球等至井底进行充填,形成大的骨架,待能充填到溶洞或裂缝顶部以上时,再注入堵剂,充填于骨架之间,进行封堵。

② 采用钻井液-胶质水泥浆和水泥浆配制的堵漏混合物堵漏

应尽可能多地包含各种填料,颗粒尺寸要和裂缝开度大小相适应。当质量浓度百分数为 3%~35% 时,水泥混合物有很高的於填能力。通过改变充填物浓度、颗粒组成和混合物填料的质量可以在很大范围内调节堵漏浆液的性能,因而能保证它沿着钻具到漏失层段的低温流动性。

③ 用水溶性密封袋堵漏

根据井漏情况,制作不同直径、不同长度的堵漏袋,可以单个使用,也可以串联使用,堵漏袋内材料有快干水泥、重晶石、黏土球及惰性堵漏材料等。对于深井及溶洞较大的漏层可将密封袋用尼龙绳连接起来投入。当密封袋下到漏层后,将堵住洞口,并相互楔住越堆越紧。容器与地层水接触,即开始溶解。溶解后堵漏材料被浸湿,发生膨胀和凝固,形成牢固的堵塞体。

④ 用尼龙袋堵漏

在有大裂缝和溶洞的地层中,存在着大段井壁缺失,且常有流动水,一般堵漏方法难以奏效,采用大型尼龙袋封闭,可取得较好效果。

使用此工具时,井底不能超过漏层底界 1~1.5 m,如果超过,应用水泥或砂石回填至这一深度。工具下入的深度正对漏层,长度一般为 5~6 m,要超过漏层的上顶下底。循环畅通后,先注入 0.2~0.3 m³ 水泥浆,然后投入胶木球,再注入设计数量的水泥浆,用钻井液顶替。当胶木球坐于套鞋座上,泵压达 3.5 MPa 时,剪断上部螺钉,油管和布袋下行,从壳体内脱出。当活塞达到止动环位置时,泵压继续升高,泵压达

6.5 MPa时,剪断下部螺钉,管鞋与布袋一同掉入井底。水泥浆通过敞开的油管通道注入布袋,布袋则随井眼的形状而变化,紧贴井壁,防止水泥浆的漏失。注完顶替液后,上提钻柱,固定布袋的绳子被拉断,装满水泥浆的布袋就留在井下了。

此外,还有网袋式堵漏工具堵漏,用管式封隔工具堵漏,清水强钻,下套管封隔堵漏等方法可用于处理大裂缝或溶洞性漏失。

⑤ 采用精细控压钻井技术

在缝洞性地层钻进时漏失不仅难以堵住,即使堵住后,继续钻进还会井漏,造成频繁的漏失,难以安全钻进。此时可采用精细控压钻井技术,保持各种工况下井内液柱压力接近地层压力,从而防止井漏。

4. 常用的堵漏材料

现有的堵漏材料按不同机理和功能主要可分为桥接堵漏材料、高失水堵漏材料、暂堵材料、化学堵漏材料、无机胶凝堵漏材料、软硬塞堵漏材料、高温堵漏材料及复合堵漏材料等。

(1)桥接堵漏材料

桥接堵漏材料包括单一的惰性桥接堵漏材料和以各种惰性桥接材料、添加剂复配而生成的复合堵漏剂。其中颗粒状材料有核桃壳、橡胶粒、硅藻土等,纤维状材料有锯末、棉纤维、亚麻纤维等,片状材料有云母片、谷壳末等。堵漏材料应按大小、软硬、粗细纤维状与片状等结合原则配制。

(2)高失水堵漏材料

高失水堵漏剂的作用机理:堵漏浆液进入漏失井段后,在液柱压力和地层压力的压差作用下,迅速失水,固体物质留在孔道或缝隙内,形成堵塞物,继而压实,填塞漏失通道。同时,由于所形成的堵塞具有高渗透性的微孔结构和整体充填特性,钻井液在塞面上迅速失水形成滤饼,起到进一步封堵漏失通道的效果。该类堵漏剂主要由硅藻土、软质纤维、助滤剂等组成。

(3)暂堵材料

储层段发生漏失,堵漏要考虑后期解堵。为充分保护储层段,开发了暂堵材料。暂堵材料在储层浅部形成有效的屏蔽环,防止储层被进一步损害,投产时解除堵塞,恢复地层渗透率,从而达到有效保护储层的目的。此类材料目前以酸溶性为主。

(4)化学堵漏材料

化学堵漏材料主要是指以聚合物和聚合物-无机胶凝物质为基础的堵漏处理剂。

化学堵漏材料利用高聚物在接口上的静力、界面分子间作用力、化学键,使聚合物在接口处形成粘接,并控制化学反应时间,在漏层处形成所需的堵漏材料。具体又可分为凝胶、树脂和膨胀聚合物三大类。

（5）无机胶凝堵漏材料

无机胶凝堵剂以水泥为主,包括各种特殊水泥、混合水泥稠浆等。近年来,各种快干水泥、触变性水泥、膨胀水泥等的成功研究以及各种高效的水泥速凝剂、缓凝剂等的出现,大大地拓宽了水泥的使用范围,保证了水泥的使用安全性,为进一步提高水泥浆堵漏的成功率奠定了基础。此外,纤维水泥浆也开始广泛应用。

（6）软硬塞堵漏材料

所谓"软-硬塞"是指由多种处理剂组成的,能在某种条件下形成可封堵漏层的物体。其中软堵塞主要是指不含水泥的混合材料,所形成的堵塞不固化,无强度,为不能流动的软黏稠物体,特别适用于诱导裂缝漏失。硬堵塞的组分中含有可固化材料,所形成的堵塞能固化,有强度,如类似水泥的固体物质。

（7）高温堵漏材料

高温堵漏以桥堵为主,高温堵剂以云母、蛭石、石棉、贝壳等为主。目前已有高温改性树脂堵剂的研究。

（8）复合堵漏材料

复合堵漏材料主要用于处理复杂漏失,尤其是水层漏失、气层漏失和长段裸眼井漏失及大裂缝、大溶洞漏失。对于严重井漏,采用复合堵漏材料大大提高了堵漏成功率。

5. 堵漏工具

堵漏工具种类可分为堵漏浆液输送工具、堵漏浆液井下混合工具、堵漏浆液挤注工具、漏层封隔工具四类。

（1）堵漏浆液输送工具

最常用的一种堵漏浆液输送工具是钻杆,它可将堵漏浆液从地面输送到漏层。现在由套管(钻杆)配特制阀组成的简单的输送工具开始使用。管内分装不同性质的材料或浆液,如水泥浆-黏土-水玻璃,下至漏失井段,并灌满清水或钻井液,开泵加压剪断销钉,工具中的堵漏剂冲入井下混合成速凝堵漏浆液而堵塞漏失通道。这种方法对表层恶性井漏比较有效。

（2）堵漏浆液井下混合工具

最简单的堵漏浆液井下混合工具是筛管式混合工具,将它与钻杆相接并送入漏失井段,通过管内和环空分别注入堵漏浆液,两种堵漏浆液在井下混合并挤入漏层。例如管内注水玻璃,环空注水泥浆,井下混合后形成速凝堵漏水泥浆。

另外,还有井底喷射混合工具、双组分堵漏混合物注入工具、吸入式井下混合工具等。

(3)堵漏浆液挤注工具

简单的堵漏浆液挤注工具由可钻式短节、安全接头和封隔器组成。堵漏时,工具与钻杆连接下入井中,坐封封隔器并将环空灌满钻井液,钻杆内注堵漏水泥浆并顶替出去。待水泥浆接近初凝时,钻杆内灌满钻井液并挤注,以使形成的堵塞更有效。施工完成后,封隔器解封,若有可能则起出全部工具。若工具下部不能起出,则从安全短节处倒脱,钻水泥塞时,将下部工具和水泥塞一起钻掉。

(4)漏层封隔工具

① 堵漏波纹管

波纹管是将一定壁厚的金属板材制成凹槽断面的管型,其两端保持圆形断面,上端反扣拧上大小头,下端正扣拧上可钻式接头,根据需要,可焊接加长。波纹管下入漏失井段后,通过憋压胀管、铣断等措施,使得波纹管与漏失井段的井壁紧紧贴合,达到堵漏的目的。

② 袋式堵漏工具

为了解除大溶洞恶性井漏,防止注入地层的堵漏水泥浆被地层水稀释,在近井眼周围形成堵塞隔墙,采用帆布、粗布以及其他材料制成的袋子注入水泥浆。国内外已使用的袋式堵漏工具有三四种,本小节主要介绍一种简单的袋式堵漏工具。

该袋式堵漏工具中心为一根带有多孔的筛管,两端有橡胶护箍,起扶正支撑作用,防止袋子入井破损。袋子一般长 3 ~ 9 m,堵漏时袋子长度超过漏层顶部和底部各 1.5 m。筛管上部接回压阀、反扣接头、钻杆,在注水泥浆后,倒扣起出全部钻杆,装水泥浆的袋子则留在漏层,待水泥浆凝固后,钻掉全部钻具和水泥塞。

8.2 阻卡预防与处理

在钻具下行或上行时,遇到地层的附加阻力,地面指示钻具所受负荷与正常钻具运动时负荷有明显差异则为遇阻,如果钻具向一个方向不能运动,或运动范围仅限在某一有限范围内则为遇卡。阻卡总是发生在钻进、起钻、下钻(或静止后进行这三个工况)三个不同的过程中。根据发生机理的不同,阻卡分为粘吸、坍塌、砂桥、缩径、键槽、泥包、干钻、落物,水泥固结等。

8.2.1　遇阻

遇阻是最常见的钻井复杂情况之一,遇阻处理不好常转化为卡钻,从而造成更大的损失。

1. 遇阻的原因

遇阻可以由粘吸、砂桥、缩径、键槽、泥包等引起,其发生原因与卡钻相同。预防与处理遇阻时,应正确分析遇阻的原因,采取针对性的措施,以减少遇阻的发生。此外,针对不同的遇阻还应当采取针对性的处理措施,确保井下钻具安全,避免转为卡钻。

2. 遇阻的预防

预防各种卡钻的措施都可以预防遇阻的发生,对于一般钻井作业,应做好以下工作。

(1)保持钻井液性能适应地层情况,控制钻井液失水以及钻井液与地层压差,使井眼不扩大,不缩径,不出现厚滤饼。

(2)防止井眼出现严重井斜与方位的急剧变化,出现严重"狗腿"。

(3)控制起下钻速度,防止抽吸、激动压力过大,特别要防止下钻时钻头进入小井眼。

(4)充分利用录井仪、钻井参数仪严密监测钻井过程中悬重、扭矩变化情况,发现异常应及时分析原因,及时处理。

(5)保持地面设备性能处于良好状态,保持钻井施工过程的连续性,减少钻具在裸眼时的等停,设计钻具组合等要留有足够的安全余量。

(6)钻井参数应保持在设计范围内,特别是排量要达到推荐要求。

3. 遇阻的处理

不同类型的遇阻处理方法参考相应的遇卡处理,一般性遇阻处理应遵循以下原则。

(1)遇阻应优先考虑进行循环,如果装备有顶驱,应直接开泵建立循环,如果是转盘驱动,应在接头到达转盘附近时接方钻杆循环。

（2）下放钻具或下钻时遇阻应优先考虑上提，上提到正常井段后再决定是否划眼下入。

（3）起钻或上提钻具遇阻应先下放，再接方钻杆，用方钻杆进行循环，再逐根钻杆起出。

（4）起钻遇阻的井段下钻时一定要进行充分划眼，直到划眼正常后方可下入，切忌盲目下入导致卡钻。

（5）井队不同岗位严格遵守操作权限，因为低岗位操作人员不具备科学分析遇阻原因的知识水平，也没有承担恶化成事故的责任。

（6）在易卡井段应坚持短起下、划眼措施，依靠短起下与划眼修整井壁。

4. 划眼技术措施

（1）下钻注意控制速度，刹把要轻提慢放。下钻过程中有专人观察井口钻井液返出情况。发现漏、涌等异常情况应及时报告，并及时采取相应技术措施。

（2）下钻过程中发现遇阻应接方钻杆划眼。

（3）划眼时严格控制钻压，控制划眼速度，均匀送钻，防止出现钻具事故。

（4）每划眼半个单根上提钻具一次，发现有阻卡现象应反复重划，防止卡钻。

8.2.2 粘吸卡钻

粘吸卡钻，也叫压差卡钻，是钻井过程中最常见的卡钻事故。

1. 粘吸卡钻的原因

井壁上钻井液滤饼的存在是造成粘吸卡钻的内在因素。钻井液液柱压力大于地层孔隙压力产生的压差，是形成粘吸卡钻的外在因素。

用水基钻井液钻井时，在渗透性层段井壁上滤饼是客观存在的。有时在井身结构设计中，同一裸眼井段中会存在有不同压力的地层，当钻柱接触到井壁时，井内钻井液柱压力与地层压力差把钻柱压向井壁并陷入滤饼中，从而造成粘吸卡钻。

2. 粘吸卡钻的特点与征兆

（1）粘吸卡钻是在钻柱静止的状态下发生的，卡钻前必须有一个静止过程。

（2）卡点位置一般是钻铤等与井壁的接触面积较大的部位。

（3）粘吸卡钻前后，钻井液循环正常，进出口流量平衡，泵压无变化。

（4）粘吸卡钻后，如活动不及时，卡点有可能上移，甚至直移至套管鞋附近。

3. 粘吸卡钻的预防

（1）钻井中尽量减小钻井液与地层之间的压差。

（2）要求井上设备必须正常运转,如果部分设备发生故障,不能转动的话,要上下活动;不能上下活动的,要争取转动。

（3）使用优质钻井液,改善滤饼质量,减少虚滤饼,特别是要提高内滤饼质量,必要时要加入润滑剂、活性剂、塑料小球等以减少滤饼的摩阻系数。

（4）设计合理的钻柱结构,特别是下部钻柱结构。如使用螺旋式钻铤、欠尺寸稳定器、加重钻杆等。

（5）钻柱中要带随钻震击器,在粘卡发生的最初阶段,震击解卡很有效。

（6）详细记录钻进还是起下钻过程中与钻头或稳定器相对应的高扭矩大摩阻的井段,并分析所在地层的岩性。

4. 粘吸卡钻的处理

（1）强力活动

发生粘吸卡钻后,随着时间的延长,粘吸卡钻程度会越来越严重。发现粘吸卡钻的最初阶段,就应在设备(特别是井架和悬吊系统)和钻柱的安全负荷以内用最大的力量进行活动。上提不超过薄弱环节的安全负荷极限,下压不受限制,可以把全部钻柱的重量压上,也可以在施加正扭矩的情况下上下活动。如果强力活动若干次(一般不超过 10 次)无效,应在适当的范围内活动未卡钻柱,上提拉力控制在自由钻柱悬重再附加 100～200 kN 的重量,下压力量根据井型、井深及最内一层套管的下深而定。

（2）震击解卡

如果钻柱上带有随钻震击器,应立即启动上击器上击或启动下击器下击,以求解卡。如果钻柱上未带随钻震击器,可先测卡点位置,用爆松倒扣法从卡点以上把钻具倒开,然后选择适当的震击器(如上击器、下击器、加速器等)下钻对扣。

爆炸震击解卡法,宜用在卡钻事故发生之后不太长的时间内,被卡钻的井段不能太长。或者在浸泡未见效之后,使用其作为一种辅助手段。使用时应注意以下几个问题。

① 炸弹爆炸段的条件是: 压力小于 150 MPa,温度低于 250 ℃。

② 井下炸弹由导爆索组成。炸药量的选择,应以保证达到预期效果而又不损坏钻杆为原则。在温度很高的井中,应采用耐热导爆索。

③ 起"振动"作用的炸弹长度必须比卡钻井段长 5～10 m,但是总长度不超

过 100 m,炸弹用药量不应超过 5 kg。如果卡钻井段超过 100 m,那么"振动"就应分几段进行。

④ 炸弹下井之前先用测卡仪找出卡点位置,在装炸药和下炸弹过程中,井上其他工作均应停止,并锁住转盘和固定好井口滑轮,防止发生事故。

⑤ 炸弹下到卡钻井段后,以最大允许拉力上提钻柱或施加一定的扭矩后锁住转盘,然后进行爆炸并上、下活动钻柱。

(3)浸泡解卡剂

浸泡解卡剂是解除粘吸卡钻的最常用、最重要的方法。

国内各油田研制了多种油基解卡剂和水基解卡剂,使用效果都不错。油基解卡剂配方如表 8-4 所示。

表 8-4　油基解卡剂配方

材　　　料			配方比例/%				备　　注
名　　称	规　　格	功　　用	方一	方二	方三	方四	
柴　油	0 号、-10 号	分散介质	100	100	100	70	体积比
原　油	优质	分散介质,提高黏度				30	体积比
氧化沥青	细度 80 目,软化点大于 15 ℃	提高黏度、切力,降低滤失量	12	4.5	20		
石　灰	细度 120 目	皂化油酸	3		4	3	
油　酸	酸价 190~205,磺价 60~100	乳化剂,润滑剂	1.8	6.2	2	2	
有机土	胶体率 90%,细度 80~100 目	提高黏度,切力,悬浮加重剂	1.6		3	5	重量比
快　T	渗透力为标准品的(100±5)%	润湿、渗透、乳化	1.6	12.4	1.6	5	
PIPE-JAX		解卡剂		5.7			
AS		洗涤剂		4.4			
烷基苯磺酸钠		乳化剂			2		

材　　料			配方比例/%				备　注
名　　称	规　　格	功　　用	方一	方二	方三	方四	
SPAN - 80		乳化剂		2.6	0.5		重量比
清　　水	淡水、盐水均可	分散相	5			5	
重晶石	密度 4.0 g/cm³,细度 200 目以上	加重剂	按需	按需	按需	按需	

浸泡解卡剂的具体施工步骤如下。

① 测求卡点位置

最准确的办法是利用测卡仪测量。但现场常用的办法是根据钻柱在一定的拉力下的弹性伸长来计算[式(8-1)]。

$$L = K\Delta x/\Delta f \tag{8-1}$$

式中　$K = EA$——计算系数;

　　　L——自由钻柱的长度,m;

　　　Δf——自由钻柱所受的超过其自身悬重的两次拉力的差值,kN;

　　　A——自由钻柱的横截面积,cm²;

　　　Δx——自由钻柱在 Δf 作用下的伸长,cm;

　　　E——钢材的弹性系数,$2.1×10^5$ MPa。

如果井内用的是复合钻柱,则须根据钻具的外径和壁厚的不同,自上而下将钻柱分为若干段,每段的长度分别为 L_1、L_2、L_3,在一定的拉力 Δf(两次拉力之差)的作用下,每段自由管柱都有自己的伸长值,分别为 Δx_1、Δx_2、Δx_3。将式(8-1)稍加变换可求得 Δx_1、Δx_2、Δx_3,即

$$\Delta x = L\Delta f/K \tag{8-2}$$

② 计算解卡剂用量

解卡剂总用量等于预计要浸泡的环空容量和钻柱内容量两部分。环空容量为钻头至卡点位置的环空容量,还要视具体情况增加一定的附加量,一般以 20% 为宜。

解卡剂总用量可用式(8-3)计算:

$$Q = Q_1 + Q_2 + Q_3 = 0.785KH(D^2 - d_1^2) + 0.785\,d_2^2H + Q_3 \qquad (8-3)$$

式中　Q——解卡剂总用量,m^3;

　　　Q_1——粘卡段环空容量,m^3;

　　　Q_2——粘卡段管内容量,m^3;

　　　Q_3——预留顶替量,m^3;

　　　K——附加系数,一般取 1.2;

　　　H——粘卡井段长度(自卡钻开始到钻具底端长度),m;

　　　D——钻头直径,m;

　　　d_1——钻铤或钻杆外径,m;

　　　d_2——钻铤或钻杆内径,m;

如果使用的是复合钻柱,除阶梯式井眼外,应按不同的井径和不同的管柱内外径分段进行计算,累加后即可得总用量。

③ 计算注入井内时的最高泵压

最高泵压可用式(8-4)求得:

$$P = P_1 + P_2 = P_1 + 0.01(\rho_1 - \rho_2)h \qquad (8-4)$$

式中　P——最高泵压,MPa;

　　　P_1——循环泵压,MPa;

　　　P_2——解卡剂与井浆的液柱压差,MPa;

　　　ρ_1——井浆密度,g/cm^3,

　　　ρ_2——解卡剂密度,g/cm^3;

　　　h——解卡剂在钻柱内的液柱高度,m。

④ 安全校核

如果解卡剂与井浆密度相近,或者井下没有较高压力层及浅气层,则不必进行安全校核。反之,必须进行安全校核。

5. 套铣解卡

采用测卡爆炸松扣取出卡点以上的钻具,下钻头通井调整钻井液性能。根据井下落鱼结构和长度来确定所下套铣管的数量,当井内落鱼过长或井下存在复杂情况时,可采用分段套铣分段打捞的方法。

6. 处理粘吸卡钻应注意的问题

（1）要根据各个地区的具体情况确定所需采用的解卡剂。

（2）注入解卡剂前,最好做一次钻井液循环周试验,确认钻具没有刺漏现象,方可注入。

（3）注入解卡剂前,特别是注入低密度解卡剂前,必须在钻柱上或方钻杆上接回压阀或旋塞。

（4）要保持钻头水眼和环空不被堵塞。

（5）如果一次浸泡,解卡剂用量过大,有引起井涌、井喷的危险时,可以分段浸泡,先浸泡被卡钻柱的下部若干小时,然后一次性地将解卡剂顶到卡点位置,浸泡被卡钻柱的上部。

（6）解卡剂在井内浸泡的时间,随地层特性和钻井液性能而异。浸泡和震击联合作用,效果会更好。不要轻易爆炸或倒扣。

（7）浸泡解卡后,要不断地活动钻柱,最好是转动,不活动钻具时将钻具压弯,以防卡点上移,浸泡期间应根据井内情况决定顶替时间间隔及顶替量,按时活动钻具。

（8）活动钻具的拉力范围应经常变换,以防长时间单区间活动造成应力集中而拉断钻具。

（9）对于复合卡钻,解卡剂浸泡只能使卡点降低,而不能彻底解卡。此时就须考虑震击、套铣等。

（10）钻具断落后,很容易形成粘卡。所以打捞时所下的工具应能密封鱼头部位。下公、母锥打捞时不能用带退屑槽的公、母锥,下捞矛时应带封堵器,下捞筒时应装有密封件,以便捞着后能循环钻井液,注入解卡剂。

（11）解卡后立即开泵循环,同时转动钻具。排完解卡剂待岩屑减少后方可上下活动钻具,处理好钻井液后即可起钻。

8.2.3　坍塌卡钻

坍塌卡钻是由井壁失稳造成,是卡钻事故中性质最为恶劣的一种。

1. 地层坍塌的原因

在钻井过程中造成井壁失稳,进而造成地层坍塌主要有三方面原因：地质、物理化学和工艺技术方面的原因。

（1）地质

地层强度低,存在不均匀的地应力,或是地层破碎,存在较多微裂缝。

（2）物理化学

泥页岩地层含有蒙脱石、伊利石、高岭石、绿泥石等黏土矿物,遇水后表现也不同。根据其遇水后的表现可分为易塌泥页岩、膨胀泥页岩、胶态泥页岩、塑性泥页岩、剥落泥页岩、脆碎泥页岩等。大量研究发现,泥页岩中黏土含量越高、含盐量越高、含水量越少则越易吸水。蒙脱石含量高的泥页岩吸水后主要产生膨胀,绿泥石含量高的泥页岩吸水后主要产生裂解、剥落。在钻井过程中,钻井液滤液很容易侵入或被吸收到地层,含有黏土矿物的地层在吸水后,内部就会发生应力变化,从而削弱了地层的结构力,造成井壁失稳坍塌。

（3）工艺技术方面

如果对坍塌层的性质认识不清,工艺技术方面采取的措施不当,也会导致坍塌的发生。

① 钻井液液柱压力不能平衡地层压力。主要表现在泥页岩地层钻井液柱压力低于坍塌压力,或破碎性地层钻井液液柱压力高于漏失压力。

② 钻井液体系和流变性能与地层特性不相适应。

③ 井斜与方位的影响。在不均匀的应力情况下,井眼方向与井壁应力状态有关。

④ 钻具组合的影响。钻具组合中稳定器、钻铤等影响起下钻时的压力激动,导致井壁不稳。

⑤ 钻井液液面下降。

⑥ 压力激动。

⑦ 井喷引起坍塌。

⑧ 气体钻井对井壁的支撑力最低,从井壁力学方面促使井壁不稳定,尤其是有水层、水敏性地层同时存在时,易发生井壁失稳。

2. 井壁坍塌的特征

如果是轻微的坍塌,则使钻井液性能不稳定,密度、黏度、切力、含砂量升高,返出钻屑增多,可以发现许多棱角分明的片状岩屑。如果坍塌层是正钻地层,则钻进困难,泵压上升,扭矩增大,钻头提起后,泵压下降至正常值,但钻头放不到井底。如果坍塌层在正钻层以上,则泵压升高,甚至井口不返钻井液,钻头提离井底后,泵压不降,且上提遇阻,下放也遇阻,甚至井口返出流量减少或不返。坍塌卡钻发生时扭矩通常急剧增大。

坍塌后划眼时经常憋泵、憋钻,钻头提起后放不到原来的位置,越划越浅,比正常钻进要困难得多。

3. 井壁坍塌的预防

(1) 采取适当的工艺措施:采用合理的井身结构与合理的钻井液密度,平衡地层压力,减少压力激动。

(2) 使用具有防塌性能的钻井液:油基钻井液、油包水乳化钻井液、硅酸盐钻井液、钾基钻井液、低失水高矿化度钻井液、含有各种封堵剂的钻井液、阳离子和部分水解聚丙烯酰胺钻井液、混合多元醇盐水钻井液。

4. 井塌问题的处理

① 分析坍塌发生原因,在原因不明情况下切忌盲目提高钻井液密度,优先考虑提高钻井液的抑制封堵能力。

② 根据井内返出岩屑状况判断坍塌性质。如果为长条片状,则是由钻井液柱压力低于坍塌压力引起,应适当提高钻井液密度,同时提高钻井液抑制性。如果返出岩屑为不规则块状,则是地层破碎引起,应提高钻井液的封堵能力。

③ 起钻过程,如发现井口液面不降,或钻杆内反喷钻井液,这是井塌的征兆。应立即停止起钻,并开泵循环钻井液,待泵压正常,井下畅通无阻,管柱内外压力平衡后,再恢复起钻工作。

④ 无论任何时候,如发现有井塌现象,开泵时均须用小排量顶通,然后,逐渐增加排量,中间不可停泵。

⑤ 井塌后应低转速划眼,并严格控制下放速度。

如果已经发生井塌,循环钻井液时岩屑又带不出来,可采取如下办法:

① 使用高屈服值和高屈服值/塑性黏度比值的钻井液洗井,使环空保持平板层流状态;

② 使用高浓度携砂液洗井,携砂液的主要成分是经过处理加工的温石棉再加一些添加剂制成,能提高钻井液黏度、切力,一般加量为 3%~5%;

③ 加大钻头水眼,提高钻井液排量,洗井时可加入一段高黏高切的稠钻井液(10~15 m³),清扫井底和井筒;

④ 起钻前,在坍塌井段注入一段高黏高切钻井液。

5. 坍塌卡钻的处理

坍塌卡钻以后,可能有两种情况:一种是可以小排量循环,另一种是根本无法建立循环。如果能建立循环,应首先建立循环。

若能小排量循环,须控制进口流量与出口流量的基本平衡。在循环稳定之后,逐渐提高钻井液的黏度和切力,然后逐渐提高排量。如果增加排量发生漏失,返出量不增加,停泵后,钻井液外吐不止,此时必须采取倒扣。如果是石灰岩、白云岩坍塌形成的卡钻,同时坍塌井段不太长的话,可以考虑泵入抑制性盐酸来解卡。

若失去循环,必须采取套铣爆炸松扣。在没有测卡爆炸松扣设备的情况下,应该为少倒扣和容易倒扣创造条件。在发生严重井塌之后,不能循环但能转动,上下也有一定的活动距离,但活动距离越来越小、转动扭矩越来越大,说明砂子越挤越死。此时就不应以转动求解脱,要严格控制扭矩,为容易倒扣留余地。此时应分析塌卡的是钻具上部还是下部,如果塌卡的是钻具下部,最好把钻具提卡,立即进行测卡爆炸松扣,提出卡点以上的钻具。

坍塌卡钻部位往往是上部松软地层,下部钻具并未埋死,但钻具失去活动以后,就有粘卡的可能,形成上部塌卡、下部粘卡的复式卡钻。此时应及时采取测卡爆炸松扣,取出卡点以上的钻具,下套铣管套铣卡钻井段,套铣时出现放空现象时提出套铣管下钻对扣。如果上提不能解卡,那么再次进行测卡判断是否下部钻铤发生粘卡,若测卡结果是钻铤卡,可以选择泡解卡剂等手段。若不见效,可采取套铣爆炸松扣分段取出井内落鱼,如果井内落鱼较长套铣完水眼堵,无法进行爆炸松扣作业时,则要采取水眼冲砂工艺技术为爆炸松扣创造条件。若井下有稳定器时,套铣至稳定器位置,下震击器进行震击。如果震击不能解卡,要下专用套铣稳定器铣鞋铣掉扶正条,待提出井内落鱼后,再磨铣打捞井底碎物。

8.2.4　砂桥卡钻

砂桥卡钻也叫沉砂卡钻,其性质和坍塌卡钻差不多,其危害较粘吸卡钻更甚。

1. 砂桥形成的原因

(1)在软地层中机械钻速快,钻屑多,钻井液携岩能力低,岩屑下沉快,一旦停止循环,极易形成砂桥。

(2)钻井液不能稳定井壁,井眼多次发生掉块、坍塌,形成井眼扩大,在井眼扩大处因钻井液返速低而形成砂桥。

(3)在钻井液中加入絮凝剂过量,细碎的砂粒和混入钻井液中的黏土絮凝成团,停止循环 3~5 min,即形成网状结构,搭成砂桥。

（4）改变井内原有的钻井液体系,或急剧地改变钻井液性能时,破坏井内原已形成的平衡关系,会导致井壁滤饼的剥落和原已黏附在井壁上的岩屑的滑移而形成砂桥。

（5）井内钻井液长期静止之后,由于切力太小,钻屑向下滑落,岩屑浓度变得极大,若钻井液返不上来或钻具下入过多,开泵过猛,就使岩屑挤压在一起,形成坚实的砂桥。加重钻井液中加重料在钻井液性能不稳时也会发生沉降而引起卡钻。

（6）钻井液被盐水污染后,极易破坏井壁滤饼而形成砂桥。

（7）气体欠平衡钻井时,遇到地层水,会发生钻屑润湿、黏结,当湿钻屑填充了环空时,形成泥环,会切断气流,严重时会发生卡钻。

2. 形成砂桥的征兆

（1）起下钻时遇阻点固定,划眼时可通过,卡点井段多为泥岩地层。

（2）在砂桥未完全形成以前,下钻时可能不遇阻,或者阻力很小,而且随着钻具的继续深入,阻力逐渐增加,所以钻具的遇阻是软遇阻,没有固定的突发性遇阻点。有时会发生钻具下入而悬重不增加的现象。

（3）钻具进入砂桥后,在未开泵以前,上下活动与转动自如,如要开泵循环,则泵压升高,悬重下降,井口不返钻井液或返出很少。

（4）在钻进时,如钻井液排量小,或携砂能力不好,在开泵循环过程中,钻具上下活动与转动均无阻力,一旦停泵,钻具便提不起来,特别是无固相钻井液,这种情况发生得较多。

（5）气体钻井时发现返出钻屑中有湿泥团、泵压上升、返出气体量减少甚至不返,起下钻具有阻力。

3. 砂桥卡钻的预防

（1）最好不用清水钻进。如用清水钻进,高压循环系统〔包括钻井泵水龙头）一定要进行高压试运转,并要备用一根 ϕ50 mm 高压水龙带,其一端连接与钻杆相配合的接头,另一端与高压管线上的 2 in 高压闸门相连接,一旦水龙头或水龙带发生故障,可用备用水龙带循环。

（2）优化钻井液设计,不仅要满足高压喷射钻进的需要,还要满足巩固井壁、携带岩屑的需要,维持钻井液体系和性能的稳定,控制井径扩大率在 10%~15%。

（3）钻进时,要根据地层特性选用适当的泵量,既要能保持井眼清洁,又不能冲蚀井壁。

（4）在胶结不好的地层井段不要划眼，当起下钻、循环钻井液而钻头或稳定器处于该井段时不要转动钻具，以保护已经形成的滤饼。

（5）下钻时，发现井口不返钻井液或者钻杆水眼内反喷，应停止下钻。起钻时，如发现环空液面不降，或者钻杆水眼内反喷，应停止起钻。应立即接方钻杆开泵循环，开泵时应用小排量顶通，然后逐渐增加排量，待环形空间畅通，方可继续进行起下钻作业。

（6）在地层松软、机械钻速较快时，应适当延长循环时间。

4. 砂桥卡钻的处理

砂桥卡钻的性质和处理方法与坍塌卡钻类似，一旦发生就很难处理。但砂桥有时还可用小排量进行循环，把循环通路打开。

如果开泵时，钻井液只进不出，钻具遇卡，无法活动时，就应测卡点位置，争取时间采用爆炸松扣方法提出卡点以上的钻具。

砂桥形成的位置，可能在上部，也可能在下部，但它的井段不会太长，不可能把落井钻具全部埋死。如果砂桥在上部，最好先下切割弹从下部钻铤位置炸开，测卡爆炸松扣、套铣作业即可把砂桥解除，再下钻具对扣，恢复循环。如果砂桥在下部，应利用爆炸松扣取出卡点以上的全部钻具，井内落鱼采用套铣爆炸松扣分段取出的办法来解除。

砂桥卡钻往往是在起下钻过程中发生的，钻头不在井底，因此在套铣过程中，落鱼有可能下沉到井底。出现这种情况时，套铣参数会发生变化，如泵压降低、扭矩变小等，这时应及时提出套铣管下钻对扣，提出井内落鱼。

如果钻柱上带有稳定器的话，砂桥往往在最上一个稳定器的上面，因此，套铣到稳定器以后，不必再扩眼去套铣稳定器，可以接震击器震击解卡。

8.2.5　缩径卡钻

1. 缩径卡钻的原因

① 砂砾岩的缩径。砂岩、砾岩、砂砾混层如果胶结不好或甚至没有胶结物，在井眼形成之后，由于其滤失量大，在井壁上会形成一层厚的滤饼，而缩小了原已形成的井眼。

② 泥页岩缩径。浅层泥页岩、未固结的黏土、在压力异常带的泥页岩，尤其是含

水软泥岩易缩径。

③ 盐膏层。特别是深部沉积的石膏层易缩径。

④ 原已存在的小井眼。钻头使用后期,外径磨小,形成一段小井眼。如下钻不注意,或扩眼、划眼过程中发生溜钻,也会造成卡钻。其性质和缩径卡钻一样。

⑤ 弯曲井眼。有些井由于下部钻具结构刚性不够,会形成弯曲井眼。当下部钻具结构改变,刚性增强,或下入外径较大、长度较长的套铣工具、打捞工具时,在弯曲井眼处容易卡住。

⑥ 由于所钻地层有断层和节理存在,当钻井液滤液浸入断层面或节理面后,引起孔隙压力的升高,产生沿断层面或节理面的滑动,造成井眼横向位移。

⑦ 钻井液性能发生了较大的变化。如钻遇石膏层、盐岩层、高压盐水层,滤失量增加,黏度、切力增加,滤饼增厚。或为了堵漏,大幅度地调整钻井液性能,都很容易形成虚滤饼,使某些井段的井径缩小。

2. 缩径卡钻的征兆

① 阻卡点在固定井深位置。

② 多数卡钻是在钻具运行中造成,而不是在钻具静止时造成,卡钻前扭矩与摩阻逐渐增大。只有少数卡钻是在钻进时造成,如钻遇蠕动的盐岩、含水软泥岩、沥青层就很容易在钻进过程中缩径卡钻。

③ 开泵循环钻井液时,泵压正常,进出口流量平衡,钻井液性能不会发生大的变化。但钻遇蠕动速率较大甚至是塑流状态的盐岩、沥青层、含水软泥岩时,泵压要逐渐升高,甚至会堵塞环空失去循环。

④ 离开遇阻点则上下活动、转动正常,阻力稍大则转动困难。

⑤ 下钻距井底不远遇阻,可能有两种情况,一种是沉砂引起遇阻,一种是钻头在使用后期直径磨小,形成了小井眼。

⑥ 如钻遇蠕变性的盐岩层、沥青层、含水软泥岩层,往往是机械钻速加快,转盘扭矩增大,并有蹩钻现象,提起钻头后,放不到原来井深,划眼比钻进还困难。若蠕变速率较大,可以发现泵压逐渐上升,直至憋泵。

⑦ 缩径卡钻的卡点是钻头或大直径工具,而不可能是钻杆和钻铤。

3. 缩径卡钻的预防

(1) 一般缩径卡钻的预防

① 下入直径较大的工具时,应仔细丈量其外径,不能将大于正常井眼的钻头或工

具下入井内。使用打捞工具时,其外径应比井眼小 10~25 mm。

② 起出的旧钻头和稳定器,应检查其磨损程度,如发现外径磨小,肯定已钻成了一段欠尺寸井眼。下入新钻头时应提前划眼,不能一次下钻到底。划眼井段的多少依据实际情况来定。

③ 在用牙轮钻头钻进的井段,下入金刚石、PDC 及足尺寸的取心钻头时要特别小心,遇阻不许超过 50 kN。

④ 取心井段必须用常规钻头扩眼或划眼,特别是连续取心的井段,软地层每 100 m、硬地层每 50 m 左右应用常规钻头扩、划眼一次。

⑤ 改变下部钻具结构,增加钻具的刚性,如增加稳定器数量或加大钻铤外径,下入外径较大的套铣工具和打捞工具时应控制速度慢下。

⑥ 下钻遇阻绝不可强压,起钻遇阻绝不能硬提。一般的规律是下钻遇阻可试提,起钻遇阻可下压后再开泵试提,遇阻后上提的力量要比下压的力量大。如上提遇阻,倒划眼无效,倒出未卡钻具,下扩孔器至遇阻位置扩眼,消除阻卡后再捞出井内钻具。扩孔器类似于一般的螺旋稳定器,只是着重于在翼片上、下两个斜肩面上加焊硬质合金,使其具有破坏地层的能力。

⑦ 控制钻井液滤失量及固相含量。使渗透层井段结成薄而韧的滤饼,减少滤饼缩径现象。

⑧ 如果井下情况比较复杂,可在钻铤顶部接一扩孔器,这样倒划眼的效果会更好一些。

⑨ 在钻柱中接随钻震击器,无论上提遇卡还是下放遇卡,都可以立即启动震击器,震击解卡。

⑩ 在起下钻过程中,要详细记录阻卡点,对于较复杂的井段,要主动地进行划眼,以消除阻卡现象。

(2)盐膏层、软泥岩层缩径卡钻的预防

① 采用合理的井身结构,技术套管应尽量下至盐膏层顶部。裸眼段地层漏失压力必须大于钻开复合盐层时所需的钻井液液柱平衡压力。如承压能力不够,必须堵漏,不能降低钻井液密度。

② 钻遇盐膏层之前,必须认真检查钻具,用螺旋钻铤,简化钻具结构,不加稳定器,并进行探伤。

③ 钻遇盐岩层、沥青层及含水软泥岩层,必须提高钻井液密度,增大钻井液的液

柱压力,以抗衡围岩的蠕动或塑流。确定控制盐层蠕变需要的钻井液密度可根据静态塑性原理应用有限元法得出,基本规律是井越深,平衡地层蠕变所需钻井液密度越大。

④ 对于易产生蠕变地层,可使用偏心 PDC 钻头,钻出较大的井眼。可以在钻头以上的适当部位接扩眼器,距离钻头近一点为好。

⑤ 钻进时送钻要均匀,要勤放少压,及时上提划眼,密切注意转盘扭矩、泵压和返出岩屑变化。若发现钻时加快、扭矩增大,泵压上升,应立即上提钻具,尽可能避免蹩停。定期短起下钻具一次拉井壁,要起到盐膏层顶部以上。

⑥ 接单根时,方钻杆提出后,停泵,下放通井一次。若无阻卡现象,方可接单根,若有阻卡现象,应重新划眼,直到上下畅通。

⑦ 在盐膏层中钻进,应保持较大的排量和较高的返速,其有利于清洗井底,冲刷井壁上吸附的虚假滤饼。

⑧ 在盐膏层中起下钻应控制速度,遇阻不能超过 100 kN,起钻遇阻以下放为主,放开后,倒划眼起出。下钻遇阻,以上提为主,解除阻卡后,划眼下放。

⑨ 钻具在裸眼井段,必须经常活动,上下活动要在 3 m 以上,以无阻卡为限,转动以无倒车为限。

⑩ 加强设备管理,以地面保井下。

4. 缩径卡钻的处理

① 遇卡初期,应及时边循环边倒划眼或正划眼争取解卡。在下钻过程中遇卡,应在钻具和设备的安全负荷限度以内大吨位上提或进行震击,但绝不能下压。在起钻过程中遇卡,应大吨位下压,甚至将全部钻具的重量压上去,但绝不能多提。

② 用震击器震击解卡。如果钻柱上未带随钻震击器,在提钻发生卡钻事故,可在井口接地面下击器进行下击,然后倒划眼通过缩径井段。若是下钻或钻头在井底时发生卡钻事故,最好采用测卡爆炸松扣取出卡点以上的钻具,然后下套铣管进行套铣井下落鱼解卡。

③ 如果发现是缩径与粘吸的复合式卡钻,那就应先浸泡解卡剂,然后再进行活动震击。

④ 如果缩径是盐层蠕动造成的,而且还能维持循环,可以泵入淡水或淡水钻井液至盐层缩径井段以溶化盐层,同时配合震击器震击。

⑤ 如果是泥页岩缩径造成的卡钻,可以泵入油类和清洗剂或润滑剂,并配合震击

器进行震击。

⑥ 如果大力活动钻具与震击均无效,应采取测卡爆炸松扣工艺技术取出卡点以上的钻具,然后进行套铣打捞作业捞出井内落鱼。

8.2.6　键槽卡钻

1. 键槽卡钻的特征

① 键槽卡钻只会发生在起钻过程。

② 如果钻铤外径大于钻杆接头,则钻铤顶部接触键槽下口时即遇阻遇卡。如钻铤外径小于钻杆接头,只有钻头或其他直径较大工具接触键槽下口时,才会发生遇阻遇卡。

③ 在岩性均匀井径规则的地层中键槽向上下两端发展,如果井径规则,则每次起钻的遇阻点是向下移动的,而且移动的距离不多。如果岩性不均匀,井径不规则,同时井斜方位变化较大,这种键槽的位置固定,遇阻点也是固定不变的。

④ 在键槽中遇阻,拉力稍大,转动转盘很困难,但只要下放钻柱,脱离键槽,即可旋转自如。

⑤ 在键槽中遇阻遇卡,开泵循环钻井液时,泵压无变化,钻井液性能无变化,进出口流量平衡。

2. 键槽卡钻的预防

① 钻直井时,严格控制井身质量,控制井斜与全角变化率,使井斜不要有忽大忽小的变化。在井斜超过 2° 后,要控制方位不要有大的变化,避免出现较大的狗腿度。

② 钻定向井时,在地质条件许可的情况下,尽量简化井身轨迹,多增斜、少降斜。

③ 用套管封掉易产生键槽的井段。

④ 每次起钻,都要详细记录遇阻点井深与阻力大小。

⑤ 起钻遇阻,无论何种原因引起,都不能强提,应反复上下活动,转动方向,以求解卡。如长期活动无效,则采取倒划眼。倒划眼时,提拉力不可过大,稍多的提拉力可能就会转动困难或转动不了。如发现转动扭力过大,还可以把钻柱下放若干,再继续倒划,直至无阻卡为止。

⑥ 发现键槽后,应主动破除键槽,即在钻柱中间接键槽破坏器。键槽破坏器下接一段钻杆,其长度要大于预计的键槽长度,其下再接足够数量的钻铤,使其能产生足

够的侧向力。同时要注意控制下划速度,不可操之过急。

⑦ 如井身质量不好,为防止键槽卡钻,可在钻铤顶部接一固定式键槽破坏器或滑套式键槽破坏器,如钻铤直径不大于钻杆接头,可把扩孔器接在近钻头的第一根钻铤上,这样在起钻遇阻时可以倒划眼,破坏键槽。

3. 键槽卡钻的处理

① 用钻具自重下压。键槽遇阻遇卡时,如上提吨位不大,利用钻具的重量可以压开,此时就不要逐渐加压,而应一次将钻具重量全加上,直至解卡为止。如全压尚不能解卡,就应在全压的前提下,开泵循环钻井液,使钻具产生脉动现象,有助于解卡。

② 用下击器下击。如钻柱上带有随钻震击器,应立即启动下击器。如未带随钻震击器,可接地面震击器进行下击。

③ 套铣解卡。如震击活动无效,用爆炸松扣取出卡点以上的钻具,然后下套铣管套铣解卡。

④ 如果能一次套铣到卡点位置,最好带上防掉套铣矛,防止铣开后落鱼掉入井底发生掉牙轮事故。如果一次套不到卡点位置,在井眼状况允许的前提下最好采用长筒套铣技术,一次性完成套铣作业,而不要轻易进行松扣作业。

⑤ 如果是在石灰岩、白云岩地层形成的键槽卡钻,可以用抑制性盐酸来浸泡解卡。

8.2.7　泥包卡钻

所谓泥包就是软泥、滤饼、钻屑黏附在钻头或稳定器周围,或填塞在牙轮或刀片间隙之间,或镶嵌在牙齿间隙中,轻则降低机械钻速,重则将钻头或稳定器包成一个圆柱状活塞,使其在起钻过程遇阻遇卡。

1. 产生泥包的原因

① 钻遇松软而黏结性很强的泥岩时,岩层的水化力极强,切削物不成碎屑,而成泥团,并牢牢地黏附在钻头或稳定器周围。

② 钻井液循环排量太小,不足以把岩屑携离井底。如果这些钻屑是水化力较强的泥岩,在重破碎的过程中,颗粒越变越细,吸水面积越变越大,最后水化而成泥团,黏附在钻头表面或镶嵌在牙齿间隙中。

③ 钻井液性能不好,黏度太大,滤失量太高,固相含量过大,在井壁上结成了松软

的厚滤饼,在起钻过程中被稳定器或钻头刮削,越集越多,最后把稳定器或钻头周围间隙堵塞。

④ 钻具有刺漏现象,部分钻井液短路循环,到达钻头的液量越来越少,钻屑带不上来,只好黏附在钻头上。

2. 产生泥包的征兆

① 钻进时,机械钻速逐渐降低,转盘扭矩逐渐增大,如因泥包而卡死牙轮,则有憋钻现象发生。如钻头或稳定器周围泥包严重,减少了循环通道,泵压还会有所上升。

② 上提钻头有阻力,阻力的大小随泥包的程度而定。

③ 起钻时,随着井径的不同,阻力有所变化,一般都是软遇阻,即在一定的阻力下一定的井段内,钻具可以上下运行,但阻力随着钻具的上起而增大,只有到小井径处才会遇卡。

④ 起钻时,井口环形空间的液面不降,或下降很慢,或随钻具的上起而外溢。钻杆内看不到液面。

3. 泥包的预防

① 要有足够的钻井液排量把松软地层的钻屑及时带走。

② 在软地层中钻进时,要维持低黏度、低切力的钻井液性能。

③ 在软地层中钻进,适当控制机械钻速,增加循环钻井液的时间,以降低岩屑浓度。

④ 在钻进时,要经常观察泵压和钻井液出口流量有无变化。如发现泥包现象,应停止钻进,提起钻头,高速旋转,快速下放,利用钻头的离心力和液流的高速冲刷力将泥包物清除。如有条件,可增大排量,降低钻井液黏度,并添加清洗剂,再配合上述动作,效果更好。

⑤ 在发现有泥包现象后,而又不能有效地清除,起钻时就要特别注意,不能在连续遇阻或有抽吸作用的情况下起钻,应边循环钻井液边起钻,直至进入正常井段。

4. 泥包卡钻的处理

① 在井底发生泥包卡钻,应尽可能开大泵量,降低钻井液的黏度和切力,并添加清洗剂,以便增大钻井液的冲洗力,同时在钻井设备和钻具的安全负荷以内用最大的能力上提,或用上击器上击。

② 在起钻中途遇卡,应用钻具的重量进行下压,或用井下震击器或地面震击器进行下击。在条件许可时,应大排量循环钻井液,大幅度降低黏度和切力,并加入清

洗剂。

③ 如果震击无效,并考虑有粘吸卡钻的并发症,可以注入解卡剂,或者注入土酸浸泡。

④ 如果泥包卡钻,钻头或稳定器像活塞一样,循环无路,因时间较长又有粘吸卡钻的并发症,可采用测卡爆炸松扣提出卡点以上的钻具,然后下套铣管套铣至钻头位置打捞解卡。如果井内钻具带有稳定器,首先套铣至稳定器位置,然后下震击器进行震击作业,若震击不能解卡,可下专用套铣稳定器铣鞋铣掉扶正条至钻头位置。

8.2.8　落物卡钻

1. 落物卡钻的原因

井下落物各种各样,落物的来源也不同。有的从井口落入,如井口工具、手工具等。有的从井下落入,如钻头、牙轮、刮刀片、电测仪器等。有的从井壁落入,如砾石、岩块、水泥块及原来附在井壁上的其他落物。

落在井底的落物一般不会造成卡钻。能造成卡钻的是处于钻头或稳定器以上的落物。由于井眼与钻柱之间的环形空间有限,较大的落物会像楔铁一样嵌在钻具与井壁中间,较小的落物嵌在钻头、磨鞋或稳定器与井壁的中间,使钻具失去活动能力,造成卡钻。

2. 落物卡钻的征兆

① 在钻进中有落物落在环空会有蹩钻现象发生,上提钻具有阻力,小落物尚有可能提脱,大落物则越提越死。

② 起钻过程突然遇阻,只要上提的力量不大,下放比较容易。若落物所处的位置固定,则阻卡点也固定。若落物随钻具上下移动,则钻具只能下放不能上提,阻卡点随钻头的下移而下移。在下放无阻力时钻具可以转动,而上提有阻力时则转动困难。落物卡钻的卡点一般在钻头或稳定器位置,较大的落物也可能卡在钻杆接头位置。

③ 落物造成的遇阻遇卡,开泵循环正常,泵压、排量、钻井液性能均无变化。

3. 落物卡钻的预防

① 定期检查所有的井口工具,尤其是大钳、卡瓦和吊卡。在起下钻、接单根时防止井口落物,钻具在井内,井口不使用撬杠、榔头等足以引起卡钻的大型工具,必须使用时一定要先把井口围盖好。

② 尽量减少套管鞋以下的口袋长度,防止破碎的水泥块掉落。

③ 在悬重不正常或泵压不正常的情况下,不可从钻杆内投入测斜仪、钢球等物件。

4. 落物卡钻的处理及注意事项

(1)钻头在井底时发生的落物卡钻

① 争取转动解卡。先用较大扭力正转,如正转不行则倒转。

② 若转动不能解卡,因钻头在井底没有向下活动的余地,尽量用上提活动钻具,用震击器进行向上震击。在震击活动过程中也可能使钻头与落物一同上移,但注意不能转动转盘。一旦有了一段活动距离,就要上下反复活动钻具或震击,实现解卡。

③ 如果以上方法都不能解卡,采用测卡爆炸松扣、套铣打捞的方法解除事故。

(2)在起钻过程中发生落物卡钻

① 向下活动钻具,可以将全部钻具的重量压上去。必要时可以多提 100 kN 左右,然后快速下压,起到来回错动的作用。

② 用震击器下击。若钻柱中带有随钻震击器,应立即启动下击器下击。如果钻柱中不带有随钻震击器,可接地面震击器下击,地面震击器的滑脱力要调至与井内钻具在钻井液中的重量相同。或者进行爆炸松扣后,将震击器接到距卡点最近的位置向下震击。

③ 倒转。如果下压、震击均无效果,应立即用原钻具进行试倒转,倒转的圈数要控制好,防止倒转时上部钻具扣被倒开。

④ 如果是水泥块造成的卡钻,可考虑泵入抑制性盐酸来溶解水泥块,并配合震击器震击来破碎水泥块。

⑤ 爆炸松扣,倒出卡点以上钻具,再进行套铣。如果是地层坍塌掉块或水泥块造成的卡钻,套铣是很容易解卡的。如果是钢铁等碎物造成的卡钻,因环形井底不平,极易发生整钻,宜轻压慢铣。

⑥ 磨铣井底落物时,要定期提起钻具活动。

⑦ 在裸眼中选用比钻头小 10~20 mm 的磨铣,在小套管内磨铣钢铁等物件,宜用大直径(比套管内径小 3~4 mm)、小水槽(宽度小于 6 mm,深度为 5~6 mm)、多水槽(6~8 个)的磨铣工具。

⑧ 落物没有落在井底,而是坐落在井眼中的大井径井段。有的横在井眼中,妨碍下钻,此时须采取磨铣或打捞。有的坐落在井壁台阶上,不妨碍下钻,但在井壁不稳

定或在钻具的撞击下可能会滑落下来从而将钻具挤死,这种卡钻很难处理,大多只能采取侧钻解决。

8.3　钻具事故的预防与处理

钻具事故在钻井过程中是较常见的事故,特别是在转盘钻井中,钻具事故一般有钻杆和钻铤折断、滑扣、脱扣和粘扣几种,掉落井内的钻具俗称"落鱼"。

1. 常见的钻具事故

(1) 钻杆、钻铤折断

当钻杆受到过大的拉力、扭力(如解卡)时,或钻杆体上有伤痕、腐蚀等缺陷而受到较大的力时容易折断。

钻铤的折断则多发生在粗扣处,这是因为钻铤体部的刚性大,螺纹部分相对薄弱,又受有压力、扭力及弯曲力等复合载荷。如果螺纹加工质量不好或操作不当,都会发生在钻铤的粗扣处折断的事故。

(2) 钻柱滑扣、脱扣

滑扣指的是相连接的两部分螺纹受力后滑开,主要由于螺纹磨损严重或螺纹没有上紧,钻井液冲刷时间长而产生。扣型不合乎标准,不易上紧等也容易造成滑扣。

脱扣是指螺纹并未损坏,而钻具在井下不正常地倒转而自动退开螺纹连接。

2. 钻具事故发生原因及预防措施

造成钻具事故的原因包括疲劳破坏、腐蚀破坏、机械破坏及事故破坏。

钻具事故的预防措施如下。

① 在钻具采购环节要把住质量关,选择质量可靠的供货商。

② 加强钻具质量检验,定期入厂检验,现场每次起下钻都采取错扣外观检查。接头入井使用一定时间后要在现场进行探伤检查。

③ 运输钻具做好接头的保护,防止碰伤。

④ 钻具入井、接入钻柱前仔细清洗,认真涂抹合格的丝扣润滑脂,上扣到规定扭矩,并认真检查是否上扣到位。

⑤ 在含 CO_2、HCO_3^-、H_2S 的环境中使用钻具时,应保持环境 pH 大于 10,防止发生氢脆与应力腐蚀。

⑥ 使用中控制扭矩与上提负荷,防止钻具过载破坏。

3. 钻具事故的井下情况判断

钻具断落具有以下特征：① 悬重下降；② 泵压下降；③ 转盘负荷减轻；④ 没有进尺或者放空。

4. 钻具事故的处理

处理断钻具事故首先要确定钻具断落后顶部鱼头位置。

从纵向上看，鱼头位置有以下几种可能。

① 钻头在井底，落鱼鱼头只有一个断口。如果断口在中和点以上，断口以上钻具上移而断口以下钻具下移，形成一定的距离；如果断口在中和点以下，可能出现相反的情况。

② 钻头虽在井底，但落鱼不是一个断面，而是同时断成了几截。如果断口处井径大于钻具接头直径的两倍，落鱼有可能穿插下行，此时鱼头已不是一个，实际鱼顶位置和计算鱼顶位置相差很大，应先探明最上一个鱼顶位置，打捞以后，再探下一个鱼顶位置。

③ 起下钻过程中遇阻遇卡时，提、压、扭转用力过大，或者由于钻具本身的缺陷，过早地破坏，此时断落的钻具可能在原位置，也可能下行，很难确定鱼顶的位置。

④ 顿钻造成的事故，钻具从井口脱落以后可能把钻具顿成几截，也可能使钻具严重弯曲，有几个鱼头和鱼头在什么位置很难预料，只有逐步试探。

⑤ 用电测的方法寻找鱼顶位置，由于钻具的自重伸长和电缆的自重伸长不同，再加上丈量的误差，电测的鱼顶深度和用钻具计算的鱼顶深度也不一致。从横向上看，裸眼井段并不规则，大多数泥页岩井段，形成的井径大于钻头直径，甚至超过钻头直径的两倍。

① 井眼直径小于钻具直径的两倍，如 $\phi215.9$ mm 井眼和 $\phi127$ mm 钻杆，一个井眼中容不下两套钻具，探鱼顶时必然会直接碰到鱼顶。

② 井眼直径大于钻具接头直径的两倍，如 $\phi311.2$ mm 井眼和 $\phi127$ mm 钻杆，探鱼时有可能从鱼顶旁边插下去。若井眼直径小于钻头和钻具直径之和，则下钻头或与钻头相仿的工具探鱼时可以探到鱼顶。

③ 井眼直径大于钻头和钻具直径之和，有可能用钻头也探不到鱼顶，此时只好用弯钻杆或可变弯接头探鱼顶。

④ 如因顿钻而将钻具顿断，落鱼可能是两截或三截，如果断口正处于井径大的井段，落鱼有可能穿插下行，很难判断哪个是上鱼顶，哪个是下鱼顶。

　　⑤ 若上部井眼很规矩,而落鱼鱼头正处在井径突然变大处,形成藏头鱼。用可变弯接头打捞工具进行打捞,若使用可变弯接头带打捞工具仍抓不着鱼头,可以在打捞筒下接壁钩,或在壁钩内装公锥。如果用钻杆甚至用钻头都探不到鱼顶,就应该用电测的方法探测鱼顶位置及鱼顶上下井径大小,鱼顶以下不少于 20 m,鱼顶以上不少于 100 m。

　　钻具事故处理的一般程序为:

　　① 打捞钻具前最好先下铅模,搞清鱼头形状;

　　② 如果钻具接头完好,落鱼未卡,可直接下入钻杆带与鱼头相同公扣进行对扣打捞;

　　③ 如果鱼头丝扣已被破坏,常用的打捞方法有卡瓦打捞筒打捞、打捞矛打捞、公、母锥打捞等。

第 9 章

钻完井实例

9.1 中浅层低温地热井实例

9.1.1 河北沧州肃宁县金恩供热站地热供暖回灌井

肃宁县隶属于河北省沧州市,县境内地热资源丰富,属于孔隙型层状热储类型地热资源,钻井成本很低。一般地热井单井出水量大于 100 t/h,出水温度大于 80 ℃,非常适合开发用于地热集中供热。截至 2014 年,肃宁县已钻探 36 眼地热井(其中回灌井仅 3 眼),全部用于地热供暖。由于地热资源条件非常好,当地企业大都通过钻探地热井解决城市建筑供暖问题,全县城市 80%以上建筑都采用地热供暖。为追求地热供暖收益最大化,几乎所有开发企业地热井供暖尾水都未回灌,导致肃宁县地热水位下降非常严重。严寒期群井开采量最大时,动水位最大埋深已近 250 m,地热资源即将枯竭。

为改变地热资源粗放开发的现状,使地热资源可以持续利用,肃宁县政府实施统一的热供暖尾水回灌改造工作,要求各地热供暖企事业单位钻探配套的回灌井,并加装板换和热泵机组,实现地热尾水全部回灌。肃宁县金恩供热站率先响应政府号召,带头开始回灌井钻探工作。该地热回灌井于 2016 年 11 月 12 日开始钻探施工,2016年 12 月 1 日完钻,完井深度为 2351 m(斜深)。

1. 钻井地质条件

(1)热储类型

该项目地热资源热储类型为层状热储(孔隙型),上覆盖层为第四系和新近系明化镇组地层,其岩性以泥岩为主、砂岩为辅,保温盖层条件较好。目标热储层为新近系馆陶组砂岩地层,热储层孔隙度较大,地层富水性好,单井出水能力大,地热开发风险小。

(2)地层与岩性

该井设计钻遇地层从上到下依次为第四系黏土、砂岩层,新近系明化镇组泥岩、中粗砂岩层,新近系馆陶组泥岩、粗砂岩层。整体地层岩性硬度较低,地层可钻性好,但其中部分泥岩段易缩径,且明化镇组下段砂岩层和目标储层馆陶组砂岩层极易发生钻井液漏失现象,钻井工艺设计时须重点考虑应对措施。

该井设计钻遇地层岩性、厚度、层底深度情况见表 9-1。

表 9-1 设计钻遇地层岩性、厚度、层底深度情况一览表

系	组(群)		地层代号	岩 性 描 述	地层厚度/m	层底深度/m	备注
第四系			Q	黄灰色、灰黄色黏土夹灰白色砂岩	350	350	
新近系	明化镇组	上段	Nm₂	灰黄色、浅棕红色中、粗砂岩互层,泥质纯、性软,吸水膨胀,造浆性强。砂岩颗粒较粗,成岩性差,胶结物少,呈散沙状	730	1080	含水
		下段	Nm₁	棕红色、暗棕红色、紫红色泥岩与浅灰色粗砂岩、含砂砾石,呈不等厚互层。泥岩质纯、性软,砂岩分选较差,泥质胶结,疏松,岩屑呈散沙状	760	1840	富水
	馆陶组		Ng	紫红色泥岩夹浅灰色、灰白色粗砂岩、含砾砂岩、砂砾岩,底部为杂色砾岩。泥质岩不纯、性软、成岩性差;砂岩、含砾砂岩、砂砾岩,粒度自上而下逐渐变粗,分选性较差,泥质胶结,疏松;砾岩成分以石英、燧石为主,砾岩坚硬,颜色混杂,分选性差,泥质胶结,疏松	460	2300	富水

（3）构造发育情况

该项目在区域上处于冀中坳陷饶阳凹陷蠡县斜坡底部肃宁洼槽内,肃宁县基岩埋深如图 9-1 所示。区内断裂具有两期性,早期断层一般都没有穿过渐新统沙河街组第三段地层。晚期断裂发育于渐新世以后,向下一般穿过沙河街组第一段,向上穿过馆陶组地层,活动规模小,断距垂直落差一般在 50～200 m,同生断层很少,断裂继承性差。该井目标热储层为孔隙型热储,地热井的出水量主要与砂岩段的孔隙度及厚度有关,与小规模的构造活动相关性不大,故不做详细的构造发育描述。

2. 钻井工艺

（1）钻井工程设计

① 基本指标设计

井深: 2326 m(斜深);

回灌量: 90～110 m³/h。

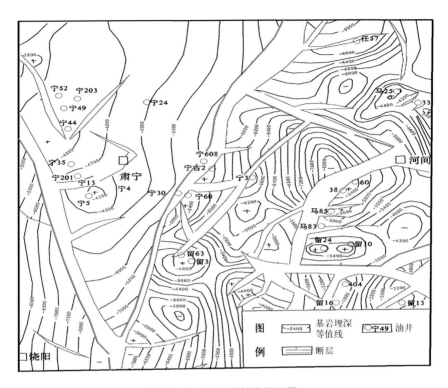

图 9-1　肃宁县基岩埋深图

② 井身结构设计

回灌井设计深度为 2326 m（斜深），其井身结构设计如表 9-2 所示。完井目的层位新近系馆陶组，为二开定向井，采用滤水管+射孔成井工艺。井身结构设计如图 9-2 所示。深部温度较高的热储层采用滤水管成井工艺，如果仅开采深部温度较高的热储层地热水无法满足出水温度要求，可适当在滤水管之上进行射孔，增加出水量，使地热井出水量满足设计要求。

表 9-2　井身结构设计表

井段	井眼直径 /mm	井眼深度 /m	套管直径 /mm	套管下深 /m	套管类型	固井方式
一开	444.5	0~500	339.7	0~500	实管	全井段封固
二开	241.3	500~2326	177.8	470~2326	滤水管+实管	穿鞋戴帽固井

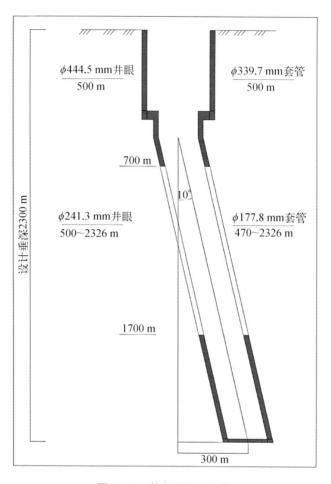

图 9-2　井身结构设计图

③ 井斜要求

最大井斜角：10°；

方位角：80°；

井底水平位移：300 m；

热储中心距开采井距离：300 m；

井底距开采井距离：360 m；

造斜点：600 m（造斜点选在泥岩段）。

④ 井身剖面

垂深 0~600 m（直井段）；

斜深 600～700 m（造斜段）；

斜深 700～860 m（增斜段）；

斜深 860～2326 m（稳斜段）。

（2）钻井装备配备

① 该井设计井深（斜深）2351 m，采用石油 ZJ30 钻机，钻机的基础性能指标如表 9-3 所示。

表 9-3　石油 ZJ30 钻机基础性能指标一览表

钻机型号	提升能力	钻塔高度	钻机功率	驱动形式
石油 30 型	175 t	41 m	550 kW	油电混合驱动

② 主要配套设备

该井采用"井下动力驱动"钻井液正循环回转钻井和"地面动力驱动"钻井液正循环回转钻井联合钻井工艺施工，主要配套设备为钻井泵。本井配备青州 SL3NB1300 型钻井泵，该泵主要由动力端和液力端两大部分组成。

泵的技术性能具体如下。

型式：卧式三缸单作用活塞泵；

型号：SL3NB-1300 型钻井泵；

额定功率：956 kW；

额定冲数：120 冲/min；

冲程长度：305 mm；

额定输入转速：438 r/min；

齿轮传动比：3.657；

吸入管径：ϕ305 mm；

排出管径：ϕ102 mm；

外形尺寸：4300 mm×2750 mm×2525 mm；

重量：20.8 t。

该项目的动力源为电力，泵速较恒定，现场实测泵速为 96 冲/min，其缸套直径与排量、压力的关系如表 9-4 所示。

表 9-4 钻井泵缸套直径与排量、压力关系对照表

泵 速	缸套内径/mm		
96 冲/min	130	170	180
排量/(L/s)	19.4	33	37
最高压力/MPa	34	20	18

③ 辅助配套设备

该井采用的固控系统主要为 ZS703 型钻井液直线振动筛。

（3）钻井工艺参数

① 钻头选型

该井根据实际的地层情况选用了不同的钻头型号,该井各井段钻头使用统计表如表 9-5 所示。

表 9-5 各井段钻头使用统计表

地层	底深/m	钻头参数					井段/m	进尺/m
		序号	厂家	尺寸/mm	类型	型号		
第四系	350	1	中曼	444.5	PDC	M5566AD	0~504.3	504.3
新近系	2250	2	江钻	241.3	三牙轮	SKH447GX	504.3~845	340.7
		3	江钻	241.3	三牙轮	HA537G	845~1124	279
		4	江钻	241.3	三牙轮	HA537G	1124~1546	422
		5	江钻	241.3	三牙轮	HA537G	1546~1868	323
		6	江钻	241.3	三牙轮	HA537G	1868~2210	342
古近系	2326	7	江钻	241.3	三牙轮	HA537G	2210~2326	116

② 钻压与转速

本井实际钻进中,根据厂家推荐的钻压和转速允许值,结合所钻地层岩性特点,优选钻压和转速,具体的钻头钻压、转速参数见表 9-6。

表 9-6　钻头钻压、转速参数表

钻头类型	钻头直径/mm	井段/m	地　层	地层相对硬度	钻压/kN	转速/(r/min)
PDC	444.5	0~225	第四系	硬度偏低	40~60	100
		225~500	第四系、新近系	中等硬度	60~80	100
三牙轮	241.3	500~1546	新近系	中等硬度	10~12	96/65
		1546~2351	新近系、古近系	硬度偏高	120~140	65

③ 泵压与泵量

该井采用青州 SL3NB1300 型钻井泵,在不同井段和不同深度,选用了不同的泵压与泵量参数施工,具体参数详见表 9-7。

表 9-7　泵压与泵量参数表

井眼直径/mm	最大深度/m	泵量/(L/s)	泵压/MPa
444.5	504.3	37	5.2
241.3	2351	33	12.5

④ 钻井液

该井上部未钻遇热储层之前采用膨润土钻井液体系,热储层钻井采用清水聚合物钻井液体系,本井施工井段的钻井液主要参数及性能详见表 9-8。

表 9-8　钻井液主要参数及性能表

序号	地　层	钻井液体系	密度/(g/cm^3)	黏度(s)
1	第四系	膨润土浆	1.05	45
2	新近系	清水聚合物	1.02	38
3	古近系	清水聚合物	1.01	33

⑤ 钻时钻效分析

经统计分析,该井纯钻时间、钻速情况见表9－9。

表9－9 纯钻时间、钻速情况统计表

序号	开钻次序	井段/m	进尺/m	纯钻时间/h	机械钻速/(m/h)
1	一开	0~504.3	504.3	36	14
2	二开	504.3~2351	1846.7	112.7	16.4

（4）储层保护

① 该井钻井至1700 m时,全井转换钻井液体系,采用低固相的聚合物钻井液体系,实时监控钻井液性能。

② 储层钻进过程中,严格要求井队在出现井漏情况时,严禁采取堵漏措施进行堵漏作业,漏失层采取快速穿过顶漏钻井方式施工,将储层污染程度降到最低。

③ 二开穿鞋戴帽固井作业时采用管外封隔器+止水器分段固井工艺进行储层段固井,防止水泥浆污染储层。

④ 完钻后应迅速开展下套管、固井止水工作,尽量缩短洗井作业与完钻的时间间隔,保证洗井作业后,滤饼顺利破坏,保障成功出水。

3. 完井工艺

（1）完井井身结构

完井井身结构如表9－10所示。

表9－10 完井井身结构表

井段	井眼直径/mm	井眼深度/m	套管直径/mm	套管下深/m	套管类型	固井方式
一开	444.5	0~504.3	339.7	0~504.3	实管	全井段封固
二开	241.3	504.3~2351	177.8	467.52~2351	实管+花管	穿鞋戴帽封固

（2）固井工艺

该井一开采用全井段固井方式，二开采用穿鞋戴帽固井方式，具体固井参数如表 9 - 11 所示。

表 9 - 11 固井参数一览表

开次	固井方式	固井井段 /m	水泥浆密度 /(g/cm³)	水泥浆量 /m³	水泥塞长度 /m
一开	常规固井	0～504.3	1.73	42.8	45
二开	穿鞋固井	1600～1800	1.73	11.02	30
	戴帽固井	467.52～669	1.73	12.22	15

（3）洗井工艺

该井于 2016 年 12 月 1 日完钻后，于 2016 年 12 月 5 日开始洗井作业，分别采用了替浆、泡药、活塞洗井和空压机洗井等多种洗井方式。该地热井在通过以上洗井作业后，通过试抽水显示，水层基本已经疏通，洗井基本达到预期目的。具体洗井施工情况统计如表 9 - 12 所示。

表 9 - 12 洗井施工情况统计表

序号	工作项目	时 间	具体施工过程简况
1	替 浆	2016.12.5—2016.12.7	在完钻后，用清水替换钻井内的钻井液，直至水清
2	六偏磷酸钠洗井	2016.12.7—2016.12.9	使用浓度为 8% 的六片磷酸钠溶液浸泡 1800～2326 m 井段破坏滤饼，活动钻具上下窜动，使其均匀渗入含水层
3	活塞洗井	2016.12.9—2016.12.11	在一开深部井段进行拉活塞洗井
4	空压机洗井	2016.12.11—2016.12.12	采用 SP25/10 空压机洗井 24 h

（4）抽水试验

本井进行了 2 组降深抽水试验,大小降深对应出水量情况如下。

小降深 65.5 m：$Q_1 = 109.9$ m^3/h；

大降深 95.3 m：$Q_2 = 132.2$ m^3/h。

（5）回灌试验

相对于抽水试验而言,回灌试验工艺流程和装备配备要更复杂。为防止物理堵塞,本井在做回灌试验时采用了三级过滤装置,一级旋流式除砂器,二级 50 μm 过滤器和三级 5 μm 过滤器。为防止气体堵塞,三级过滤器安装自动排气阀。为了解不同回灌压力下的回灌量变化情况,回灌方式同时采用自然回灌和加压回灌两种方式。回灌工艺流程如图 9-3 所示。

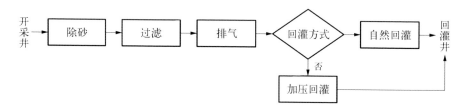

图 9-3   回灌工艺流程图

通过回灌试验,测得地热井回灌能力如下(因为作为多次回灌试验,回灌时的静水位有所抬升,最后一次回灌试验时静水位为 145 m)。

自然回灌：$Q_1 = 40.3$ m^3/h   （回灌后水位距离井口 43.5 m）；

加压回灌：$Q_2 = 60.5$ m^3/h   （回灌后井口处压力为 0.2 MPa）。

4. 成井参数

（1）基本指标

井深：2351 m（斜深）；

出水量/降深：132.2（m^3/h）/95.3 m；

出水温度：81 ℃。

（2）辅助参数

最大井斜：10.13°；

静水位：165 m；

固井质量：合格。

5. 经验教训总结

（1）新近系明化镇组地层中含泥岩,该地层容易出现缩径现象,钻进过程中需要反复划眼,保证及时修复井壁。下套管前通井作业过程中在该井段应多次短程起下钻,以保证套管顺利下入。

（2）本井非储层采用钻井液钻进,虽然进入储层后调整钻井液体系为清水聚合物钻井液,但因现场未配备除泥器,加之钻井液始终循环使用,井下的岩屑中所含的细小泥质固体颗粒混在钻井液中,导致热储层有部分堵塞。在开展后期洗井工作中,没有坚持最优化洗井工艺组合,如果进行最优化洗井,出水量还能有所提高。

（3）活塞洗井在一开作用不大,应该在二开深部井段进行洗井。

9.1.2　湖南永州舜皇山国家森林公园地热温泉井

舜皇山国家森林公园位于湖南省永州市东安县西部,紧邻广西壮族自治区,属五岭山越城岭北部,山高林密,沟壑纵横,瀑布众多,自然风景优美,具有得天独厚的旅游资源。伴随着旅游业的快速发展,各种问题接踵而来。例如,旅游基础设施落后、旅游项目单一、游客接待容量偏低等问题。因此,为了旅游市场的健康发展,加快建设集体娱乐、度假、健康养生、高端商务、会议等一体的复合型生态休闲温泉酒店,迫在眉睫。根据森林公园发展形势,建设单位审视全局,在景区内新建一座生态休闲温泉酒店,利用温泉资源吸引游客。

该项目地热井于花岗岩地质体中成井,采用空气潜孔锤正循环冲击回转钻井工艺施工,钻探效率相对传统钻井工艺而言非常高,且对热储层保护很好。因此该项目具有很强的钻井工艺代表性。该井成井深度为 1820 m,出水温度为 42 ℃,出水量为 405 m³/d。

1. 钻井地质条件

（1）热储类型

该项目地热资源热储类型为带状热储,开采裂隙型地热水,目标取水段深度为 1500~2000 m,设计于 1750 m 钻遇主构造。该地区地层较为单一,目标取水段岩性为加里东期花岗岩,地表第四系覆盖深度约为 10 m,第四系地层之下均为花岗岩,因此盖层条件不佳。花岗岩在构造发育前提下富水性较好,如果构造不发育,则富水性极差。因此,在花岗岩体中成井开采地热水,勘查风险非常大。

（2）地层与岩性

该井设计钻遇地层几乎均为加里东期花岗岩,地层岩性硬度大,地层可钻性极差。在钻遇主构造及构造影响带时,容易发生掉块卡钻现象,钻井工艺设计时须重点考虑应对措施。

该井设计钻遇地层岩性、厚度、层底深度情况见表9-13。

表9-13 设计钻遇地层岩性、厚度、层底深度情况一览表

系	组（群）	地层代号	岩 性 描 述	地层厚度/m	层底深度/m
第四系		Q	灰褐色砂砾层、亚砂土层、松散砂砾岩屑	10	10
侵入岩	加里东期	γ_3^b	细-中粒斑状黑云母花岗岩	1990	2000（未揭穿）

（3）构造发育情况

因建设单位开发用地范围极其有限,井位可被调整的范围很小,而拟选井位周边构造又不太发育,仅在井位北西侧3 km处发育一条区域性构造,并且还处于其下盘区域内。前期通过地质调查显示,井位周边未有明显构造显示,后经物探勘查后,仅推断出3条规模较小裂隙通过井场。综合分析而言,井位处构造不甚发育,地热开发难度极大。项目区及周边区域构造发育情况如图9-4所示。

2. 钻井工艺

（1）钻井工程设计

① 基本指标设计

设计井深:2000 m;

日出水量:400 m³;

出水温度:40 ℃。

② 井身结构设计

该井设计采用二开井身结构,一开表层套管下深700 m,二开采用φ215.9 mm,其井身结构设计如表9-14所示。该井为直井,钻头钻达完井井深,采用穿鞋戴帽固井方式,对上部非产水段进行封固,井身结构设计如图9-5所示。

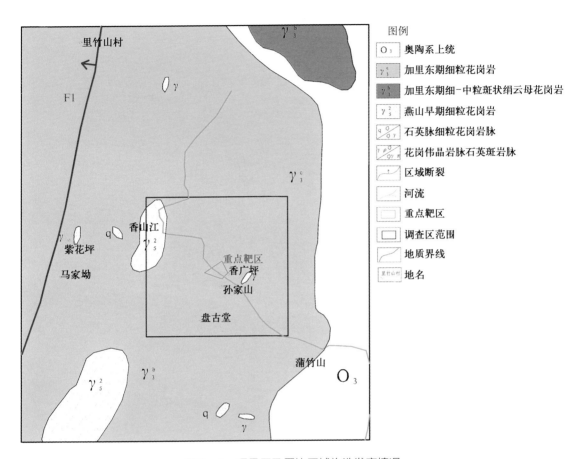

图 9-4　项目区及周边区域构造发育情况

表 9-14　井身结构设计表

井段	井眼直径/mm	井眼深度/m	套管直径/mm	套管下深/m	套管类型	固井方式
一开	311.2	0~700	244.5	0~700	实管	全井段封固
二开	215.9	700~2000	177.8	670~2000	实管+花管	穿鞋戴帽封固

（2）钻井装备配备

① 钻机

本井设计井深 2000 m，由于可平整出的用于摆放钻机的井场用地有限，因而选择使用水源 2000 型钻机施工，钻机的基础性能指标见表 9-15。

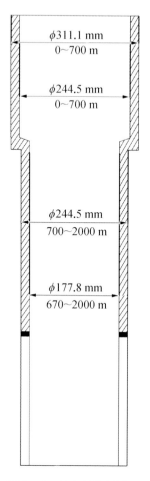

图9-5　井身结构设计图

表9-15　钻机基础性能指标一览表

钻机型号	提升能力	钻塔高度	二层台高	钻机立柱	钻机功率	驱动形式
水源2000型	120 t	32 m	17 m	2 m×9.6 m	280 kW	油电混合驱动

② 主要配套设备

本井浅部地层采用"地面动力驱动"钻井液正循环回转钻井工艺施工,深部地层采用空气潜孔锤正循环冲击回转钻井工艺施工,因此配套设备根据所使用的工艺不同,分别进行了配置。

该井上部地层采用钻井液正循环回转钻进,其中钻井泵的型号为 3NB350 型,该泵主要由动力端和液力端两大部分组成,泵的技术性能具体如下。

型式:卧式三缸单作用活塞泵;

型号:3NB350 型钻井泵;

输入功率:260 kW;

额定冲数:135 冲/min;

冲程长度:180 mm;

额定输入转速:605 r/min;

吸入管径:ϕ203 mm;

排出管径:ϕ76 mm;

外形尺寸:3100 mm×2086 mm×2015 mm;

重量:8680 kg。

该项目的动力源为电力,泵速较恒定,现场实测泵速为 115 冲/min,其缸套直径与排量、压力的关系见表 9-16。

表 9-16 钻井泵缸套直径与排量、压力关系对照表

冲　数	缸套内径/mm		
115 冲/min	130	150	160
排量/(L/s)	13.7	18.2	20.8
最高压力/MPa	14.5	10.8	9.5

该井下部地层采用空压机潜孔锤钻进,该钻井工艺的主要配套设备为空压机、增压机和气动冲击器(即空气潜孔锤)。

③ 空压机与增压机

空气潜孔锤正循环冲击回转钻井工艺的碎岩动力和岩屑携带介质为压缩空气,因此空气压缩机是该钻井工艺最主要的配套设备。该井主要配置的 3 台空压机及 3 台增压机设备清单及性能见表 9-17。

表 9-17　空压机及增压机设备清单及性能表

序号	类别	型　号	厂家	台数	最大风量 /（m³/ min）	最低风压 /MPa	最大功率 （电/油） /kW
1	空压机	1070XH	寿力	2	30	2.4	280/350
2		3120XH	寿力	1	30	2.4	280/350
3	增压机	SF1.2/24-150	科瑞	3	27	15	240/300

④ 气动冲击器

该井从 928 m 开始使用空压机潜孔锤+ϕ215.9 mm 钻头钻进,该井的地层岩性为加里东期的花岗岩地层,采用 8″ ND882 冲击器及 5″ ND580 冲击器进行潜孔锤钻进,其冲击器的性能参数见表 9-18。

表 9-18　气动冲击器性能一览表

规格	冲击器型号	工作风压 /MPa	耗风量 /[（m³/min）/MPa]	冲击频率 /（Hz/MPa）	活塞质量 /kg
8″	ND882 冲击器	1.7~3.0	23/1.8	28/1.8	42
5″	ND580 冲击器	1.5~2.6	12/1.8	32/1.8	15

⑤ 辅助配套设备

该井下部地层采用空压机潜孔锤进行钻进,钻进过程中理应在井口加装旋转放喷器,以控制气水携岩混合体的排放方向,并配备泡沫泵,向钻具内连续注入发泡剂。因采用的钻机一层钻井平台太低,无法加装井口旋转放喷器,同时由于专用泡沫泵未能及时调度到位,故采用钻井泵代替泡沫泵。

（3）钻井液正循环回转钻井工艺参数

该井 0~928 m 采用"地面动力驱动"钻井液正循环回转钻井工艺施工,所选用的钻井工艺施工参数如下。

① 钻头选型

不同岩性、不同硬度地层,选用的钻头型号不同,本井根据实际的地层情况选用了不同的钻头型号,该井各井段使用的钻头统计如表 9-19 所示。

表 9-19 各井段钻头使用统计表

| 地层 | 底深 /m | 钻头规范 | | | | | 井段 /m | 进尺 /m |
		数量	厂家	尺寸 /mm	类 型	型 号		
第四系	10	3	江钻	311.2	三牙轮	SKH447GX	0~10	504
							10~504	
加里东期	1820	3	江钻	241.3	三牙轮	SKH447GX	504~845	341
		1	江钻	241.3	三牙轮	HA537G	845~928	83

② 钻压与转速

该井实际钻进中,根据厂家推荐的钻压和转速允许值,结合所钻地层岩性特点,优选钻压和转速,具体的钻头钻压及转速见表 9-20。

表 9-20 "地面动力驱动"钻井液正循环回转钻井工艺钻头钻压及转速表

钻头型号	钻头直径 /mm	井段 /m	地层	地层相对硬度	钻压 /kN	转速 /(r/min)
三牙轮	311.2	0~10	第四系	硬度偏低	10	65
		10~650	加里东期	硬度偏高	100~120	65
三牙轮	215.9	650~928	加里东期	硬度很高	100~120	65

③ 泵压与泵量

该井采用 3NB350 型钻井泵,该钻井泵的泵量、泵压偏低,不利于及时带出岩屑,钻进过程中选用的泵压及泵量参数详见表 9-21。

表 9-21 选用的泵压与泵量参数表

井眼直径/mm	最大深度/m	泵量/(L/s)	泵压/MPa
311.2	650	18.2	3.5
215.9	928	18.2	4.8

④ 钻井液

该井上部地层采用白土钻井液体系,本井施工井段的钻井液主要参数及性能详见表9-22。

表9-22 钻井液主要参数及性能表

序号	地 层	钻井液体系	密度/(g/cm³)	黏度/s
1	第四系	膨润土浆	1.03~1.05	40~45
2	加里东期	膨润土浆	1.03~1.05	38~40

(4) 空气潜孔锤正循环冲击回转钻井工艺参数

该井928~1820 m段采用空气潜孔锤正循环冲击回转钻井工艺施工,所选用的钻压与转速如表9-23所示。

表9-23 空气潜孔锤正循环冲击回转钻井工艺钻压与转速表

序号	钻头直径/mm	井段/m	潜孔锤钻压/kN	转速/(r/min)
1	215.9	928~1318	20~25	65
2	152.4	1318~1820	15~20	65

(5) 钻时钻效分析

钻时钻效统计情况如表9-24所示。

表9-24 钻时钻效统计表

序号	开钻次序	施工工艺	井段/m	进尺/m	纯钻时间/h	机械钻速/(m/h)
1	一开	钻井液正循环回转钻进	0~650	650	890.6	0.73
2	二开		650~928	278	284.5	0.98
		空压机潜孔锤钻进	928~1318	390	110.5	3.53
3	三开		1318~1820	502	88	5.7

3. 完井工艺

（1）完井井身结构

完井井身结构如表 9 - 25 所示。

表 9 - 25　完井井身结构表

井段	井眼直径 /mm	井眼深度 /m	套管直径 /mm	套管下深 /m	套管类型	固井方式
一开	311.2	0~650	244.5	0~650	实管	全井段封固
二开	215.9	650~1318	177.8	618.8~1318	实管+花管	穿鞋戴帽封固
三开	152.4	1318~1820	裸眼			

（2）固井工艺

该井一开采用全井段固井方法,固井井段: 0~504 m;二开采用穿鞋戴帽固井方法,固井井段为 1600~1800 m,467.52~669 m。其具体的固井参数如表 9 - 26 所示。

表 9 - 26　固井参数一览表

序号	开次	固井方式	固井井段 /m	水泥浆密度 /(g/cm³)	水泥浆量 /m³	水泥塞长度 /m
1	一开	常规固井	0~504	1.73	42.8	45
2	二开	穿鞋固井	1600~1800	1.73	11.02	30
		戴帽固井	467.52~669	1.73	12.22	15

（3）洗井工艺

该井 928 m 以下井段采用空气潜孔锤施工。本井的主要热储层的位置为 1200~1820 m,储层钻进过程中本身就是一种洗井措施,完钻后不需要进行洗井,直接转为完井试抽水作业。

4. 储层保护

空压机潜孔锤钻进技术属于欠平衡钻井技术的一种,该工艺对热储层没有伤害,并且可以及时将地层的岩屑及堵塞物顺利带出,有利于增加地层的水温、水量。

5. 成井参数

完井井深：1820 m；

日出水量：405 m³；

出水温度：42 ℃。

6. 经验教训总结

（1）该井主要地层岩性为加里东期的花岗岩，岩石硬度大，施工井队因对空气潜孔锤正循环冲击回转钻井工艺不熟悉，因此一直使用牙轮钻头钻进。当发现钻效过低，施工工期超出甲方要求时，才被迫采用空气潜孔锤正循环冲击回转钻井工艺。施工时应该尽早转换工艺，以缩短钻探时间、节约钻探成本。

（2）针对本井地层，空气潜孔锤正循环冲击回转钻井工艺的钻效较普通牙轮钻头钻进的钻效高出很多倍，证明硬度较大的地层适合应用空气潜孔锤正循环冲击回转钻井工艺。

（3）由于经验欠缺，本井采用空气潜孔锤正循环冲击回转钻井工艺施工期间，先投入空压机，当空压机无法满足使用要求时，才被迫投入增压机。施工时空压机与增压机应先匹配好、一步到位。

（4）空气潜孔锤正循环冲击回转钻井工艺井口看到的水量为瞬时水量，测量该水量的结果比后期持续抽水试验测得的出水量偏高。

（5）该项目所选用的增压机排量偏小，与空压机不匹配，影响了钻井效率。

9.1.3　贵州梵净山旅游景区地热温泉井

梵净山位于贵州省铜仁市的印江、江口、松桃 3 县交界，系武陵山脉主峰，是中国的佛教道场和国家级自然保护区，也是国内外知名的国家 5A 级旅游景区。

为延长旅游产业链，铜仁市政府决定在梵净山景区保护区外开发温泉资源，建设高端酒店与康养度假项目，为此须勘查开发地热井 2 眼。为降低政府地热资源开发风险，该项目采用全风险勘查形式发包，由勘查实施单位承担全部勘查风险，如果勘查失败则建设单位不支付任何工程费用。首眼地热井于 2015 年 9 月 24 日开钻，2015 年 12 月 24 日完钻。

1. 钻井地质条件

(1) 热储类型

该项目地热资源热储类型为带状热储,开采裂隙型地热水。目标取水段岩性为前南华系变质粉砂岩,上覆地层主要为寒武系杷榔组-变马冲组-九门冲组页岩和震旦系陡山沱组白云岩。盖层保温条件不佳。目标取水段岩性均为前南华系变质粉砂岩,构造不发育时其富水性极差,构造发育时,其富水性尚可。因此,在凝灰岩地层中成井开采地热水,勘查风险大。

(2) 地层与岩性

该井设计钻遇地层主要为寒武系杷榔组-变马冲组-九门冲组页岩,震旦系老堡组-陡山沱组白云岩、硅质岩,南华系南沱组-大塘坡组-铁丝坳组冰碛砾岩、黏土岩,前南华系变质粉砂岩、凝灰质板岩,整体地层岩性硬度中等,地层可钻性一般。在钻遇主构造及构造影响带时,容易发生掉块卡钻现象,钻井工艺设计时须重点考虑应对措施。该井设计钻遇地层岩性、厚度、底深情况如表 9-27 所示。

表 9-27　设计钻遇地层岩性、厚度、底深情况一览表

系	组(群)	地层代号	岩 性 描 述	厚度/m	底深/m
第四系		Q	亚砂土及亚黏土层	20	20
寒武系	杷榔组	$\in_1 p$	页岩夹粉砂质页岩	200	220
	变马冲组	$\in_1 b$	粉砂质页岩、页岩	460	680
	九门冲组	$\in_1 j$	炭质页岩、炭质粉砂岩和灰岩	90	770
震旦系	老堡组	$Z\in_1$	深灰色、灰黑色薄层硅质岩夹黑色炭质黏土岩	30	800
	陡山沱组	$Z_1 d$	下部以灰色、浅灰色中-中厚层泥质白云岩为主,偶夹细晶白云岩、硅质白云岩,上部岩性为灰色、灰黑色薄-中层炭质黏土岩,局部为炭质黏土岩夹白云质黏土岩、泥质白云岩	20	820
南华系	南沱组	$Nh_2 n$	灰、灰绿色块状或不显层次的变质冰碛砾岩,间夹薄层冰碛含砾砂质板岩	130	950
	大塘坡组	$Nh_1 d$	黏土岩、粉砂质页岩、炭质页岩	107	1057

系	组(群)	地层代号	岩 性 描 述	厚度/m	底深/m
南华系	铁丝坳组	Nh₁t	灰绿色薄-中层含砾粉砂岩、含砾黏土岩	23	1080
前南华系		Pt₃	中-厚层变质粉砂岩、变质石英粉砂岩、变质粉砂质板岩,夹凝灰质板岩和绢云母板岩	1420	2500

（3）构造发育情况

该项目地热资源由政府平台公司开发,依地热井位选址确定开发地块,因此井位可选范围非常大。在拟选勘查工区内,有一条北东向区域构造经过,地质调查显示构造行迹较为明显,物探勘查也验证了构造的存在。因此,综合分析而言,井位处于构造发育地段。项目区及周边地区构造地质图如图9-6所示。

2. 钻井工艺

（1）钻井工程设计

① 基本指标设计

设计井深：2500 m；

日出水量：400 m³；

出水温度：40 ℃。

② 井身结构设计

该井井身结构设计为三开,如表9-28所示。一开表层套管井眼直径 ϕ311.2 mm,下入 ϕ244.5 mm 表层套管,全井段固井。二开采用 ϕ215.9 mm 钻头,下入 ϕ177.8 mm 技术套管,采用实管+花管组合,底部产水层采用花管,上部非产水层采用穿鞋戴帽固井。三开采用 ϕ152.4 mm 钻头钻达完钻井深,裸眼完井。井身结构如图9-7所示。

（2）钻井装备配备

① 钻机

该井设计井深2500 m,采用石油 ZJ30 钻机,钻机的基础性能指标如表9-29所示。

② 主要配套设备

该井采用钻井液正循环回转钻进,钻井工艺的主要配套设备为钻井泵。该井实

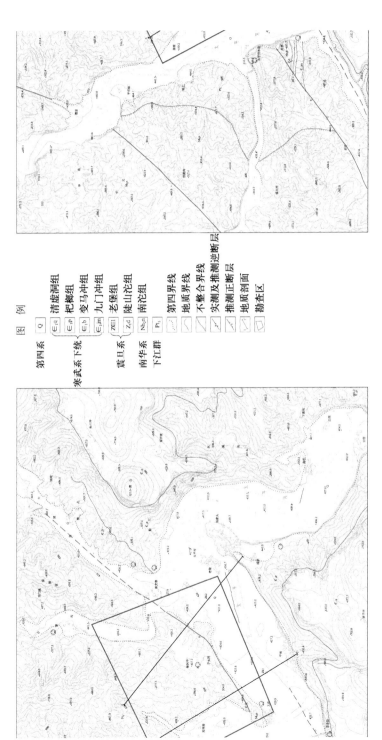

图　例

第四系	Q　清虚洞组
寒武系下统	∈₁q　把榔组
	∈₁p　变马冲组
	∈₁b　九门冲组
	∈₁jm　老堡组
震旦系	Z₂l　陡山沱组
	Z₂d　南沱组
南华系	Nh₂n
下江群	Pt₃

实测及推测逆断层

第四界线
地质界线
不整合界线
实测及推测正断层
推测正断层
地质剖面
勘查区

图 9-6　项目区及周边地区构造地质图

表 9-28 井身结构设计表

井段	井眼直径 /mm	井眼深度 /m	套管直径 /mm	套管下深 /m	套管类型	固井方式
一开	311.2	0~600	244.5	0~600	实管	全井段封固
二开	215.9	600~1700	177.8	570~1700	实管+花管	穿鞋戴帽封固
三开	152.4	1700~2500	裸眼			

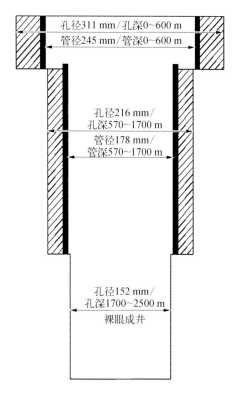

图 9-7 设计井身结构图

表 9-29 石油 ZJ30 钻机基础性能指标一览表

钻机型号	提升能力	钻塔高度	二层台高度	钻机立柱	钻机功率	驱动形式
石油 ZJ30 型	175 t	41 m	26.5 m	3 m×9.6 m	550 kW	油电混合驱动

际采用青州 SL3NB1300 型钻井泵,该泵基本性能与前文所述肃宁县地热井项目所用钻井泵相同。

③ 辅助配套设备

该井采用的固控系统与前文所述肃宁县地热井项目所用固控系统相同。

(3) 钻井工艺参数

该井采用钻井液正循环钻井工艺,施工中的钻井参数具体如下。

① 钻头选型

不同岩性、不同硬度地层,选用的钻头型号不同。该井根据实际的地层情况选用了不同的钻头型号,各井段使用的钻头统计情况如表 9-30 所示。

表 9-30　钻头使用统计表

地层	底深 /m	钻头规范					井段 /m	进尺 /m
		数量	厂家	尺寸 /mm	类型	型号		
第四系	20	1	江钻	311.2	三牙轮	SKH447G	0~20	500
寒武系	633						20~268	
		2	江钻	311.2	三牙轮	SKH447G	268~500	
震旦系	1021	1	川石	215.9	三牙轮	HJ437G	500~832	332
前南华系	2396	2	川石	215.9	三牙轮	HJ437G	832~1154	322
		2	江钻	215.9	三牙轮	HA537G	1154~1532	378
		2	江钻	215.9	三牙轮	HA537G	1532~1945	413
		1	江钻	215.9	三牙轮	HA637G	1945~2134	189
		1	江钻	215.9	三牙轮	HA637G	2134~2395	261

② 钻压与转速

该井实际钻进中,根据厂家推荐的钻压和转速允许值,结合所钻地层岩性特点,优选钻压和转速,具体的钻头钻压及转速如表 9-31 所示。

表 9-31　钻头钻压及转速表

钻头型号	钻头直径/mm	井段/m	地　层	地层相对硬度	钻压/kN	转速/(r/min)
三牙轮	311.2	0~20	第四系	硬度偏低	10~20	65
		20~500	第四系、寒武系	中等硬度	100~120	96
三牙轮		500~633	寒武系、震旦系	中等硬度	80~100	65
三牙轮	215.9	633~1021	震旦系	硬度偏高	100~120	65
三牙轮		1021~2395	前南华系	硬度偏高	100~120	65

③ 泵压与泵量

该井采用青州 SL3NB1300 型钻井泵施工,施工过程中采用的泵压及泵量如表 9-32所示。

表 9-32　钻井施工过程中采用的泵压与泵量一览表

井眼直径/mm	最大深度/m	泵量/(L/s)	泵压/MPa
311.2	500	37	5
215.9	2395	33	13.2

④ 钻井液

该井非储层钻进采用膨润土钻井液体系,热储层钻进采用清水聚合物钻井液体系。该井施工井段的钻井液主要参数及性能如表 9-33 所示。

表 9-33　钻井液主要参数及性能表

序号	地　层	钻井液体系	密度/(g/cm³)	黏度/s
1	第四系	白土浆	1.03~1.05	40~45
2	寒武系、震旦系	白土浆	1.02~1.03	36~38
3	前南华系	清水聚合物	1.01~1.02	30~33

⑤ 钻时钻效分析

钻时钻效统计情况如表 9 - 34 所示。

表 9 - 34　钻时钻效统计表

序号	开钻次序	井段 /m	进尺 /m	纯钻时间 /h	机械钻速 /(m/h)
1	一开	0～500	500	346	1.45
2	二开	500～2395	1895	2234.4	0.85

3. 完井工艺

（1）完井井身结构

该井完井井身结构见表 9 - 35。

表 9 - 35　完井井身结构表

井段	井眼直径 /mm	井眼深度 /m	套管直径 /mm	套管下深 /m	套管类型	固井方式
一开	311.2	0～500	244.5	0～500	实管	全井段封固
二开	215.9	500～2395	177.8	470～2395	实管+花管	穿鞋戴帽封固

（2）固井工艺

该井一开采用全井段固井方法，固井井段为 0～500 m。二开采用穿鞋戴帽固井方法，穿鞋固井井段为 1000～1200 m，戴帽固井井段为 470～575 m。具体固井参数如表 9 - 36 所示。

表 9 - 36　固井参数一览表

序号	开次	固井方式	固井井段 /m	水泥浆密度 /(g/cm³)	水泥浆量 /m³	水泥塞长度 /m
1	一开	全井段固井	0～500 m	1.74	23.2	35
2	二开	穿鞋固井	1000～1200 m	1.74	3.48	30
		戴帽固井	470～575 m	1.74	2.38	22

（3）洗井工艺

2015年12月16日完钻后，该井于2015年12月17日开始洗井作业。通过以下洗井作业后，试抽水显示水层基本已经疏通，洗井到达预期成果。具体洗井工作情况见表9-37。

表9-37　洗井工作情况统计表

序号	工作项目	时　　间	具体施工过程简况
1	替浆	2015.12.17—2015.12.20	在完钻后，用清水替换钻井内的钻井液，直至水清
2	六偏磷酸钠洗井	2015.12.21—2015.12.23	使用浓度为8%的六片磷酸钠溶液浸泡1800~2395 m井段破坏滤饼，活动钻具上下窜动，使其均匀渗入含水层
3	空压机洗井	2015.12.24—2015.12.25	采用SP25/10空压机洗井24 h

4. 储层保护

（1）该井钻进至1260 m时转换钻井液体系，采用低固相的清水聚合物钻井液体系。

（2）储层钻进过程中，出现井漏情况时，采用顶漏钻进方式施工，严禁采取堵漏措施进行堵漏作业，防止堵塞水层。

（3）二开穿鞋戴帽固井作业时采用管外封隔器+止水器分段固井工艺进行储层段固井，防止水泥浆污染储层。

（4）完钻后迅速开展下套管、固井止水工作，尽量缩短洗井作业与完钻的时间间隔，保证洗井作业后，滤饼顺利破坏，保障成功出水。

5. 成井参数

完井井深：2395 m；

日出水量/降深：610 m^3/328 m；

出水温度：50 ℃。

6. 经验教训总结

（1）一开上部地层钻效较低，应采用空气潜孔锤正循环冲击回转钻井工艺施工，以提高钻速、节约成本。

（2）该井非储层采用钻井液钻进。虽然进入储层后调整钻井液体系为清水聚合物钻井液，但因现场未配备除泥器，加之钻井液始终循环使用，钻下的岩屑中所含的细小泥质固体颗粒混在钻井液中，导致热储层有部分堵塞。虽然后期开展了洗井工作，但在一定程度上对储层造成了污染，且洗井时未能完全解除。

9.2　中深层中高温地热井实例

9.2.1　北京凤河营地热田首眼深层地热井

凤河营地热田是北京市规划的十大地热田之一，同时也是北京市唯一的中温地热田。预测地热流体最低温度大于 100 ℃，最高温度超过 130 ℃，地热资源储量巨大，属于大型中温地热田，可用于地热发电、供暖、供蒸汽、烘干等多种用途，其开发前景十分广阔。

最新勘探成果资料显示，北京市凤河营地热田总分布面积扩展至 436 km²，分布区域涉及大兴区采育镇、长子营镇，通州区于家务乡、永乐店镇、马驹桥镇、漷县镇、西集镇等共 7 个乡镇，且比邻亦庄经济技术开发区，热田及周边地区地热供暖需求强劲，可开发凤河营地热田开展集中供热服务，热田核心区位于北京市大兴区采育镇域范围内。

为尽快开发凤河营地热田核心区地热资源，服务城市建筑集中供热，北京市大兴区采育镇政府决定勘查并开发凤河营地热田核心区地热资源。2010 年 8 月，采 3 深层地热井开钻，2010 年 12 月顺利完钻。

1. 钻井地质条件

（1）热储类型

该项目地热资源热储类型为层状热储（岩溶裂隙型），目标热储层为蓟县系铁岭组和雾迷山组白云岩地层，上覆盖层涉及前南华系砂岩、页岩，寒武系和奥陶系灰岩、白云岩、页岩，石炭二叠系泥岩，古近系与新近系砂岩、泥岩，第四系黏土层等众多地层，综合评价保温盖层条件较好。热储层岩溶裂隙较为发育，地层富水性好，单井出水能力大，但因热储层埋藏深度过深，钻探施工难度大，地热开发风险较大。

（2）地层与岩性

该井设计钻遇地层涉及众多系、组（表9-38）。综合评价整体地层岩性硬度中等,地层可钻性一般。其中奥陶系、寒武系容易发生漏失,且固井时容易发生水泥浆漏失,地热井成井后如果固井质量不好,存在降温严重的问题。同时,热储层岩溶裂隙发育,钻探时极易发生钻井液漏失现象,钻井工艺设计时须重点考虑应对措施。

表9-38　设计钻遇地层及岩性一览表

系	组（群）	地层代号	岩 性 描 述	厚度/m	底深/m	备注
第四系	平原组	Q	灰黄、棕黄色黏土层与砂砾层呈不等厚互层,性软,可钻性好	250~350	250	
新近系	明化镇组	Nm	浅棕黄、棕红色泥岩与浅灰、灰黄色粉砂岩及厚层状砂岩、砂砾岩呈不等厚互层	350~500	650	
古近系	沙河街组	Es	泥岩、粉砂质泥岩与灰、灰白色粉砂岩、细砂岩呈不等厚互层	810~3010	1450	
石炭系-二叠系		C-P	泥岩为主夹浅灰色含砾砂岩	150~610	1600	
奥陶系	峰峰组	Of	灰白、浅灰色石灰岩、白云岩	50~100	1700	富水
	上马家沟组	Oms	浅灰、灰、深灰色灰岩与浅灰、灰褐色白云岩呈略等厚互层	150~290	1900	富水
	下马家沟组	Omx	浅灰、灰、深灰、黑灰色灰岩夹褐灰色白云岩	100~150	2000	富水
	亮甲山组	Ol	浅灰、黑灰色灰岩及灰褐、黑灰色白云岩	120~170	2120	富水
寒武系	炒米店组	∈cm	灰、褐灰色灰岩为主夹薄层泥页岩,底部为泥灰岩	110~210	2270	含水

系	组（群）	地层代号	岩 性 描 述	厚度/m	底深/m	备注
寒武系	张夏组	∈z	棕红、灰色页岩、褐灰色灰岩与灰色鲕状灰岩呈不等厚互层	100~250	2420	
	馒头组	∈m	泥岩夹灰岩、白云岩	100~260	2570	含水
前南华系	景儿峪组	Qnj	紫红、灰绿色泥灰岩夹薄层灰色页岩	100~130	2690	
	龙山组	Qnl	灰白色石英砂岩及浅灰绿色海绿石砂岩夹紫色浅灰绿色泥页岩	80~90	2775	
	下马岭组	Qnx	灰黑色页岩，页理发育，页理面见白云母片为其特征夹黄绿色粉细砂，局部地区以白云岩为主	177~440	2975	
蓟县系	铁岭组	Jxt	浅灰、褐灰、深灰、黑灰色白云岩页岩及砂岩，白云岩中富含深灰、灰黑色燧石条带	300~430	3275	含水
	洪水庄组	Jxh	紫红、灰绿、灰黑色厚层砂质泥岩、页岩夹薄层浅灰色白云岩	70~80	3350	
	雾迷山组	Jxw	灰、灰褐、灰黑色厚层藻白云岩、硅质条带白云岩、叠层石白云岩、及含砂白云岩、泥质白云岩	2000	3800（未揭穿）	富水

（3）构造发育情况

该项目位于廊固凹陷北部,虽上部覆盖厚度较大的古近系与新近系泥岩、砂岩段,但该地区勘查程度较高,已知的重力、地震等物探资料较为齐全,而且有多个石油探井数据作为参考,深部潜山内构造发育情况较为明朗。通过前期物探勘查工作解译,勘查区及周边地区蓟县系顶面构造形态为断层复杂化的断块断鼻状潜山构造,顶面高点埋深 3050 m,最大埋深 5100 m。有 8 条断层将构造切割成 7 个断块,其中的桐柏镇断层和凤河营断层为控制构造发育的大断层,简要论述如下。

F1(桐柏镇断层)呈北东东走向,断面倾向南偏东,断层为反向正断层,是廊固凹陷的长期继承性发育的大断裂之一。

F2(凤河营断层)呈北西走向,断面倾向北偏东,断层为反向正断层性质,断层向西北端分叉呈 V 字形,断层将凤河营潜山分为南北两大部分。凤河营断层为潜山内幕断层,发育时期自古生界开始,到中生界末期终止,断层活动为潜山内幕创造了良好的岩溶裂隙发育带,是控制本地区地热资源的重要断层。

2. 钻井工艺

(1) 钻井工程设计

① 基本指标设计

设计井深: 3800 m;

日出水量: 1500 m³;

出水温度: 100 ℃。

② 井身结构设计

该井设计采用四开井身结构,如表 9-39 所示。一开采用 ϕ444.5 mm 钻头,下入 ϕ339.7 mm 套管;二开采用 ϕ311.2 mm 钻头,下入 ϕ244.5 mm 技术套管,进行全井段固井;三开采用 ϕ215.9 mm 钻头,下入 ϕ177.8 mm 实管,全井段封固;四开采用 ϕ152.4 mm 套管,裸眼完井。井身结构设计如图 9-8 所示。

表 9-39　井身结构设计表

井段	井眼直径 /mm	井眼深度 /m	套管直径 /mm	套管下深 /m	套管类型	固井方式
一开	444.5	0~350	339.7	0~350	实管	全井段封固
二开	311.2	350~2014	244.5	300~2014	实管	全井段封固
三开	215.9	2014~3350	177.8	1964~3350	实管	全井段封固
四开	152.4	3350~3800	裸眼			

(2) 钻井装备配备

① 钻机设备

该井设计井深 3800 m,采用石油 ZJ40 钻机,钻机的基础性能参数如表 9-40 所示。

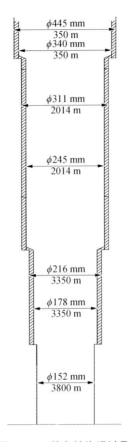

图 9-8　井身结构设计图

表 9-40　石油 ZJ40 钻机基础性能参数表

钻机型号	提升能力	钻塔高度	二层台高度	钻机立柱	钻机功率	驱动形式
石油 ZJ40 型	250 t	48.2 m	26.5 m	3 m×9.6 m	735 kW	油电 混合驱动

② 主要配套设备

该井采用 1 台青州 SL3NB1300 型钻井泵施工,钻井泵性能参数与中低温肃宁地热井项目所用钻井泵性能相同,所配备辅助配套设备也相同。

（3）钻井工艺参数

该井采用钻井液正循环钻井工艺,施工中具体的钻井参数如下。

① 钻头选型

不同岩性、不同硬度地层,选用的钻头型号不同。本井根据实际的地层情况选用了不同的钻头型号,该井各井段使用的钻头统计如表 9 - 41 所示。

表 9 - 41 钻头使用统计表

地 层	底深 /m	钻 头 规 范					井段 /m	进尺 /m
		数量	厂家	尺寸 /mm	类型	型 号		
第四系	250	1	中曼	444.5	PDC	M5566AD	0~250	350
							250~350	
古近系 与新近 系	1450	2	中成	311.2	PDC	MD9531ZC	350~876	526
		1	江钻	311.2	三牙轮	SKH447G	876~1128	252
		1	江钻	311.2	三牙轮	SKH447G	1128~1462	334
石炭系	1600	1	江钻	311.2	三牙轮	SKH447G	1462~1725	263
奥陶系	2120	1	江钻	311.2	三牙轮	SKH537G	1725~2014	289
		1	江钻	215.9	三牙轮	HA537G	2014~2341	327
寒武系	2570	1	江钻	215.9	三牙轮	HA537G	2341~2669	328
前南华系	2975	1	江钻	215.9	三牙轮	HA537G	2669~3017	348
蓟县系	3800 (未穿)	1	江钻	215.9	三牙轮	GJ537G	3017~3350	333
		1	江钻	152.4	三牙轮	GJ637G	3350~3641	291
		1	江钻	241.3	三牙轮	GJ637G	3641~3800	159

② 钻压与转速

该井实际钻进中,根据厂家推荐的钻压和转速允许值,结合所钻地层岩性特点,优选钻压和转速,具体的钻头钻压与转速参数见表 9 - 42。

③ 泵压与泵量

该井采用青州 SL3NB1300 型钻井泵,钻进过程中选用的泵压与泵量如表 9 - 43 所示。

表 9 - 42　钻头的钻压与转速参数表

钻头型号	钻头直径/mm	井段/m	地　　层	相对硬度	钻压/kN	转速/(r/min)
PDC	444.5	0~250	第四系	硬度偏低	20~60	96
		250~350	第四系、新近系	硬度偏低	60~80	96
PDC	311.2	350~876	古近系与新近系	硬度偏低	30~50	96
三牙轮	311.2	876~2014	古近系、石炭系、奥陶系	中等硬度	140~160	65
三牙轮	215.9	2014~2120	奥陶系	中等硬度	100~120	65
三牙轮		2120~3350	寒武系、前南华系、蓟县系	硬度偏高	120~140	65
三牙轮	152.4	3350~3800	蓟县系	硬度偏高	100~120	65

表 9 - 43　泵压与泵量一览表

井眼直径/mm	最大深度/m	泵量/(L/s)	泵压/MPa
444.5	350	37	4.6
311.2	2014	66	13.2
215.9	3350	66	15.4
152.4	3800	66	17.3

④ 钻井液

该井非储层钻进施工采用膨润土钻井液体系,储层钻进施工采用清水聚合物钻井液体系,该井施工井段的钻井液主要参数及性能详见表 9 - 44。

表 9 - 44　钻井液主要参数及性能表

序号	地　　层	钻井液体系	密度/(g/cm³)	黏度/s
1	第四系	膨润土浆	1.03~1.05	40~45
2	古近系与新近系	膨润土浆	1.03~1.05	40~45
3	石炭系	膨润土浆	1.02~1.04	38~40

续表

序号	地　层	钻井液体系	密度/(g/cm³)	黏度/s
4	奥陶系	膨润土浆	1.02~1.04	38~40
5	寒武系	膨润土浆	1.05~1.12	38~42
6	前南华系	清水聚合物	1.02~1.05	34~38
7	蓟县系	清水聚合物	1.02~1.05	34~38

⑤ 钻时钻效分析

该井二开后机械钻速较低,纯钻进占用时间较长,钻时钻效统计情况如表9-45所示。

表9-45　钻时钻效统计表

序号	开钻次序	井段/m	进尺/m	纯钻时间/h	机械钻速/(m/h)
1	一开	0~350	350	38	9.2
2	二开	350~2014	1664	734.6	2.26
3	三开	2014~3350	1336	1232.2	1.08
4	四开	3350~3800	450	321.4	1.4

3. 完井工艺

（1）完井井身结构

完井井身结构如表9-46所示。

表9-46　完井井身结构表

井段	井眼直径/mm	井眼深度/m	套管直径/mm	套管下深/m	套管类型	固井方式
一开	444.5	0~350	339.7	0~350	实管	全井段封固
二开	311.2	350~2014	244.5	300~2014	实管	全井段封固
三开	215.9	2014~3350	177.8	1964~3350	实管	全井段封固
四开	152.4	3350~3800	裸眼			

（2）固井工艺

该井一开、二开、三开全部采用常规固井方法，其具体的固井参数如表 9‐47
所示。

表 9‐47　固井参数统计表

序号	开次	固井方式	固井井段/m	水泥浆密度/(g/cm³)	水泥浆量/m³	水泥塞长度/m
1	一开	全井段固井	0~350	1.73	42.8	45
2	二开	全井段固井	300~2014	1.73	11.02	30
3	三开	全井段固井	1964~3350	1.73	11.02	30

（3）洗井工艺

2010 年 12 月 20 日完钻后，该井于 2010 年 12 月 23 日开始洗井作业，具体施工情
况如表 9‐48 所示。

表 9‐48　洗井施工情况统计表

序号	工作项目	时　　间	具体施工过程简况
1	替　浆	2010.12.23—2010.12.26	在完钻后，用清水替换钻井内的钻井液，直至水清
2	六偏磷酸钠洗井	2010.12.27—2010.12.30	使用浓度为 8% 的六片磷酸钠溶液浸泡 3350 m 至井底段破坏滤饼，活动钻具上下窜动，使其均匀渗入含水层
3	空压机洗井	2011.1.1—2011.1.2	采用 SP25/10 空压机洗井 24 h

4. 储层保护

（1）该井钻井至 3300 m，全井转换钻井液体系，采用低固相的聚合物钻井液体
系，实时监控钻井液性能。

（2）储层钻进过程中，出现井漏情况，严禁盲目采取堵漏措施进行堵漏作业，防
止堵塞水层。

（3）完钻后应迅速开展洗井作业，保证洗井作业后，滤饼顺利破坏，成功出水。

5. 成井参数指标

完井井深：3800 m；

自流量：125 m³/h；

自流温度：117 ℃；

出水量/降深：200(m³/h)/50 m；

出水温度：118.5 ℃。

9.2.2　西藏阿里朗久地热供暖项目首眼深层地热井

西藏阿里地区具有海拔高、冬季寒冷的气候特点，有迫切的冬季供暖需求。然而，阿里地区地处偏远，常规能源匮乏，从内地输送煤炭、燃油、燃气解决供暖问题成本太高，经济上不可承受。虽然阿里地区常规能源匮乏，但地热资源却异常丰富，且地热水温度高、钻探地热井单井出水量大，属于全国其他地区少有的优质中温地热资源类型，适合开发地热集中供暖用途，也可以开发地热发电用途。

为解决西藏阿里地区首府所在地狮泉河镇的集中供暖问题，地方政府引进民营企业，投资开发位于朗久地热田的地热资源，同时期望开发地热发电用途，以自给自足解决地热供暖系统运行所需的动力电能。该井是阿里郎久地热田供暖项目首眼深层地热井，按生产井标准建设。该井自 2013 年 10 月 7 日开钻，于 2014 年 6 月 1 日完钻，成井深度 1188 m。

1. 钻井地质条件

（1）热储类型

该项目地热资源热储类型为带状热储，开采裂隙型地热水。目标取水段深度 400~1000 m，设计于深度 700 m 左右钻遇主构造，目标取水段岩性为花岗岩和花岗斑岩。地表第四系覆盖深度约 10 m，第四系地层之下均为花岗岩和花岗斑岩，因此盖层条件不佳。花岗岩及花岗斑岩在构造发育前提下富水性较好。如果构造不发育，则富水性极差。因此，在花岗岩体和花岗斑岩岩体中成井开采地热水，勘查风险非常大。

（2）地层与岩性

该井设计钻遇地层几乎都为花岗岩和花岗斑岩，其地层岩性硬度大，地层可钻性极差。在钻遇主构造及构造影响带时，容易发生掉块卡钻现象，钻井工艺设计时须重点考虑应对措施。本井设计钻遇地层岩性、厚度及底深情况如表 9-49 所示。

表 9-49　设计钻遇地层岩性、厚度及底深情况一览表

系	组(群)	地层代号	岩 性 描 述	厚度/m	底深/m
第四系		Q	泥土、亚黏土、砂	10	10
侵入岩	花岗岩		二长斑岩、花岗斑岩、正长花岗斑岩、花岗岩	990	1000（未揭穿）

（3）构造发育情况

根据西藏大地构造区划分,该项目位于一级构造单元冈底斯-念青唐古拉板片中的措勒-纳木错初始弧间盆地分区的西部边缘地带。该分区内主要发育上侏罗-下白垩统则弄群和捷嘎组裂谷带火山-复陆屑沉积岩系,并有蛇绿岩残体或超基性岩体构造再侵位,部分被林子宗群陆缘弧火山建造所覆盖,局部被晚第三纪的内渊盆地所叠置,喜马拉雅期的 S 型花岗岩岩株也比较发育,构造形变以强烈的褶皱、冲断及断块推覆为主要特征。

根据浅层地壳结构的构造体系及地壳变形-变位场特征进一步划分,该项目附近发育的断裂构造属于壳型滑脱聚敛体系之冈底斯 B 型山链聚敛系,在项目区附近主要体现为北西走向的隆格尔-纳木错-仲沙断裂带。

隆格尔-纳木错-仲沙断裂带是冈底斯弧背冲断带的主断裂形迹,其走向北西,倾向北东,具有北向逆推性质,致使其南侧的古生界地层逆冲于北侧的侏罗系、白垩系以至古近系与新近系陆相盆地沉积之上,从而构成上述弧背断隆带的北界。据野外观察,该断裂主要表现脆性域形变特征,以挤压-剪切应变为主,向东延伸至滇西独龙江地段,逐渐显示韧性域单剪应变特点。其延伸距离长,切割深度大,属区域性大断裂,可以很好地沟通深部热源,控制了郎久地热田的形成及分布。

2. 钻井工艺

（1）钻井工程设计

① 基本指标设计

设计井深：1000 m;

出水量：80 m^3/h;

出水温度：80 ℃。

② 井身结构设计

该井井身结构设计为三开井,如表9-50所示。一开表层套管下深60 m。二开采用φ311.2 mm 钻头,下入 φ244.5 mm 技术套管,全井段封固。三开采用 φ215.9 mm 钻头完钻,裸眼完井。设计井身结构如图9-9所示。

表9-50　井身结构设计表

井段	井眼直径 /mm	井眼深度 /m	套管直径 /mm	套管下深 /m	套管类型	固井方式
一开	444.5	0~60	339.7	0~60	实管	全井段封固
二开	311.2	60~400	244.5	0~400	实管	全井段封固
三开	215.9	400~1000	裸眼			

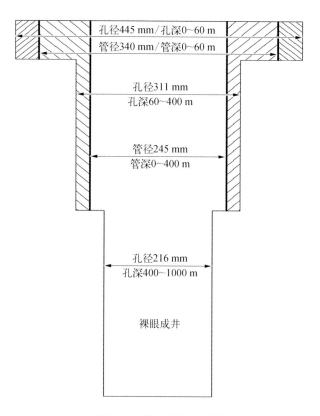

图9-9　设计井身结构图

（2）钻井装备配备

① 钻机

该井设计井深 1000 m，采用石油 20 型钻机，钻机的基础性能指标见表 9 - 51。

表 9 - 51　石油 20 型钻机基础性能指标一览表

钻机型号	提升能力	钻塔高度	钻机立柱	钻机功率	驱动形式
石油 20 型	135 t	41 m	3 m×9.6 m	350 kW	油电混合驱动

② 主要配套设备

该井采用青州 SL3NB1300 型钻井泵施工，该泵性能与前文所述相同。

（3）钻井工艺参数

① 钻头选型

该井根据实际的地层情况选用了不同的钻头型号，各井段使用的钻头统计情况见表 9 - 52。

表 9 - 52　钻头使用情况统计表

地层	底深/m	钻头规范					井段/m	进尺/m
		数量	厂家	尺寸/mm	类型	型号		
第四系	10	1	江钻	444.5	三牙轮	SKH447G	0～10	62
							10～62	
花岗岩	>2000	1	江钻	311.2	三牙轮	SKH447G	62～306	244
		1	江钻	311.2	三牙轮	SKH447G	306～413	107
		1	江钻	215.9	三牙轮	HA537G	413～784	371
		1	江钻	215.9	三牙轮	HA637G	784～1030	246
		1	江钻	215.9	三牙轮	HA637G	1030～1188	158

② 钻压与转速

该井实际钻进中，根据厂家推荐的钻压和转速允许值，结合所钻地层岩性特点，优选钻压和转速，具体的钻头钻压与转速参数见表 9 - 53。

表 9-53　钻头钻压与转速参数表

钻头型号	钻头直径/mm	井段/m	地　层	相对硬度	钻压/kN	转速/(r/min)
三牙轮	444.5	0~10	第四系	硬度偏低	10	65
		10~62		中等硬度	20~30	65
三牙轮	311.2	62~413	花岗岩	中等硬度	60~120	65
三牙轮	215.9	413~1188		硬度偏高	100~120	65

③ 泵压与泵量

该井采用青州 SL3NB1300 型钻井泵施工,钻进过程中采用的泵压及泵量参数如表 9-54 所示。

表 9-54　钻进过程中采用的泵压及泵量参数表

井眼直径/mm	最大深度/m	泵量/(L/s)	泵压/MPa
444.5	62	37	2.2
311.2	413	33	5.2
215.9	1188	33	7.5

④ 钻井液

该井全井采用清水钻井液体系施工。

⑤ 钻时钻效分析

钻时钻效统计情况见表 9-55。

表 9-55　钻时钻效统计表

序号	开钻次序	井段/m	进尺/m	纯钻时间/h	机械钻速/(m/h)
1	一开	0~62	62	42	1.47
2	二开	62~413	351	281.4	1.24
3	三开	413~1188	775	542.6	1.43

3. 完井工艺

（1）完井井身结构

该井井身结构设计为三开井,如表 9-56 所示。一开表层套管下深 61.28 m。二开采用 ϕ311.2 mm 钻头,下入 ϕ244.5 mm 技术套管,全段封固。三开采用 ϕ215.9 mm 钻头完钻,裸眼完井。设计井身结构如图 9-10 所示。

表 9-56　完井井身结构设计表

井段	井眼直径 /mm	井眼深度 /m	套管直径 /mm	套管下深 /m	套管类型	固井方式
一开	444.5	0~62	339.7	0~61.28	实管	全井段封固
二开	311.2	62~413	244.5	0~411.6	实管	穿鞋戴帽封固
三开	215.9	413~1188	168.3	371~1172	实管+花管	座管形式,不固井

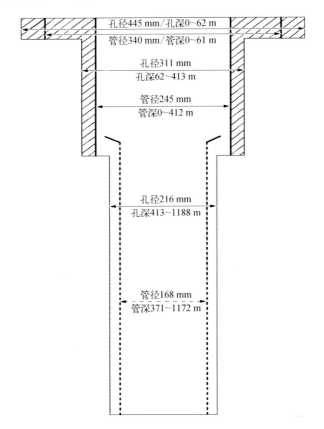

图 9-10　完井井身结构图

（2）固井工艺

本井一开采用全井段固井工艺,二开采用穿鞋戴帽固井工艺,具体的固井参数统计情况如表 9-57 所示。

表 9-57   固井参数统计情况表

序号	开次	固井方式	固井井段 /m	水泥浆密度 /(g/cm³)	水泥浆量 /m³	水泥塞长度 /m
1	一开	常规固井	0~61.28	1.73	6.7	20
2	二开	戴帽固井	0~100	1.73	4.3	34
		穿鞋固井	300~411.6	1.73	4.5	32

（3）洗井工艺

该井采用清水钻井液施工,未对地层产生污染,因此无须进行洗井。同时,由于地热水温度高,引喷后地热水能够实现自喷,因此只进行了自然放喷洗井。通过放喷试验显示,放喷洗井效果较好。

4. 成井参数

完井井深:1188 m;

自流量:25 m³/h;

自流温度:90~95 ℃;

出水量/降深:250(m³/h)/50 m。

5. 经验教训总结

通过该井的成功实施,再一次证明了清水冷却平衡法钻井工艺(详见羊易地热井案例)适合中高温地热井钻探。

9.3   西藏羊易地热发电项目首眼深层高温地热井实例

9.3.1   项目简介

中国地热资源直接利用规模已跃居世界第一,但中国地热发电规模自羊八井地热电站建成后原地踏步三十余年未有进展。近年来随着世界地热发电热潮的到来,国内很多企业开始萌发投资建设地热电站的意愿。

位于西藏自治区拉萨地区的羊易地热田是继羊八井地热田后,在西藏发现的又一个中高温地热田。在 20 世纪 70—90 年代,国家连续开展过 20 年的勘查工作,已投入大量的物化探勘查、钻探勘查和各种测试工作,基本查明了 1000 m 以浅的地热地质条件和地热资源量,具备地热资源开发条件。但由于种种原因,自 20 世纪 90 年代至今,羊易地热田的开发建设一直处于停滞状态。

在西藏自治区人民政府的大力支持下,在国内地热界多位泰斗级专家和领导的鼓舞下,江西华电电力有限责任公司首先自告奋勇,投资成立了当雄县羊易地热电站有限公司,拟投资建设羊易地热电站项目,自此开启了中国地热发电开发的新篇章,被地热界称为"迎来了中国地热发电的第二个春天"。后期,当雄县羊易地热电站有限公司迎来了实力更强的大股东——锦江集团,加快了开发羊易地热发电项目的建设进程。

该地热井是羊易地热田首眼深层地热井,为节约投资,该地热井被定性为探采结合井,并直接按照生产井的标准设计与施工,拟于建成后直接投入发电使用。

9.3.2　钻井地质条件

1. 热储类型

该项目地热资源热储类型为带状热储,开采裂隙型地热水。目标取水段深度为 800~1500 m,设计于 1150 m 钻遇主构造,目标取水段岩性为花岗岩,地表第四系覆盖很薄,第四系地层之下均为花岗岩,因此盖层条件不佳。花岗岩在构造发育的前提下富水性较好,如果构造不发育,则富水性极差。因此,在花岗岩体中成井开采地热水,勘查风险非常大。

该地热井高温地热流体通过位于花岗岩中的构造及构造影响带运移,热源来源于工区内深度 9 km 处的半熔融或熔融状态岩浆热源体。

地热田地下水运动特征为:深部构造破碎热储层通过热田两侧的深部断裂接受补给,深部地下水向热田中心径流,并受热田中心高温汽化;热田中心的地下水汽混合物又向上径流至浅部热储层,而浅部热储层内的地下热水再由热田中心向四周径流。浅部热储层内的地下热水在向四周径流的过程中,温度不断损失,从而在平面上形成了以地垒为高温区中心的温度场分布。

通过工区内沟通深度约9 km半熔融或熔融岩浆热源的深部构造,热流体向上运移,从而加热上部构造破碎带热储层内的从四周构造径流补给的凉水,而在高温区顶部,又有保温性能良好的新近系火山喷出岩,有效地防止了热流的散发,从而形成了本区的高温地热田。由于近东西向的构造相对较新,部分热流体通过该方向的构造破碎带上升至地表,在地表形成热泉、冒汽地面、喷汽孔等,具体地质模型见图9-11。

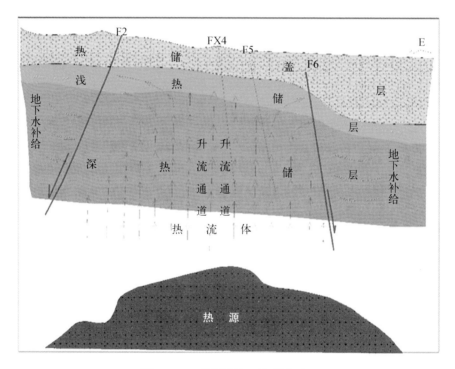

图9-11 羊易地热田地质模型图

2. 地层与岩性

该井设计钻遇地层均为花岗岩,地层岩性硬度大,地层可钻性极差,并且由于羊易地热田属于高温地热田,钻探施工中极易引发井喷事故。因在钻探中使用了低温清水冷却平衡钻探工艺,钻探效率反而较高。该地区构造极为发育而复杂,在钻遇主构造及构造影响带时,容易发生坍塌、卡钻、埋钻等事故,钻井工艺设计时须重点考虑应对措施。

该井设计钻遇地层岩性、厚度、层底深度情况如表9-58所示。

表 9-58　设计钻遇地层岩性、厚度、层底深度情况一览表

岩性类别	岩性描述	地层厚度/m	层底深度/m
侵入岩	花岗岩	1500	1500(未揭穿)

3. 构造发育情况

羊易地热田构造非常发育,主构造为近南北向断裂,其次为近东西向和北西向断裂。其中近南北向主断层在勘探区中部形成了中新统火山岩地垒,两侧形成深、浅不同的断陷,是控制区内岩层分布、地形、地貌和水热活动的主要断裂带,构成了区内的主体构造线。并且三组构造纵横交错,使得羊易地热田核心区内热储演变成为似层状热储。

9.3.3　钻井工艺

1. 钻井工程设计

（1）基本指标设计

设计井深:1500 m(垂深);

出水量:125 m^3/h;

出水温度:210 ℃。

（2）井身结构设计

该井井身结构设计为三开井,如表 9-59 所示。一开表层套管下深 60 m。二开采用 ϕ311.2 mm 钻头,下入 ϕ244.5 mm 技术套管,全井段封固。三开采用 ϕ215.9 mm 钻头完钻,裸眼完井。设计井身结构如图 9-12 所示。

表 9-59　井身结构设计表

井段	井眼直径/mm	井眼深度/m	套管直径/mm	套管下深/m	套管类型	固井方式
一开	444.5	0~60	339.7	0~60	实管	全井段封固
二开	311.2	60~800	244.5	0~800	实管	全井段封固
三开	215.9	800~1500	裸眼完井			

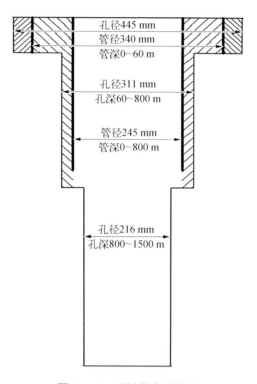

孔径445 mm
管径340 mm
管深0~60 m

孔径311 mm
孔深60~800 m

管径245 mm
管深0~800 m

孔径216 mm
孔深800~1500 m

图9-12 设计井身结构图

2. 钻井装备配备

（1）钻机

该井设计井深1500 m,采用石油20型钻机,钻机的基础性能指标见表9-60。

表9-60 石油20型钻机基础性能指标一览表

钻机型号	提升能力	钻塔高度	钻机立柱	钻机功率	驱动形式
石油20型	135 t	41 m	3 m×9.6 m	350 kW	油电混合驱动

（2）主要配套设备

该井采用青州SL3NB1300型钻井泵,该泵性能如前文所述。

3. 钻井工艺参数

该井采用钻井液正循环钻井工艺,施工中具体的钻井参数如下。

（1）钻头选型

不同岩性、不同硬度地层,选用的钻头型号不同,该井根据实际的地层情况选用了不同的钻头型号,各井段使用的钻头统计情况如表9-61所示。

表9-61　钻头使用统计表

地层	底深/m	钻头规范					井段/m	进尺/m
		数量	厂家	尺寸/mm	类型	型号		
花岗岩	>2000	1	江钻	444.5	三牙轮	SKH447G	0~65	65
		1	江钻	311.2	三牙轮	SKH447G	65~324	259
		1	江钻	311.2	三牙轮	SKH447G	324~512	188
		1	江钻	311.2	三牙轮	HA537G	512~627	115
		1	江钻	215.9	三牙轮	GJ637G	627~1021	394
		1	江钻	215.9	三牙轮	GJ637G	1021~1268	247
		1	江钻	215.9	三牙轮	GJ637G	1268~1508	240

（2）钻压与转速

该井实际钻进中,根据厂家推荐的钻压和转速允许值,结合所钻地层岩性特点,优选钻压和转速,具体的钻头钻压及转速如表9-62所示。

表9-62　钻头钻压及转速表

钻头型号	钻头直径/mm	井段/m	地层	地层相对硬度	钻压/kN	转速/(r/min)
三牙轮	444.5	0~65	花岗岩	硬度中等	20~30	65
三牙轮	311.2	65~627		硬度中等	40~90	65
三牙轮	215.9	627~1508		硬度中等	100~120	65

　　备注:可能由于本井采用清水冷却平衡法施工,导致岩性可钻性有所提高,表象为岩性硬度中等。

（3）泵压与泵量

该井采用青州 SL3NB1300 型钻井泵施工,钻井过程中选用的泵压及泵量参数如表 9‑63 所示。

表 9‑63　钻井过程中选用的泵压及泵量参数表

井眼直径/mm	最大深度/m	泵量/(L/s)	泵压/MPa
444.5	65	37	2
311.2	627	33	5.6
215.9	1508	33	7.8

（4）钻井液

该井采用清水钻井液体系施工。

（5）钻时钻效分析

钻时钻效统计情况如表 9‑64 所示。

表 9‑64　钻时钻效统计情况表

序号	开钻次序	井段 /m	进尺 /m	纯钻时间 /h	机械钻速 /(m/h)
1	一开	0~65	65	36	1.8
2	二开	65~627	562	478.3	1.17
3	三开	627~1508	881	646.2	1.36

9.3.4　完井工艺

1. 完井井身结构

该井井身结构设计为三开井,如表 9‑65 所示。一开表层套管下深 65 m。二开采用 ϕ311.2 mm 钻头,下入 ϕ244.5 mm 技术套管,穿鞋戴帽封固。三开采用 ϕ215.9 mm 钻头完钻,裸眼完井。设计井身结构如图 9‑13 所示。

表 9-65　完井井身结构设计表

井段	井眼直径 /mm	井眼深度 /m	套管直径 /mm	套管下深 /m	套管类型	固井方式
一开	444.5	0~65	339.7	0~65	实管	全井段封固
二开	311.2	65~627	244.5	0~600	实管	穿鞋戴帽封固
三开	215.9	627~1508	168.3	364~1380	实管+花管	不固井

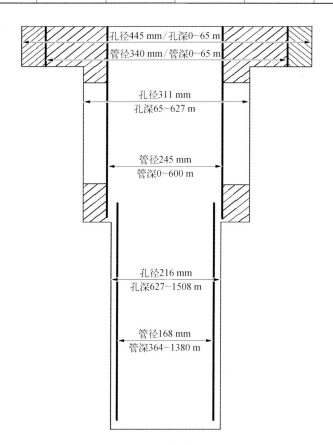

图 9-13　完井井身结构图

2. 固井工艺

（1）该地热井配制的耐高温轻质水泥参数设计

① 基本组成

"G"级水泥 + 35% 硅粉 + 20% ~ 65% HGS + 15% ~ 35% 微硅 + 0.5% GH - 8 +

2%G33S+1%USZ+水。

② 基本性能

密度 1.71 g/cm^3；

流型指数 0.70；

稠度系数 1.137 K/(Pa·s)；

抗压强度 9.89。

（2）固井操作

一开利用钻井设备钻井泵，采用高温水泥全井段固井。水泥用量 10 t，配置水泥浆量 6 m^3，水泥浆平均密度为 1.76 g/cm^3。水泥浆自套管外环空上返至地表，套管底部水泥塞高 15 m，固井成功。

二开利用钻井设备钻井泵，采用高温水泥穿鞋戴帽固井。套管底部穿鞋固井长度为 150 m，水泥用量为 10.5 t，配置水泥浆 6.5 m^3，水泥浆平均密度为 1.70 g/cm^3，套管底部水泥塞高 18 m。顶部戴帽固井长度约为 280 m，分两次固井，总计水泥用量为 12.5 t，配置水泥浆 8 m^3，水泥浆平均密度为 1.65 g/cm^3。固井后关防喷器加压 5 MPa 不泄压，证明固井质量良好。

3. 洗井工艺

本井三开取水段采用清水冷却平衡钻进工艺施工，钻井液对地层无污染、无破坏，只是在一定程度上压低地温场的温度，因此洗井工作的主要目的是恢复地温场。放喷洗井期间，地热流体温度、压力整体处于缓慢升高的趋势。

4. 防喷措施

高温地热钻探过程中有很多环节可能发生井喷，例如钻探环节、测井环节、套管下放环节和固井环节，等等。防喷有两种措施，一种是主动应对措施，另一种是被动应对措施。被动应对措施比较简单，主要是通过安装井口防喷器实现，一旦发生井喷事故，关闭井口防喷器即可起到压制井喷的作用。相比被动应对措施，主动应对措施显得更为重要。所谓主动应对，是指提前采取措施降低井喷事故发生概率的方法。例如通过冷却压低地温场温度以实现防喷，通过提前下放一开套管以实现在未安装防喷器之前的安全施工，选用高温轻质水泥以降低固井过程中因水泥浆密度过大压漏地层而间接诱发井喷事故的发生概率等。

（1）引起井喷的因素

① 井漏引起的井喷

钻井过程中,通过井内的液柱压力平衡地层压力。当井漏发生时,若及时对钻井液池补水,则能够保证顶漏钻进的顺利进行。若未及时补水,则会导致井内液柱压力下降,地层压力大于井液柱压力,使地层内流体涌入井眼,进而引发井喷。

② 井内液柱压力降低引起井喷

钻井过程中,钻井液温度控制不当、井漏等都会导致井内液柱压力下降,引起地层内流体涌入井眼,进而发生井喷。

③ 地层涌水引起的井喷

当钻至含水层,可能出现地层流体压力高于井眼内压力,进而发生井涌。若未及时采用密度较高的钻井液压井或向井内注入大量冷水,则可能引发井喷。

④ 钻遇热储层引起的井喷

当钻至热储层时,井眼内温度升高,导致井内流体密度下降甚至汽化,可能出现地层流体压力高于井眼内压力,进而发生井涌。若未及时采用密度较高的钻井液压井或向井内注入大量冷水,则可能引发井喷。

⑤ 固井水泥浆漏失引起的井喷

固井过程中,泵入井内的固井水泥密度大于地层压力梯度,容易导致水泥浆漏失至地层内。当水泥注入完成后,井内液柱压力下降,地层内流体涌入井眼,进而引发井喷。

⑥ 测井过程中发生的井喷

测井前,必须有至少 48 h 候温,以恢复地层原始温度。此时,井眼内温度升高,液柱压力下降,进而引起井喷。

⑦ 下管过程中发生的井喷

下套管前,由于测井候温,井内温度上升,井内流体密度下降,甚至汽化,进而引起井喷。

（2）井喷总体应对措施

① 井漏引起的井喷。采用清水钻井液,保证足够的清水供应量。一开控制钻井深度,确保不钻遇浅部热储层,根据钻探效率、钻井液温度等判断是否钻遇浅部热储层。

② 井内液柱压力降低引起井喷。利用清水冷却平衡钻进方法施工,保证井内液柱压力始终与地层压力平衡。

③ 地层涌水引起的井喷。利用清水冷却,关闭防喷器向地层强行压入大量冷水

等方案解决。

④ 钻遇热储层引起的井喷。关闭防喷器向地层强行压入大量冷水等方案解决。

⑤ 固井水泥浆漏失引起的井喷。如果固井时泵压下降,判断为井漏所致,则改变全井段固井工艺为穿鞋戴帽固井方式。

⑥ 测井过程中发生的井喷。利用多功能井口测井装置,使测井变为静态测井,确保井内流体不因高压喷出。可利用带导孔的盲板来实现。

⑦ 下管过程中发生的井喷。通过关闭防喷器向地层强行压入大量冷水等方案解决。

(3) 钻井防喷措施

① 安装井控装置。如井口阀门、闸板防喷器等。

② 选择有利工艺。正循环钻进有利于压制井喷,反循环钻进易引发井喷,故选择正循环钻进工艺。平衡钻进有利于控制井喷,欠平衡钻进易引发井喷,过平衡钻进易诱发井喷(钻井液密度大,压漏地层,致使钻井液漏失,一旦钻井液补给不及时,则将导致井喷),故选择清水平衡钻进工艺。冷却地层后有利于压制井喷,故选择冷却钻进工艺。因此,该井施工选择清水冷却平衡(正循环)钻进工艺。

③ 合理井身结构。一开设计井深过大,钻进过程中可能钻遇浅部热储进而引发井喷,因为此时尚未安装防喷器,极有可能导致井喷处于不可控状态。因此,设计时限定一开钻探深度,确保一开钻探施工中不会钻遇浅部热储,降低钻探过程中井喷事故发生的概率。一开结束后立即将井口永久阀门和防喷器安装就位,之后才允许进行二开钻进。

④ 防喷应急预案。利用电子仪器随时监测井口返出钻井液(清水)的温度和流量等数据,并设定温度和流量变化预警值,当温度和流量变化超过预警值时及时报警,并以声、光报警方式同时报警。初步设定温度预警值为60 ℃,当井口返出液温度超过60 ℃时报警,启动应急预案,停止钻探并持续注入冷水。如仍无法降低返出液温度则关闭防喷器,通过井口装置从钻杆内和钻杆外同时加压,向孔内注入大量冷水,直至温度降低,报警解除,再恢复正常钻探作业。一旦返出液流量变化幅度超过预警值,则立即关闭防喷器,采取相应预案。

⑤ 加强地质编录。加强地质编录、简易水文地质观测和钻时录井工作,尽量做到较精确地预告地层、构造,提前预警井喷。

(4) 固井防喷措施

① 选用轻质水泥。常规水泥浆由于密度过大,在固井过程中容易压漏地层发生

水泥浆漏失情况,而一旦漏失后水泥浆补给不及时,则有可能由于漏失后环空液柱压力小于地层压力而诱发井喷。因此设计采用轻质耐高温水泥,以降低固井时压漏地层的概率,进而降低井喷事故发生的概率。

② 在二开固井过程中,一旦发生井喷,立即关闭双闸板防喷器。

(5) 测井防喷装置

采用专业测井防喷装置测井以防井喷。该井采用简易温度测量方法进行了测井。井下温度测试必须借助特殊装置方能实现,井下温度测试装置结构如图 9 - 14 所示。测温仪下放时先关闭底部控制阀,打开顶部控制阀,将测温仪首先放入防喷管;然后安装顶部法兰盲板(盲板中心开 5 mm 孔),打开底部控制阀,将测温仪放入井内。上提测温仪时流程刚好相反。

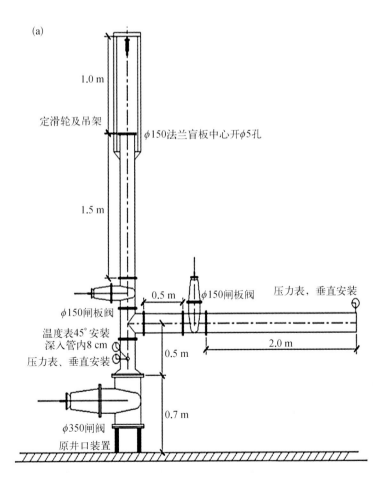

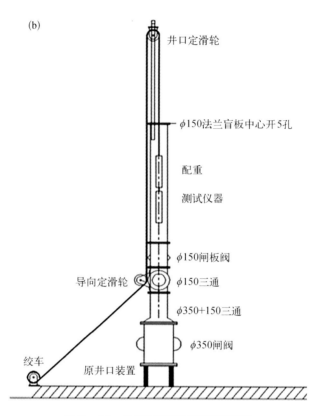

图 9-14 井下温度测试装置结构图

（6）钻井防喷装备配备

为防止高温地热水自喷伤人,该井设计在二开施工之前安装井口阀门及防喷器。井口阀门及防喷器应符合下列要求。

① 在表层套管(ϕ339.5 mm)下放时,准确计算套管长度,预留套管丝扣在地表,留作安装井口阀门用。

② 在二开施工之前准备好 ϕ350 mm 的阀门,通过丝扣与表层套管连接。

③ 在 ϕ350 mm 阀门上部安装双闸板防喷器。

双闸板防喷器相关组件外观如图 9-15 所示。

自二开钻井开始,由于改用清水钻井,同时井下温度上升,易发生井喷事故。因此,需要在钻井循环系统的进出口加装温度测试记录装置及温度报警装置,报警温度 60 ℃。报警装置除具备声光报警功能,还与防喷器控制台连接,一旦达到报

图 9‑15 双闸板防喷器相关组件外观

警温度,系统能够自动将防喷器关闭。

除温度监测外,在钻井循环系统进出口设置流量测量仪,实时对进口流量和出口流量进行监测,以预防井漏和井涌以及井喷事故发生。

当进口流量高于出口流量,则可以判断为井漏,此时需注意在钻井液池内及时补水,以保证钻井的正常进行。

当进口流量低于出口流量,则可以判断为井涌,此情况可能是井下温度升高引起,须向井眼内注入冷水,若无变化,则配置少量钻井液压井。

9.3.5 放喷试验

1. 放喷试验方法

采用詹姆斯端压法进行放喷试验并测算流体流量。

2. 放喷试验测试内容

采用端压法进行放喷试验,在放喷装置端口安装压力记录器和温度记录器,连续记录放喷试验参数。

3. 放喷试验与测试装置

放喷试验装置由放喷管、控制阀、压力表、温度表等组成,整体结构如图9-16所示,大样如图9-17所示。放喷管直径为φ150 mm。端压表量程为0.4 MPa,安装在距离排放端6.35 mm处,温度表量程为200 ℃,安装在主阀门之上立管处。工作压力表量程为1.0 MPa,安装在主阀门之上立管处。根据放喷洗井工作经验,温度表和压力表损坏频率较高,为了确保测试数据的连续性,温度测试采用水银温度计(或双金属温度计)和电子测温仪同时测量,压力测试采用普通机械压力表和电子压力测试仪同时测试。

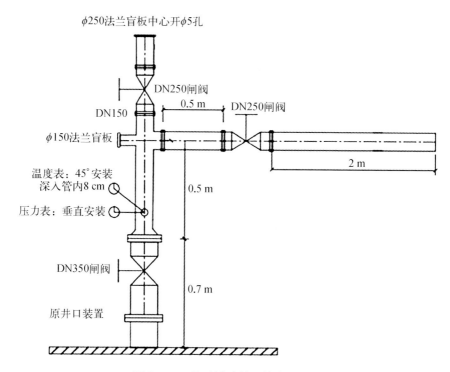

图9-16 放喷试验装置整体结构图

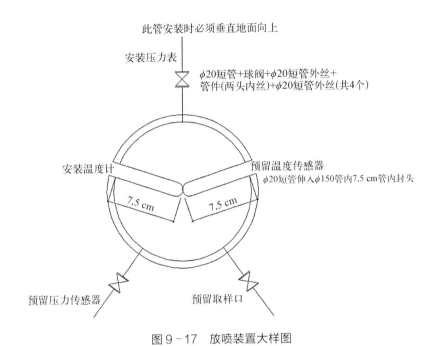

图 9-17 放喷装置大样图

9.3.6 成井参数

1. 基本成井参数

完井井深：1508 m；

地热流体流量：66~70 m³/h（水汽总量）；

地热流体温度：138 ℃。

2. 产能指标换算

采用内径为 ϕ157 mm 的放喷管做放喷试验，放喷试验稳定后端压表压（相对压力）为 0.03~0.035 MPa，取当地大气压为 0.06 MPa，则绝对压力 p_c 为 0.09~0.095 MPa。在井口安装温度表，直接读数确定出水温度。引用詹姆斯端压法公式换算汽水混合总流量。

① 取端压 p_c = 0.09 MPa（0.9 bar[①]）

_____

① 1 bar = 0.1 MPa。

$$Q_\mathrm{m} = 136630.85 \pi d^2 p_\mathrm{c}^{0.96} / 4 h_0^{1.102}$$

$$= 107309 p_\mathrm{c}^{0.96} d^2 / h_0^{1.102}$$

$$= 107309 \times (0.9 \times 0.9807)^{0.96} \times (15.7)^2 / (205.49)^{1.102}$$

$$= 66 \ \mathrm{t/h}$$

② 取端压 $p_\mathrm{c} = 0.095 \ \mathrm{MPa}(0.95 \ \mathrm{bar})$

$$Q_\mathrm{m} = 136630.85 \pi d^2 p_\mathrm{c}^{0.96} / 4 h_0^{1.102}$$

$$= 107309 p_\mathrm{c}^{0.96} d^2 / h_0^{1.102}$$

$$= 107309 \times (0.95 \times 0.9807)^{0.96} \times (15.7)^2 / (205.49)^{1.102}$$

$$= 70 \ \mathrm{t/h}$$

③ 产能指标换算结果：

水汽总量：$Q_\mathrm{m} = 66 \sim 70 \ \mathrm{t/h}$；

出口温度：$T = 138 \ ℃$。

3. 发电潜力

按以上产能计算,发电潜力为 1.577 MW ~ 1.673 MW。

9.3.7 经验教训总结

① 该井由于钻探过程过于顺利,高温钻井与完井经验不足,在未下滤水管的前提下先进行了试放喷,急于知晓地热井产能指标,结果导致井内坍塌事故的发生。因此高温地热井取水段必须下放滤水管。

② 该井未进行正规高温测井,给测井工作留下了遗憾。

③ 由于建设单位与施工单位之间签订的是施工合同,所以钻井单价很低,且双方风险分担比例未清晰界定,只是依据产能指标高低予以分段计价。这种承发包方式在不出现太复杂的井内问题时对双方合作是有利的,但当发生此种井内坍塌事故,需要高昂的处理费用时,在双方都不愿意多承担处理费用的前提下,只能依据合同结算规则,以经济手段结束合约。因此,最终采用坍塌井段临时封堵措施,保证滤水管的顺利下放,但下放后未进行解堵操作,只是预留了后续射孔压裂增产通道。根据最终成井操作处置措施,该井后期在采用压裂增产措施后,仍然能够转为合格的高温发电

用生产井。

　　该高温地热井案例表明,高温地热资源开发风险性高,不确定因素多,国内开发经验少。鉴于建设单位不可能有过多的高温地热勘查经验,因此建议建设单位采用风险全部外包,由专业地质勘查单位承担全部高温地热勘查风险,建设单位适当提高钻井分包价格的方式化解高温地热开发风险,降低建设单位投资风险,提高项目投资成功率。

9.4　某超高温地热井设计

　　本小节以海外某超高温地热井为例,详细介绍了该井的设计情况,由于国内与国外设计的格式不同,为客观反映国外的技术情况,本小节介绍了这口井的设计,可能许多措施与国内不太相同,供读者参考。

9.4.1　基本情况

　　(1)井型:定向井。

　　(2)设计井深:2800 m。

　　(3)钻井目的:开采 OW-94 井是为了测定地下主要的地热系统的地质结构,同时也可证实 OW-901 井和 OW-903 井产层是否来自相同的储集层。

　　(4)设计钻遇地层

　　0~150 m:火山碎屑岩。由一厚层火成碎屑沉积而成。该井段地层较疏松,容易坍塌。

　　150~540 m:流纹岩。地层相对稳定,由流纹熔岩组成。可能发生大量的钻井液漏失,也可能因钻井液的冲刷而导致井壁坍塌。

　　540~610 m:粗面岩。中间含有一层硬的粗面岩层。该地层不易发生坍塌,但可能会发生小部分的钻井液漏失。

　　610~760 m:玄武岩。该层玄武岩质很薄,中间含有粗面岩。地层中间较坚硬。

　　760~850 m:凝灰岩。该层疏松且不稳定。黏土的膨胀可能导致泥包。

　　850~1200 m:粗面岩和流纹岩。该层中间含有一小部分凝灰岩。该层较稳定,套管可能下到该层位。

1200~1290 m：玄武岩。该层主要是玄武岩，嵌入小部分凝灰岩。该地层中间硬，偶尔存在裂缝，可能存在小部分钻井液漏失。

1290~1470 m：粗面岩。含有夹层，地层岩性稳定，除了会发生小部分的钻井液漏失外，不会发生太多其他问题。

1470~1750 m：玄武岩和粗面岩。该层主要是玄武岩和粗面岩组成，其中含有少量的凝灰岩。预测含有少量的侵入岩粒玄。

1750~2200 m：粗面岩。该层延伸到 2200 m，主要由粗面岩和少量侵入岩粒玄组成。

岩屑收集每间隔 2 m 收集一次。流入井内和返出地面的钻井液每间隔 50 m 都进行一次抽样。每次取 0.5 L，如果地质师怀疑混屑，应该按照钻井地质师的要求重新分类。

备注：进行空气钻井以前，确保较好的岩屑收集，确保避免堵塞产层。

该井下入 ϕ244.5 mm 的生产套管（下深 1200 m），具体方案要通过详细的地层勘探来确定。

9.4.2　井身结构与井控设计

1. 一开 ϕ666 mm 井眼

0~50 m 含有疏松的火山碎屑岩层，井壁容易被冲刷掉，造成掉块。

地层裂缝的存在可能导致钻井液漏失，根据实际情况，建议使用钻井液进行钻进。设法处理任何一种钻井液漏失。如漏失严重，采用高黏度钻井液盲钻。

2. 二开 ϕ444.5 mm 井眼

50~150 m 为硬熔岩层，150~300 m 为连续的凝灰岩层，中间有夹层。可能存在气层，在钻井现场应进行气体检测。

该层应用钻井液钻进，如漏失不严重，须在钻井液中加入粗颗粒的云母、核桃壳、木屑等进行处理。如出现大量漏失，则继续用清水钻进，每钻完一个单根，采用高黏度胶质钻井液清洗井眼。

3. 三开 ϕ311.2 mm 井眼

300~1200 m 中间夹有硬石英粗面岩，可能钻遇致密坚硬地层。

建议该层尽可能地使用钻井液钻进，如出现漏失，则改用充气水钻进，在 600 m 左右时,可能钻遇高热带,由于断裂带的存在,特别是渗透率高时,即使用充气水钻进,仍可能出现漏失。在出现漏失的情况下,改用清水和高黏度胶质钻井液进行盲钻。

4. 四开 ϕ215.9 mm 井眼

在四开段的前 50 m,可能存在坚硬流纹岩夹层。1200~1700 m 由玄武岩和凝灰岩组成,采用清水钻进,出现漏失的可能性很大。建议使用充气水钻进,以保证循环正常和井眼充分净化。

1700~2800 m,中间夹有硬质粗面岩和凝灰岩,钻井参数可能发生变化。该段可能存在侵入岩,采用充气水钻进,保证井底净化,防止钻井液温度过高。

5. 防喷器组合

ϕ444.5 mm 井眼钻进前安装 ϕ540 mm 环形防喷器。

ϕ311.2 mm 与 ϕ215.9 mm 井眼钻进安装双闸板防喷器与环形防喷器。

9.4.3　钻井程序

1. 总体要求

(1) 每次起下钻要对防碰天车装置进行检查,防止滑脱断裂。

(2) 开钻前,井架逃生装置必须牢固在二层台和地锚上,水平夹角不能超过 30°。

(3) 钻井现场禁止吸烟,禁止明火。

(4) 从安全方面考虑,禁止井口单岗操作。

(5) 每天在报表记录大绳疲劳度(吨-英里)。

(6) 平台经理、带班队长、司钻在进行所有主要的操作之前,务必阅读钻井程序,平台经理要和钻井工程师或者当班钻井监督讨论钻井计划内容和操作步骤。这两点必须做到,以保证完成必要的准备工作。

(7) 钻井作业使用的水源于湖水,流量大约为 40 L/s。

(8) 测得钻井井场长 63 m,宽 90 m,建设方提供一可反复循环蓄水池。

2. 阶段 I -下表层套管的井眼

(1) 钻 ϕ666 mm 井眼,深度为 50 m 左右,使用 ϕ203.2 mm 钻铤和 ϕ666 mm 近钻头扶正器(能较好保证井眼尺寸),ϕ508 mm 套管鞋深度应在井底以上 2 m 左右,在不能充分地净化井底的情况下,套管鞋距井底 4 m 左右。

（2）加膨润土，使钻井液马式漏斗黏度可达到 60~80 s。如果漏失的钻井液不能及时用高黏 CMC 材料补充，就得使用清水盲钻。用高黏度钻井液每接一次单根就进行一次井眼净化，或根据井内情况增加清洗井眼次数。

（3）钻完进尺起钻前，循环充分，泵入高黏钻井液到井底。

（4）下入外径为 ϕ508 mm，壁厚 12.7 mm 的低碳钢套管，下部带有现场制作的引鞋，用低氢焊条将套管焊接在一起。

（5）缓慢下入套管。

（6）固井之前，充分循环，处理钻井液性能。

（7）准备固井。固井之前，平台经理、带班队长、钻井工程师、固井设备操作员和当班的钻井甲方钻井工程师进行至少 2 h 的固井作业讨论。固井设备操作员需要在现场填写固井清单（包括可用的混合药品）、水泥浆密度、泵入量等。当班的甲方钻井工程师在固井开始之前，准备一些可用的试样瓶。

（8）召集钻井队和固井设备操作队员进行一次安全会议。

（9）甲方钻井工程师提供固井作业计划。

（10）在循环畅通的情况下，用水顶替水泥浆。若没有漏失，就按照 1∶1 和 1∶2 替换，在接大小头循环前，通常安装一个液压锁紧阀门，防止在替浆完毕后水泥浆倒流。

（11）候凝 8 h，如果取样还没有凝固，就需候凝更长时间，才可卸联顶节及焊接套管头。

（12）安装 ϕ540 mm 的全封闸板和环形防喷器防喷器组。在每次钻水泥塞之前，都要对全封和环形闸板试压，压力达到 21 MPa，稳压时间 10 min。直到达到水泥候凝期最小值 12 h，才可钻进。

3. 阶段 Ⅱ-二开井眼作业

（1）下入二开钻具组合：ϕ444.5 mm 钻头 + ϕ203.2 mm 钻铤钻水泥塞。为了维持钻套管鞋与水泥塞低旋转扭矩，钻水泥塞用清水，低钻压，低转速钻进。钻至套管鞋 20 m 以下后，起出钻具。

（2）下入钟摆钻具组合：ϕ444.5 mm 钻头 + ϕ203.2 mm 钻铤和在钻头以上 20 m 接 17½″翼式稳定器钻进。

（3）使用合适的钻井液钻进，下入 ϕ339.7 mm 套管，深度大约为 300 m，实际的套管鞋深度比预计套管鞋深度深 6~8 m。连续使用除泥器，防止钻井液密度增加。

（4）如果发现循环漏失,漏失量又不能及时补充,可使用清水大排量盲钻。用高黏度钻井液清洗井眼。如不能充分净化井底,改用泡沫钻井液。

（5）在下 ϕ339.7 mm 套管之前,使用钻进期间相同钻具组合通井。地质师、平台经理、钻井工程师,应根据地层岩性,以及漏失层、坚硬岩层、静态地层温度测试来确定下入深度。

（6）钻完进尺起钻之前,处理钻井液性能,用高黏度钻井液充分循环。甩下扶正器,下套管。

（7）下入 ϕ339.7 mm,钢级为 K55,壁厚为 9.63 mm 的偏梯扣套管(顶端两根套管壁厚 12.19 mm),引鞋使用丝扣密封剂,浮箍、引鞋的套管接头使用丝扣密封剂,其余套管使用丝扣油。

（8）套管扶正器的位置套管鞋上部下一个,浮箍以上 2 m 一个,浮箍以上 15 m 下一个,其余套管每 3 根套管下一个。

（9）套管下入速度不能快于 30 s/根。

（10）用相匹配的联顶节把套管送入井底,上紧扣,调节好合适的高度。

（11）上部安装带有外径为 ϕ339.7 mm 上胶塞水泥头。

（12）确认套管已经下到正确位置。

（13）如果在钻井区间没有碰到坍塌的地层,循环钻井液至少是套管容积的 2 倍;若在钻井区间碰到坍塌的地层,就需要附加 10 m³ 黏度为 40 s 的稠化钻井液。

（14）如果正常钻进过程中,循环钻井液全部返出,在转盘下面用套管卡瓦将套管固定在防喷器组上。在固井施工期间,这种固定是为了在固井过程中预防套管上浮或窜出井眼。

（15）当管线连接好后,尽快进行固井作业,尤其是在井下情况不正常时。

（16）当接上水泥头循环时,召集钻井队和钻井承包商及固井设备操作队员进行一次安全会议。

（17）按照固井计划进行施工。用水压下上胶塞顶替井内水泥浆,最终排替压力不超过 3.5 MPa,碰压时允许的最大压力为 15 MPa,ϕ339.7 mm 壁厚 9.65 mm 的套管内单位容积为 80.63 L/m。

（18）释放井内压力,检查胶塞是否稳压,如果不是,关闭水泥头阀门,用液压锁紧装置锁紧。每两小时释放一次压力,直到水泥凝固或者没有流体从套管内流出。

（19）用木块或套管卡瓦校准套管,使套管居中位于转盘之间。

（20）如果水泥返高不够，就回填至表层。

（21）如果使用内管柱固井方法来固定套管锚，当班甲方钻井工程师将提供相关的固井计划。

（22）在环空充满水泥浆之前，固井高压管线和水泥头闸门不能拆卸。固井管线的末段应远离转盘，防止管线泄露造成水进入套管环空。确保安全，在第一次回填完毕之后，要保证环型封井器始终处于关闭状态。

（23）候凝 8 h 卸开联顶接，如果取样没有完全凝固，候凝时间须延长。

（24）卸下 ϕ540 mm 防喷器组合。切断套管，安装 ϕ339.7 mm、21 MPa 套管头法兰。

（25）安装 ϕ339.7 mm 防喷器组合组合，其中包括 21 MPa 环形防喷器和双闸板防喷器（防硫化氢）。

（26）候凝最多 12 h 后，闸板方喷器分别加压 1.4 MPa 和 7 MPa、稳压 10 min，环形防喷器加压 7 MPa、稳压 10 min 进行试压。清洗所有的循环管线，包括气体钻井的排岩屑管线。

4. 阶段Ⅲ-三开钻井

（1）下 ϕ311.2 mm 钻头和 ϕ203.2 mm 钻铤钻具组合钻水泥塞。钻塞采用清水钻进，保持低钻压和低转速钻进，确保转盘扭矩不高。钻进至套管鞋下 20 m 处起钻。

（2）下钟摆钻具（包括 ϕ311.2 mm 钻头、ϕ203.2 mm 钻铤，扶正器的位置在钻头以上 20 m）钻进至造斜点（400 m）。采用钻井液钻进，若地层漏失，则选用充气水钻进。

（3）井深 400 m 下入造斜钻具组合，包括 ϕ311.2 mm 钻头、转换接头、ϕ172 mm 螺杆、定位接头无磁钻铤、15 根 ϕ127 mm 加重钻杆和 ϕ127 mm 对焊钻杆。钻进至特定的方位，定进钻井液采用钻井钻井液。打完造斜段，起钻，卸下定位接头和螺杆。

（4）改变钻具组合，满足造斜和增斜的需要。造斜率为 3°/30 m，最大井斜角为 20°。达到最大井斜之后，稳斜钻进，平均每 30 m 测斜一次，根据狗腿严重度和方位漂移情况每 60～90 m 测斜一次。采用钻井钻井液或者充气水作为钻井液。受火山岩地层的磁铁矿影响，方位可能漂移，钻井工程师可根据实际情况最钻具组合作出调整。

（5）井身轨迹剖面和定向井数据在附录 B 附上。

（6）建议测斜在起钻后进行。在空气钻井的各个环节中，防腐必须按照附录 A下的要求来实行。

（7）技术套管的下入深度大约为 1200 m，套管鞋深度应在井底 6~8 m 以上。和地质师协商，确保套管鞋下入到致密的地层。在套管下入深度以上，用同样的钻具组合通井，在起钻之前提高钻井液黏度。

（8）下入 ϕ244.5 mm，壁厚为 11.99 mm 的 K55 偏梯形扣套管：引鞋、浮箍及之间的套管使用 THREADLOCK 密封剂，剩余套管使用普通套管丝扣油。

（9）套管扶正器位置：浮箍和浮鞋中间 1 个，浮箍上面 5 m 处 1 个，地面与浮箍之间每 3 根套管 1 个。

（10）套管下入速度不要超过 45 s/根，近井底时降低下入速度。低速下入最后三根套管。

（11）将联顶接与水泥头和固井高压管线连接。如果冒钻井液，则通过水泥头循环到井底。在提升管柱的过程中，如果套管里钻井液是满的，须慢慢启动钻井泵防止抽吸。

（12）控制好联顶接的高度，并保证用转盘使其位于转盘中间。

（13）记录 ϕ339.7 mm 套管的下入位置以保证 ϕ244.5 mm 套管的正确下入。

（14）召开固井安全会议，参与人员为井队人员和固井操作人员。固井必须按照建设方钻井工程师提供的固井设计实行。

（15）卸开上部水泥头，用清水替水泥浆。使用固井设备的计量罐计量替量。ϕ244.5 mm 壁厚 11.99 mm 套管内容积是 38.19 L/m。

（16）小排量打入最后 2000 L 替入钻井液。压力不能高于最后替压 3.5 MPa。碰压之前的最大允许压力为 20 MPa。

（17）卸压。检查水泥塞，如发现不稳定，关闭套管阀，实现液压平衡锁定。两小时卸压一次，直到水泥凝固或套管内不再有液体流出。

（18）如水泥返高不够，与工程师商量是否冲洗环空。用水泥浆回填至地面。

（19）如果水泥返高达到要求，不需要用清水冲洗上胶塞。

（20）候凝须达到 8 h 或者水泥样品已经凝固。打开环形防喷器，卸开联顶节。

（21）候凝 12 h 后，对盲板、半封闸板及管汇试压 1.4 MPa 和 7 MPa 各 10 min。

5. ϕ215.9 mm 井眼的钻进

（1）下入 ϕ159.8 mm 钻具组合+ϕ215.9 mm 钻头，用清水钻开水泥塞。钻塞时，采用小钻压，低转速，转盘扭矩不能过大。钻进至套管鞋以下 20 m 处起钻。

（2）下 ϕ159.8 mm 钻铤的钟摆钻具配 ϕ215.9 mm 钻头，扶正器位置为钻头以上 20 m，采用清水钻进。

（3）如发生地层漏失，不论是部分还是全部，均改用充气水钻进。

（4）井下温度可能会很高，泵入钻井液温度最高不要超过 40 ℃，这是建议的最大泵正常运行温度。温度的控制对延长钻头的使用寿命也有至关重要。

（5）鉴于钻具除垢剂的费用很高，使用的时候避免漏失很重要。

（6）充气钻进过程中，在更换钻头下钻前进行一次测斜。测斜前井眼须充分循环好，否则可能会导致测斜仪器的损坏。无论什么时候一旦遇见高温度，在测斜之前要进行一次井底温度测斜。

（7）钻头和扶正器的使用状况在井径和井斜的控制中起决定性的作用。为避免卡钻和泥包，应制定诸多警戒措施。应对钻井参数如钻盘扭矩、转盘转速和钻压进行准确的监测，如出现高扭矩，应起钻检查钻头。

（8）采用尾管方式下入 7″，壁厚为 9.19 mm 的 K55 钢级偏梯形扣割缝尾管，上部连接两根普通套管。尾管应下至井底。下入足够长的尾管，保证普通套管在 9 ⅝″套管内 28 m 以上。

9.4.4　附录 A：泡沫和充气水钻进

入口端 XP900CAT 初级空压机的每部分送气能力大概为 25.5 m³/min，总共有四个部分，总送气能力可达 2.5 MPa 气体 102 m³/min。二级增压机可以 60.6 m³/min 的速度吸收压力为 2.5 MPa 的气体，并将其压力增高到峰值 15 MPa，初级空压机的四个部分大都只有两部分启动，这两部分输送的气体将全部被送至二级增压机。

1. 泡沫钻井

在上部漏失段，低温或者用水补给不足的情况下，采用泡沫钻进，以便建立稳定的循环。最初钻井液采用浓度为 0.5% 的泡沫，如泡沫受热消泡严重或井眼净化达不到要求时，将泡沫浓度降为 0.1%。起主要携砂作用的是黏稠的泡沫，司钻应检查返出钻井液泡沫结构是否稳定。

泡沫钻井参数如下。

空气排量：10~30 m³/min；

泡沫基液排量：80~200 L/min；

发泡剂浓度: 0.5%。

2. 充气水钻井

由于地层温度过高或含水高导致返出泡沫性能不稳定,泡沫钻井不能实现的情况下,采用充气水钻井。

ϕ311.2 mm 井眼时水的排量为 1000～2000 L/min,ϕ215.9 mm 井眼时水排量为 800～1500 L/min,可提供足够的井眼净化能力,使钻头和井眼充分冷却。应采用浓度为 0.02% 的泡沫水,这种比例可以保证空气和水的体积比为 40∶1,当雾化量 1500 L/min 和泡沫泵的排量为 100～200 L/min 注入时可以配得该钻井液。空气和流体的百分比要根据井眼的实际情况进行调整,以保证平衡地层压力。空气的注入量为 40～60 m³/min。

3. 卸压

钻具应在多个深度装有钻头浮阀,以便在卸压和钻具连接时花最短的时间。

有多种方法可以卸压,建议从井底开始,钻井泵调整为小冲程。该方法可以将对地层的激动降到最低,避免在疏松地层造成井壁不稳定。

在水位高和钻进层段短的情况下使用喷射头。这是因为喷射头只能在套管鞋以上使用,在套管鞋以下的裸露地层使用会冲蚀井壁。

在高温井眼中,特别是返出钻井液温度 40 ℃ 以上时,保证尽可能减少钻头停留在静止钻井液中的时间。

4. 记录保存

初级压缩机和增压机的数据应收集和整理,这些数据包括温度、流速和压力。同时还有记录仪对增压机出口流量和压力的记录。

同时,钻井液性能、立管压力和空气钻井的排岩屑管状况应按要求每隔一小时做好记录。

其他相关的钻井数据如柴油消耗量、材料的使用必须有确切的记录,以备后续工作和检查使用。各种资料的记录要时刻保证全面、准确。

5. 防腐

循环建立和稳定后,用氢氧化钠使钻井液的 pH 保持在 10。返出钻井液的 pH 用石蕊试纸每小时测试一次,并在钻井日志上做好记录。每接一个单根时,应该在钻杆中加入 5 L 柴油和胺类成膜抑制剂的混合物,柴油和胺类成膜抑制剂混合比例为 10∶1,带班队长必须保证该措施的落实,最大程度地减小由于硫化氢脆化和氧腐蚀给钻具造成的扭曲破坏的可能。

充气钻井过程中,该项措施必须执行。

9.4.5　附录B：定向井井身轨迹

定向钻井详细情况如下：

（1）造斜点：400 m(转盘面到井底)。

（2）稳斜角：20°。

（3）设计造斜率：3°/30 m。

（4）井斜监测：根据狗腿严重度和方位的漂移情况,60~90 m 一次和每 30 m 一次。

（5）设计井深：2800 m。

（6）靶心位移范围：600~800 m。

9.4.6　附录C：井的测试与环境保护

完井测试设计具体如下：

（1）温度和压力分布测：建议在深度为 100 m、200 m、300 m、400 m、500 m、600 m、650 m 处进行磁力裂缝探测,预计总时间为 3~4 h。

（2）抽水试验用钻井泵进行：将温度和压力仪器下至 1350 m 保持 10 min,开泵排量 1000 L/min。开泵 3 h 后,泵排量应达到 1300 L/min,每 2.5 h 要达到 1600 L/min。预计总时间为 9 h。

（3）开泵过程中温度和压力分布的测量：在步骤(2)的第四次开泵期间,上提仪器直至泵排量达 1600 L/min。按照步骤(1)测得精确的温度和压力分布数据。

（4）压降实验：保持泵排量 1600 L/min,将仪器下至 1350 m。停泵,观察压力下降情况,时间为 4 h。预计总时间是 5 h。

（5）依据步骤(1)的测量结果,根据实际要求,重复测试以上步骤(2)。

（6）如步骤(2)和步骤(5)测试不成功,保持仪器在 1350 m 深度 10 min,开泵 2.5 h,泵排量为 600 L/min,监测 4 h 内的压力下降情况。

（7）在压降测试结束后,测量温度和压力分布,步骤同(1),预计时间为3~4 h。

完井测试一天和加热三天后,按要求取得与步骤(7)相似的压力恢复曲线剖面。在搬家期间,井队须对测试必需的设备和空间进行检查。完井测试将在24 h 内完成。

所有的环境问题应向大部分时间可以到达井场的环境科学家提交书面报告。另外,应最小程度减小钻井平台各种废物的处理造成危害。能够包括污水的排放。

鉴于环境角度考虑,应挖两个池。一个作为沉淀池,另一个与之相连。通过冷却塔,钻井液在第二个池泵入循环罐。

钻井承包商应在污水处理池里安装一个废油收集器。

参考文献

[1] 《钻井手册》编写组.钻井手册[M].北京：石油工业出版社,2013.

[2] 查永进,管志川,戎克生,等.钻井设计[M].北京：石油工业出版社,2014.

[3] 王培义,马鹏鹏,张贤印,等.中低温地热井钻井完井工艺技术研究与实践[J].石油钻探技术,2017,45(4)：27-32.

[4] 庞伟,段友智,高小荣,等.水热型地热井局部完井井段生产研究[J].水动力学研究与进展A辑,2015,30(4)：446-451.

[5] 蹇黎明,王胜,陈礼仪,等.地热开采低密度固井水泥试验研究[C]//第二十届全国探矿工程(岩土钻掘工程)学术交流年会论文集,2020：233-239.

[6] 谭建国,张所邦,王爱军,等.宜昌百里荒BDWZ1地热井施工技术[C]//第二十届全国探矿工程(岩土钻掘工程)学术交流年会论文集,2020：183-189.

[7] 朱岩华.关于我国地热井钻探工艺的研究与探讨[J].科技经济导刊,2018,3：54.

[8] 王磊.高温地热井钻完井关键技术研究[J].石化技术,2019,10：171-172.

[9] 杨卫,聂世均,邢玉轩,等.DZK02中高温地热井钻完井工艺技术实践与探讨[J].西部探矿工程,2015,27(10)：52-56.

[10] 朱明,段友智,姚凯,等.基于温度场模型的地热井完井管柱结构优化[J].科学技术与工程,2015,15(22)：29-32+52.

[11] 光新军,王敏生,思娜,等.高温地热高效开发钻井技术难点及对策[C]//第十八届全国探矿工程(岩土钻掘工程)学术交流年会论文集,2018：380-386.

[12] 李亚琛,段晨阳,郑秀华.高温地热钻井的最佳实践[J].地质与勘探,2016,52(1)：173-181.

[13] 王磊,彭兴,曹莹,等.地热生产井井筒内流体温度分布预测研究[J].中国矿业,2015,A1：376-380.

[14] 光新军,王敏生.高温地热高效开发钻井关键技术[J].地质与勘探,2016,52(4)：718-724.

[15] 刘明鑫.高温地热井套管失效分析研究[D].北京：中国石油大学(北京),2018.

[16] 冯晓炜.高温地热钻井井下循环温度分布规律研究[D].北京：中国石油大学(北

京),2014.

[17] 侯宝东,刘伟,韩利宝,等.300 ℃定向钻井系统研究与应用[J].石油机械,2018,46
    (11): 1－9.

[18] 杨迎新,胡浩然,黄奎林,等.环脊式 PDC 钻头破岩机理实验研究[J].地下空间与工程
    学报,2019,15(5): 1451－1460.

[19] 钟云鹏,杨迎新,于洪波,等.旋转模块式 PDC 钻头破岩机理研究[J].地下空间与工程
    学报,2019,15(6): 1741－1748.

[20] 况雨春,罗金武,王利,等.抽吸式微取心 PDC 钻头的研究与应用[J].石油学报,
    2017,38(9): 1073－1081.

[21] 余大洲,胥斌,王润平,等.肯尼亚高温地热井钻头使用问题探讨[J].技石化技术,
    2018,25(11): 109－110+87.

[22] 宋东东.高温地热钻井 PDC 钻头研制与应用[D].成都: 西南石油大学,2017.

[23] 陈鑫.高温地热井牙轮钻头掉齿机理研究[D].成都: 西南石油大学,2014.

[24] 陈涵宇.倒锥齿结构增强高温钻井牙轮钻头固齿强度研究[D].成都: 西南石油大
    学,2018.

[25] 李图.肯尼亚地热井固井水泥浆体系研究[D].大庆: 东北石油大学,2018.

[26] 张所邦,宋鸿,陈兵,等.中国干热岩开发与钻井关键技术[J].资源环境与工程,
    2017,31(2): 202－207.

[27] 黄范勇,张丽,段云星.干热岩地热井固井技术研究综述[J].西部探矿工程,2016,
    28(4): 90－92.

[28] 陈作,许国庆,蒋漫旗.国内外干热岩压裂技术现状及发展建议[J].石油钻探技
    术,2019,47(6): 1－8.

[29] 李皋,孟英峰,蒋俊,等.气体钻井的适应性评价技术[J].天然气工业,2009,29(3):
    57－61.

索 引

泡沫与充气钻井　92,94

喷射钻井　5

膨润土　7,78,105－107,110－112,149,
152,273,284,292,301,302,330

平台井组　162

破碎地层　28,41,51,135

Q

起下钻　12,13,15,27,29,36,38,47,48,
61,133,196,203,213,215,233,241,243,
248,251,252,254,255,259,261,262,
277,329

气测　169,173,174,215

气体钻井　39,75,76,95,115,128－133,
135－137,248,251,332

气液混合器　34

前置液　58,156

潜孔钻头　62

欠平衡钻井　34,35,40,49,55,62－64,80,
175,214,215,251,285

清水压裂　123,124

清水钻井液　35,64,65,68,106,308,310,
316,319

取心　108,173,176,177,189,196,205,
214,216,254

全井段固井　54,55,58,59,67,137,275,
285,288,293,298,303,310,318,320

R

RTF 测试器　235

热水潜水泵　82

S

砂比　125,128,147

砂桥卡钻　250－252

筛管　59,82,143,239,240

射孔　82,108,125－128,135,168,182,
195,269,326

深井　39,76,78,79,97,148,170,237

渗流能力　104

生产地层　81

试压　126,152,194,196,199,211,214,
217,218,330,332,333

水基钻井液　7,76－78,105,107,112,236,
242

水泥环　74,143,144,153,181,182,194

水泥浆　6,7,58－60,66－68,74,108,117,
135,146－156,219,236－240,274,275,
285,293,294,296,303,310,318－321,
330－333

水泥塞　59,195,240,275,285,293,303,
310,318,330,332,333

水泥石　6,7,74,122,146－148,151,153,
155,156,191

水平井　5－7,115－118,120,121,123－
125,133,161,165－175,189,190

酸化　56,57,62,104,109,111,123,124,
182

酸化压裂　56,57,62

随钻测量仪器　117,169,175